新编高等院校计算机科学与技术规划教材

编译原理与技术

（第 2 版）

主　编　李劲华　陈　宇　丁洁玉

U0282797

北京邮电大学出版社

·北京·

内 容 简 介

本书介绍了计算机高级语言编译程序的基本原理和技术,主要内容包括词法分析、语法分析、语法制导翻译的语义分析与中间代码生成、符号表与运行时存储空间的组织、代码优化以及目标代码的生成。本书着重描述了编译构造的一些基础理论,如形式语言、有限自动机和属性文法。从构造编译程序的技术角度,描述了编译程序的各类算法,以及编译程序的自动构造工具,如词法分析生成器 Lex 和语法分析生成器 YACC。

本书系统性较强,基本概念阐述清晰,通俗易懂,便于阅读,可作为普通高等院校计算机学科及相关专业的本科教材,也可供教师、研究生及有关专业人员学习和参考。

图书在版编目(CIP)数据

编译原理与技术 / 李劲华,陈宇,丁洁玉主编. -- 2 版. -- 北京:北京邮电大学出版社,2014.2
ISBN 978-7-5635-3770-9

Ⅰ.①编… Ⅱ.①李…②陈…③丁… Ⅲ.①编译程序—程序设计 Ⅳ.①TP314

中国版本图书馆 CIP 数据核字(2013)第 281271 号

书　　　　名:	编译原理与技术(第 2 版)

著作责任者:李劲华　陈　宇　丁洁玉　主编
责 任 编 辑:张珊珊
出 版 发 行:北京邮电大学出版社
社　　　址:北京市海淀区西土城路 10 号(邮编:100876)
发 行 部:电话:010-62282185　传真:010-62283578
E-mail:publish@bupt.edu.cn
经　　　销:各地新华书店
印　　　刷:北京源海印刷有限责任公司
开　　　本:787 mm×1 092 mm　1/16
印　　　张:20.5
字　　　数:512 千字
印　　　数:1—3 000 册
版　　　次:2006 年 1 月第 1 版　2014 年 2 月第 2 版　2014 年 2 月第 1 次印刷

ISBN 978-7-5635-3770-9　　　　　　　　　　　　　　　　　定　价:42.00 元

前　言

编译程序是计算机的核心系统软件之一，属于 ACM/IEEE Computing Curriculum 2004 的核心知识域，是掌握计算机理论和软件技术的关键知识。编译原理和技术为人们理解计算机程序语言、创造优秀的软件奠定了理论基础，拓宽了视野，开辟了捷径。不妨浏览一下计算机的历史，就会发现很多被誉为程序设计大师的人无一不是编译领域的泰斗：创建了 Pascal 语言及其系列的图灵奖获得者 Niklaus Wirth 教授；写出第一个微型机上运行的 Basic 语言的 Bill Gates；成为 Sun 公司副总裁的 Java 缔造者 James Gosling 博士；C++之父 Bjarne Stroustrup 教授；被誉为"世界上最优秀的程序员"的 Delphi 架构师和 C#的缔造者 Anders Hejlsberg 等。编译领域堪为计算机程序设计英才的沃土。

编译的原理和技术可以应用在其他诸如软件建模语言、硬件描述语言、脚本语言等的翻译方面；在集成化软件开发环境以及软件安全、软件工程和软件逆向/再向工程中一直有着广泛的应用。而且，编译理论的研究有力地推动了计算机科学、计算机工程、软件开发以及人机工程等领域的研究和发展。

本书介绍了计算机程序语言编译程序的基本原理、设计方法和主要实现技术，可以作为普通高等学校计算机科学与技术及相关专业的教材和参考书。

本书系统性较强，基本概念阐述清晰，文字通俗易懂，便于读者学习和掌握。和其他同类教材相比，本书的特点如下：

（1）在内容上增加了对面向对象语言一些特性的处理，讨论了 C++、C# 和 Java 语言的例子。

（2）对多数编译教材中以集合为主要数据结构的抽象算法描述进行了改进，更加详尽、深入浅出地描述了编译中的主要算法，以便于读者的阅读理解和计算机的实现。例如在自底向上的 LR 分析器中，本书采用了图的深度优先策略，以增量的方式构造出识别活前缀的有限自动机。

本书在组织上也进行了新的尝试，力图保持知识的逻辑性和连贯性，同时减少读者的阅读和理解的难度。

在第 1 章中概述了编译，以后各章按照编译程序的构成和编译过程的顺序，逐步介绍编译的基本原理、设计方法和构造技术,把读者的思路和精力保持在编译程序的构造上,强调对编译原理和技术的宏观理解和全局把握,按照需要和逻辑关系阐述和讲解抽象的基础概念和理论;第 2 章首先介绍词法分析的设计和词法分析程序的手工构造,然后讲述有限状态自动机的理论以及它在词法扫描器自动生成中的应用;第 3 章集中讲解描述计算机编程语言的形式化语言,包括上下文无关文法的基本概念和等价变换;第 4 章介绍自顶向下语法分析方法,包括递归下降分析和表驱动的 LL(1)分析;第 5 章讨论自底向上的算符优先分析方法、各种类型的 LR 分析方法及其语法分析的自动生成。为了便于理解语义分析和代码生成,本书在第 6 章介绍了编译程序符号表的组织与管理;第 7 章讨论编译构造所需要的程序运行时的环境,包括运行时的内存分配和手工与自动化的管理;在第 8 章里对语义描述技术、属性文法以及语法制导的语义分析进行了详尽的阐述;第 9 章讨论了基于语法制导技术的中间代码翻译;第 10 章论及了目标代码生成的原理和技术;最后,在第 11 章集中介绍代码优化的基本技术,主要包括中间代码的局部优化和目标代码的优化方法。

本书每章都附有各种类型的练习题,便于读者理解基本概念和原理,掌握编译的基本算法和实现技术。

编译知识理论抽象,算法丰富,建议学习时配合上机实践,在加深对编译原理理解的同时,掌握编译程序的基本技术。编译中有很多算法,比如 NFA 到 DFA 的转换、求首符集、计算 LR 项集等,都可以作为上机实践题。

与本书配套的电子教案、教学计划以及部分课外阅读和学习材料可在北京邮电大学出版社网站上下载。本书另有配套的习题解答和上机指导教材。

使用本教材要求读者学习和掌握高级程序设计语言,如 C、Pascal 或 Java,最好具备离散数学、数据结构、计算机组成和汇编语言的基本知识。

本书结合作者李劲华多年的科研工作和教学实践编写,主要参考了参考文献[1]和[2]以及国内外许多学者的研究成果,在此表示诚挚感谢。陈宇参与了第 2 版全书的编辑,并改写了第 3 章和第 4 章的内容。

由于编者时间紧迫、水平有限,书中难免存在一些疏误和缺点,恳请广大读者批评指正。

编者

目　录

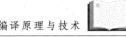

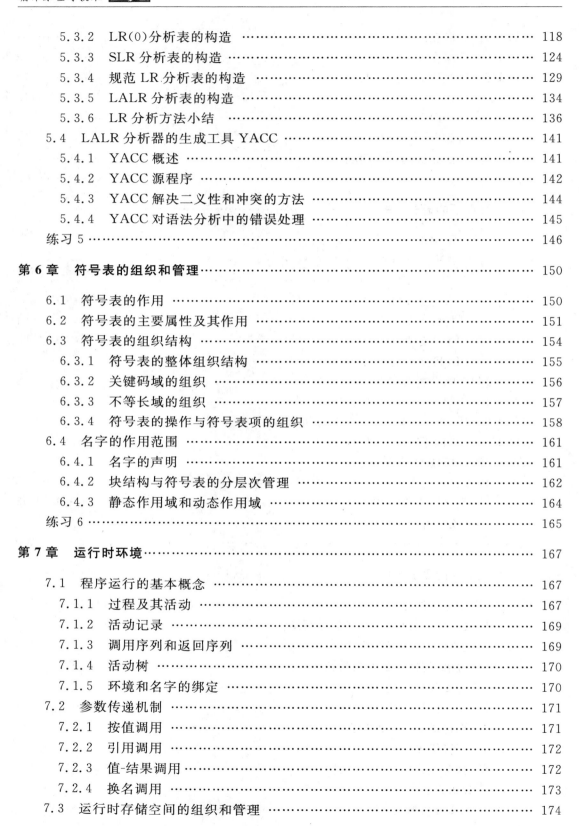

第1章 概　　论

1.1　为什么学习编译

编译程序构造的原理和技术一直属于最近公布的 ACM/IEEE Computing Curriculum 2004 的核心知识域,已成为计算机科学必备的专业基础知识。而且,编译程序的构造是计算机科学中一个非常成功的分支,也是最早获得成功的分支之一,它所建立的理论、技术和方法值得人们深入研究和学习。

第一,编译构造正确地建立了研究的问题领域和研究方式:分析输入内容、构造一个语义表示并合成输出。对于不同的源语言,可以用一个单一的语义表示产生出不同的目标语言,运行在不同的环境中。而且,编译构造可以划分成便于控制和管理的阶段,每个阶段的工作结果正好对应编译程序的子系统或模块。编译程序的这种分析—合成模式以及解释程序的解释模式已经成为软件开发领域最成功的设计模式和软件架构,在软件开发中获得了广泛的应用。

第二,针对编译程序构造的某些部分已经开发了标准的形式化技术,依据这些形式化技术所研制的编译程序生成工具,极大地减轻了编译程序的构造工作,使得编译程序成为计算机系统最可靠的基础软件之一。这些形式化技术包括有限自动机理论、上下文无关文法、正规表达式、属性文法、机器代码描述、数据流分析方程式等。编译程序自动生成技术具有的高效性、正确性、灵活性、易更改性和易扩展性等优点,也扩大到普通的软件开发领域,例如,数据库程序的自动产生器以及从图形化的 UML 自动生成高级语言的程序。

第三,编译程序包含许多普遍使用的数据结构和算法,例如散列法(哈希算法)、栈机制、堆机制、垃圾收集、集合算法、表驱动算法、图算法等。尽管其中的每一种都可以独立地学习,但是,在诸如编译程序这样一个有意义的环境中学习将更有教育意义。

第四,编译程序的许多构造技术已经得到了广泛的应用。许多应用程序非常接近于编译程序,已经采用了编译构造的部分技术,例如读入格式化的数据、文件转换问题等。如果数据有清晰的结构,就可以为它设计文法,使用分析程序生成器自动产生一个分析程序。从编译程序构造技术受益的文件转换系统的范例包括著名的 Tex/Latex 文本格式化程序(Knuth 开发的、应用广泛的、共享的文字处理软件的文件格式),该程序把 Tex 文本转换成机器独立的 dvi 格式;还包括 PostScript(一种普遍应用的、与机器和软件无关的文件格式,主要用于文件的传输和打印)解释程序,它将 PostScript 文本转换为打印机的指令。这种技术还有利于迅速引进新的文件格式,例如,能够快速地创建 HTML、XML 和 UML 等文件的读入和分析程序。

第五,学习编译原理和技术还有助于理解程序设计语言,以编写出优秀的软件。浏览一下计算机的历史,就会发现很多被称为程序设计大师的人都是编译领域的泰斗:创建了 Pascal 语言及其系列的图灵奖获得者 Niklaus Wirth 教授;写出第一个微型机上运行的 Basic 语言的 Bill Gates;成为 Sun 公司副总裁的 Java 缔造者 James Gosling 博士;Delphi 的架构师与 C♯ 的缔造者 Anders Hejlsberg;C++ 之父 Bjarne Stroustrup 教授等。

1.2 什么叫编译程序

编译程序是计算机系统经典、核心的系统软件。自从 20 世纪 50 年代出现了以 Fortran 为代表的计算机高级编程语言以后,在抽象层次和使用方便等方面都超过机器代码和汇编程序的高级编程语言层出不穷,使用过的已经超过数千种。而且,随着计算机系统更加广泛的应用,研制和开发高级编程语言的工作远远没有停止的趋势。按照现在的计算机体系结构和组成原理以及软件开发的理论和实践,高级程序语言仍将是开发计算机应用系统的关键技术,与之不可分离的是高级程序语言的编译程序。

用高级编程语言,如 Fortran、Pascal、Ada、Smalltalk、C、C++、C♯ 和 Java 编写程序方便而且效率高,但是,计算机需要把高级编程语言的程序翻译成机器语言代码或汇编程序才能运行。翻译程序或翻译器是把一种语言(源语言)转换成等价的另外一种语言(目标语言)的程序。如果源语言是高级编程语言,目标语言是机器代码和汇编语言这样的低级语言,这类翻译程序就叫作编译程序或编译器。如果目标语言是汇编语言,则还需要汇编成机器代码之后才可以运行。由于汇编语言和机器代码十分接近,像其他编译教材一样,本书通常不区分目标程序是机器代码还是汇编程序。

源程序的运行实质上包含两个过程:首先是把源程序用编译程序翻译成机器可以执行的目标程序或目标代码,然后才能接受输入数据运行,图 1.1 显示的就是这种编译执行方式。

运行高级语言程序的另外一种方式是解释执行,它需要的翻译程序不是编译程序,而是解释程序。解释程序不产生源程序的目标代码,而是对源程序逐条语句进行分析,根据每个语句的含义执行产生结果,如图 1.2 所示。Basic 和多数脚本语言都是按照解释方式运行的。解释方式的主要优点是便于对源程序进行调试和修改,但是其加工过程降低了程序的运行效率。

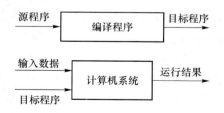

图 1.1　高级语言程序的编译执行方式

图 1.2　高级语言程序的解释执行方式

理论上,每一种语言都可以根据需要采用编译执行方式和解释执行方式,实践中每种语言都主要采用一种执行方式。Java 语言同时具有编译执行方式和解释执行方式,分别应用于不同的计算机运行环境。由于编译程序和解释程序的原理基本一样,本书主要讲解编译程序的基本原理和技术,它们也可以适用于解释程序的构造与实现。

1.3　编译过程概述

把计算机高级编程语言翻译成计算机可以执行的代码的工作包括一系列的活动和任务,是一个复杂的完整过程。编译过程可以和把英语翻译成中文的过程相比较。在翻译一篇英文的时候,首先要确定英语的单词、标点符号等,把句子分解成单词以后去理解单词的基本含义;然后,分析英语句子的词组和语法结构,理解原句的含义,根据已知的中英文句型进行初步的翻译;接下来对译文进行修饰和润色;最后写出译文。

计算机程序的编译过程类似,一般划分为五个阶段:词法分析、语法分析、语义分析及中间代码生成、代码优化、目标代码生成。

1.3.1　词法分析

词法分析的任务是逐步地扫描和分解构成源程序的字符串,识别出一个一个的单词符号或符号。词法分析的工作主要包括:识别出程序中的单词符号,在编译程序符号表中查找并登记单词符号及其信息,譬如单词符号的类型、内部表示、数值等。计算机高级语言的单词符号通常包括:标识符、关键字或基本字、标点符号、常数、运算符、分隔符等。例如,对于 C 语言的 while 语句

$$\text{while}(i<100)\text{sum}+=i++;\tag{1.1}$$

词法分析的结果是识别出表 1.1 中所示的单词。

表 1.1　语句 while(i<100)sum ＋＝i＋＋;的单词及其类型

符号	类型	符号	类型
while	关键字	(	分隔符
i	标识符	<	运算符
100	整常数	)	分隔符
sum	标识符	＋＝	复合赋值符
i	标识符	＋＋	运算符
;	分隔符		

这些单词是 C 语言的基本单词符号,是构成 C 程序的基本组成成分,是人们理解和编写 C 程序的基本要素。在词法分析的过程中通常都把分隔符类型中的空格符号删掉。

编译程序的词法分析也叫词法扫描或线性扫描。本书的第 2 章将重点介绍词法分析的基本原理、技术和工具,如有限状态机、正规表达式及其之间的等价转换以及词法分析生成器 Lex 等。

1.3.2 语法分析

语法分析的任务是在词法分析的基础上,根据语言的语法规则把单词符号串分解成各类语法单元(语法范畴、语法短语),例如"短语"、"子句"、"语句"、"程序段"、"函数"和"程序"等。语法分析是把线性序列的单词符号根据语言的语法规则,按照层次分解,结果通常表示成语法分析树。

例如,C 语言的 while 语句格式是:

> while(表达式)循环体

其中表达式中包含赋值表达式、逗号表达式、复合赋值表达式等。语句 1.1 经过语法分析之后可以表示成如图 1.3 所示的分析树。

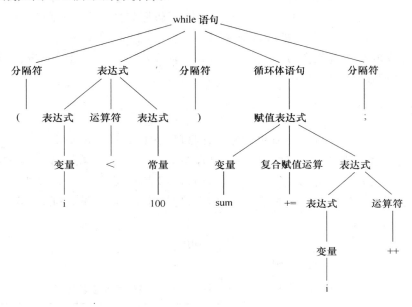

图 1.3 语句 while (i<100) sum ＋＝i＋＋;的语法分析树

第 3 章将讨论描述程序语言规则的形式语言基础,第 4 章和第 5 章将分别详细讨论典型的自顶向下语法分析的递归下降分析 LL(1)技术、自底向上的语法分析方法算符优先分析和 LR 分析技术以及语法分析工具 YACC。

1.3.3 语义分析和中间代码生成

语义分析的任务是检查程序语义的正确性,解释程序结构的含义。语义分析包括检查变量是否有定义、变量在使用前是否具有值、数值是否溢出等,其中的一个重要部分是进行类型的检查和转换。编译程序检查每个运算符的运算对象,看它们的类型是否合适,如果不合适,分析的结果应当是报告错误,同时给出类型转换的建议。例如,一个整数类型的变量和一个实数类型的变量相加,通常的编程语言要求编译发出警告信息,并且建议把整数类型转换成实数类型以后再进行运算,结果也是实数类型。

语义分析完成之后,编译程序通常就依据语言的语义规则,利用语法制导技术把源程序翻译成某种中间代码。所谓"中间代码"是一种定义明确、便于处理、独立于计算机硬件的记号系统,可以认为是一种抽象机的程序。引入中间代码的目的主要是使编程语言及其程序不依赖于特殊的计算机类型,方便程序的移植和运行,同时可以利用词法分析、语法分析和语义分析对程序进行各种处理,因此,中间代码广泛应用在各类集成化软件开发环境中。

对中间代码的基本要求是:既要便于把源程序翻译成中间代码,又要易于把它翻译成各种计算机的指令或汇编语言。中间语言有多种形式,其中一类是三地址代码,很像机器的汇编语言,这种抽象机器的每个存储单元的作用类似于寄存器。三地址代码由三地址语句序列组成,每条三地址语句最多包含三个操作数。源程序的语句 1.1 在语义分析和中间代码翻译阶段可以变换成如下的三地址代码:

$$
\begin{aligned}
&L_{begin}: &&\text{if } i < 100 \text{ goto } L_{body} \\
&&&\text{goto } L_{end} \\
&L_{body}: &&t_1 := sum + i \\
&&&sum := t_1 \\
&&&t_2 := i + 1 \\
&&&i := t_2 \\
&&&\text{goto } L_{begin} \\
&L_{end}:
\end{aligned}
\tag{1.2}
$$

对编程语言含义的形式化表示要依据语言的语法结构,在第 8 章将介绍一种为语法增添语义的方式——属性文法,结合语法制导技术执行语义分析。在第 9 章将介绍典型的中间代码语言,讨论程序语言基本结构的语法制导的翻译方法。

1.3.4　代码优化

代码优化的主要任务是对前一阶段产生的中间代码进行等价变换,以便产生速度快、空间小的目标代码。由于中间代码生成主要是按照语义规则把源程序自动翻译成中间代码,通常不考虑生成代码的执行效率,因此给代码优化留下了很多机会。例如,在语句(1.1)的翻译代码(1.2)中就可以去掉临时变量 t_1 和 t_2,变换成:

$$
\begin{aligned}
&L_{begin}: &&\text{if } i < 100 \text{ goto } L_{body} \\
&&&\text{goto } L_{end} \\
&L_{body}: &&sum := sum + i \\
&&&i := i + 1 \\
&&&\text{goto } L_{begin} \\
&L_{end}:
\end{aligned}
\tag{1.3}
$$

同样,在下一阶段产生目标代码以后,也可以对目标代码进行优化,改善最终形成的目标程序的效率。无论是中间代码的优化,还是目标代码的优化都要占用编译程序的时间和空间资源,编译的优化需要更多的均衡。本书的第 11 章将集中讨论代码优化的各种策略和算法,其中重点介绍中间代码的优化技术以及目标代码的基本技术。

1.3.5　目标代码生成

编译的最后一个阶段是目标代码生成,其主要任务是把(经过优化处理的)中间代码翻

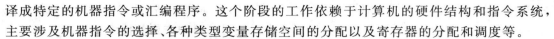

译成特定的机器指令或汇编程序。这个阶段的工作依赖于计算机的硬件结构和指令系统，主要涉及机器指令的选择、各种类型变量存储空间的分配以及寄存器的分配和调度等。

例如，使用寄存器 R_0、R_1 和 R_2 可以把中间代码 1.3 翻译成下列优化过的目标代码：

```
        MOV     #100，R0         // 把常数 100 存入寄存器 R0
        MOV     i，R1            // 把变量 i 的值存入寄存器 R1
        MOV     sum，R2          // 把变量 m 的值存入寄存器 R2
Lbegin：CMP     R1，R0           // 比较 R1 和 R0 的值，结果存入状态寄存器 CT
        J ≥    Lend             // 状态寄存器 CT＝1 或 2，即 R1≥R0，程序转入单元 Lend
        ADD    R1，R2            // 把寄存器 R1 加 R2 的结果送入 R2
        INC    R1               // 寄存器 R1 的值加 1
        J      Lbegin           // 无条件转移到地址 Lbegin
Lend：
```

目标代码的形式可以是绝对地址指令代码，或可重定位的指令代码，也可以是汇编指令序列。如果是绝对地址的指令代码，则这种目标程序可以立即执行。如果目标代码是汇编代码，则需要汇编器汇编之后才能运行。目前多数编译程序都是产生一种可重定位的指令代码，这种目标代码在运行前需要连接装配程序，把各个目标模块（包括系统提供的库模块）连接起来，确定程序中的变量或常数在主存中的位置，装入内存的起始地址，才能形成一个可以运行的绝对地址代码程序。

第 10 章将讨论生成目标代码时需要考虑的因素，并介绍一个简单的代码生成算法。

1.4　编译程序的构成

上述的编译过程反映了编译工作的动态特征，可以按照这些过程的各个阶段来设计编译程序。图 1.4 所示的编译程序体系结构已经成为经典的软件设计模式，可以作为编译程序的设计参考模型。这个编译程序结构包括五个基本功能模块和两个辅助模块。

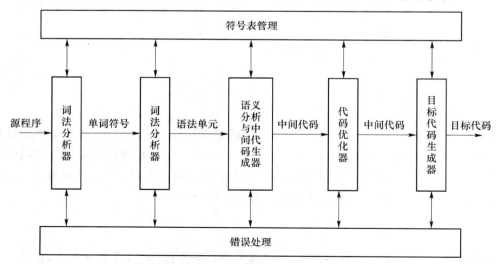

图 1.4　编译程序结构图

1.4.1　基本功能模块

词法分析器又称扫描器,对输入的源程序执行词法分析工作,输出单词符号序列。

语法分析器又称分析器,对单词符号序列进行语法分析,识别出各类语法单元,判断输入的符号串是否能构成语法正确的"程序"。

语义分析与中间代码生成器对语法正确的各类程序单元进行语义分析,并把它们翻译成一定形式的中间代码。

代码优化器执行对中间代码的优化处理。这项工作通常把中间代码表示成等价的程序流图、抽象语法树等形式,根据程序的控制流和数据流等信息进行代码删除、代码换位等改造,提高代码的执行效率。

目标代码生成器根据特定的机器把中间代码翻译成目标代码,并进行优化处理。

有的编译程序把词法分析器作为一个独立的子程序,在语法分析的时候调用。有的编译程序用语法分析器构造并输出表示语法结构的语法树,然后依据语法树进行语义分析和中间代码生成。还有的编译程序在语法分析完成之后并不构造语法树,而是在语法分析的时候调用相应的语义子程序,同时完成语义检查和中间代码生成。在这种编译程序中,扫描器、分析器和中间代码生成器这三者并不是如图 1.4 所示的顺序关系,而是以分析器为核心,不断调用扫描器和语义子程序。

为了完成这五个基本任务,编译程序还需要组织和管理程序中的每个变量、常数、函数等信息。如果源程序出现了错误,需要编译程序能够准确识别和正确处理。这些工作分别在符号表管理和错误处理的模块中完成,这些辅助模块在编译过程中和编译的基本功能模块保持通信。

1.4.2　符号表的组织与管理

在编译过程的各个阶段中,经常需要知道程序中各个符号和程序结构的信息。例如,在词法分析阶段,如何判断一个标识符是否是编程语言的关键字,等号"="是不是该语言定义的运算符;在语法分析和语义分析阶段,需要了解函数的标识符是否定义过以及参数的个数、类型、传递方式和返回值类型(如果有的话);在语义检查时,需要知道运算数的类型,以便执行类型检查和类型转换;在代码生成阶段,需要知道程序中的变量类型,以便合理地分配内存,而且还必须知道同名的变量是否已经分配了内存、在内存中的地址是什么、是否需要再重新分配内存。

为了能够获得诸如此类的信息,需要把编译程序中的各种符号合理地组织和管理,方便符号信息的添加、查询、更新和删除。这些就是编译程序中符号表管理的主要功能。

一般而言,一个符号的基本信息通常不能仅仅在编译的一个阶段完成,这就表明符号表是随着编译的过程动态变化的。例如,每当扫描器识别出一个标识符的时候,就要查询它是否在符号表中,如果不在,就把它填入符号表语法,但是,还不能确定该标识符的其他属性。在语法和意义分析阶段可以确定标识符的种属(变量名、函数名)、类型(整型、实型)、作用域等信息,而标识符的地址则可能要等到代码生成阶段才能确定。

有关符号表的组织和管理以及程序运行时内存的组织和管理将分别在第 6 章和第 7 章详细讨论。

1.4.3 错误诊断和报告

人们编写的程序难免有错误和疏漏。软件工程研究的一个重要定律就是,在软件的系统分析、设计、编码实现以及运行维护的整个生命周期中,及时地发现和消除错误。错误发现得越晚,修改这些错误的成本就越高。而且,在运行阶段错误的处理代价与运行前错误处理的代价成指数增长。因此,一个编译程序不仅要能把书写正确的源程序进行翻译,而且,也要能有效地识别、诊断、分析和报告程序中的各种错误。这些就是编译程序的错误处理的基本功能。

程序的错误各种各样,编译程序可以识别的错误主要是语法错误和语义错误这两类。语法错误又可以分成词法错误和句法错误。语法错误指的是源程序中不符合语法规则的错误,通常可以在词法分析和语法分析阶段检测出来。例如,词法分析可以发现"非法字符"、拼写错误之类的错误,在语法分析阶段可以发现诸如"括号不匹配"、关键字拼错(例如,把 C 语言的 do-while 循环语句中的一个单词写成 whle)等。语义错误指的是源程序中违背语言语义规则的错误。语义错误通常可以在语义分析阶段检查出来,但是,也有的语义错误只能在程序运行时发现。语义错误通常包括:变量的作用域错误、类型不一致、说明错误等。

本书没有集中讨论错误的诊断和处理,在第 2、4、5、8 章等有关章节中将分别介绍错误处理。

1.5 其他与编译有关的概念和技术

1.5.1 遍的概念

上述描述的编译过程可以把编译程序看成是一个变换系统,编译过程就是一系列的变换:每一阶段所产生的中间结果都作为下一阶段的输入,由下一阶段进行处理,并产生相应的输出。源程序是这个变换系统的第一个输入,目标代码就是最后的输出。在编译的具体实现时,往往根据不同的源语言、设计要求、使用对象以及编译程序所在宿主机的内存等硬件条件,将编译过程组织为若干遍(趟)。一个编译程序最终经过几遍完成,就称为几遍编译。

遍就是对源程序及其中间结果从头到尾扫描一次,进行有关的加工处理,产生新的中间结果或目标程序。既可以把若干阶段合为一遍,又可以把一个阶段的工作分解成若干遍。例如,词法分析可以扫描整个源程序作为单独的一遍,代码优化可以分别在语义分析之后以及目标代码生成之后两遍完成。当一遍中包含若干阶段的时候,各个阶段的工作相互交叉和渗透。

编译程序遍的划分依赖于源语言、设计目标、设计人员、硬件条件等诸多因素,没有统一的规则。遍数多有助于编译程序的结构和逻辑清晰,但是会增加输入/输出,影响编译时间。遍数少的编译逻辑复杂、需要较大的内存,但是,编译的速度快。需要说明的是,有些编程语言不能只经过一遍实现编译过程。一般把词法分析、语法分析、语义分析及中间代码生成安排成为一遍,而把目标代码生成及其优化作为一遍处理。

1.5.2 编译的前端和后端

通常,编译都划分成前端和后端。编译前端只依赖于源程序,独立于目标计算机。编译前端的工作包括词法分析、语法分析、语义分析、中间代码生成及其优化,文法错误的处理和符号表的组织也在编译前端完成。编译后端的工作主要是目标代码的生成和优化,独立于源程序,完全依赖于目标机器和中间代码。把编译程序分成前端和后端已经成为目前编译程序的设计实践,其显著优点是,可以优化配置不同的编译程序组合,实现编译的重用,保持语言与机器的独立性。

可以在编译前端将几种源语言程序编译成相同的中间语言,然后配上一个相同的编译后端,这样就可以为同一台计算机构造出不同的编译程序。另外,还可以为一个编译前端配上不同编译后端以生成不同的目标代码,就可以实现一次编程,运行在不同的目标计算机上。为了实现编译程序可以改变目标机,通常需要良好定义的中间语言。例如,较早的中间语言是为 Pascal 设计的 P 代码,为庞大、复杂的 Ada 语言设计的中间语言是一种称为 Diana 的树形结构。又如,在 Java 语言环境中设计了中间代码 Bytecode,任何机器只要安装了执行 Bytecode 的 Java 解释器,就可以执行 Java 程序,从而实现 Java 语言的平台无关性。

1.5.3 编译程序的分类

如同存在着形形色色的程序设计语言一样,也存在着各种各样的编译程序。根据不同的用途和侧重面,编译程序可以分成如下几类。

1. 诊断型编译程序

这类编译程序专门用于帮助程序的开发和调试,它们系统地分析程序,发现程序中的错误,智能地校正一些错误,如关键字拼写错误、匹配括号的遗漏。有些诊断型编译程序可以模拟程序的运行,发现目标程序运行时可能产生的错误。由于诊断型编译需要占用计算机的存储和计算资源,故通常只用在程序开发的初始阶段。

2. 优化型编译程序

这类编译程序着重于提高目标代码的时空效率,使得产生的目标代码既占用较少的存储空间,又运行得快。然而,这些目标往往是相互矛盾的。一般情况下,要程序运行得快就要占用较多的存储空间,反之亦然。例如,对使用频率较高的变量,可以把它们放在寄存器中以减少存取时间,但是在过程或函数调用时又需要保护和恢复这些寄存器,额外需要更多的时间,因此,对目标程序的优化是一个折中的过程。很多优化型编译程序提供参数设置,允许用户选择不同的目标,以合理的代价获得期望的优化效果。

3. 交叉型编译程序

运行目标程序的计算机通常和运行编译程序的计算机的型号相同。但是,例如在宇宙飞船、手机、汽车等设备上运行的嵌入式应用软件,一般是在另外类型的计算机上设计和开发,经过编译、运行和测试之后,再经过一次编译产生出在上述设备上可以运行的目标代码,这类编译程序称为交叉型编译程序。

4. 可变目标型编译程序

一个编译程序通常是为一个特定的程序设计语言和一类特定的目标计算机而设计的,

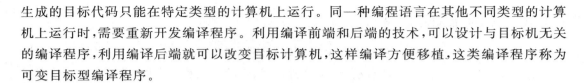

生成的目标代码只能在特定类型的计算机上运行。同一种编程语言在其他不同类型的计算机上运行时，需要重新开发编译程序。利用编译前端和后端的技术，可以设计与目标机无关的编译程序，利用编译后端就可以改变目标计算机，这样编译方便移植，这类编译程序称为可变目标型编译程序。

1.5.4 编译技术和软件工具

软件工具是提高软件开发效率和产品质量的重要途径，编译程序本身无疑是实现高级语言的一个重要工具。而且，编译技术和方法也已经应用在其他软件开发工具和环境当中，目前的集成化软件开发环境中都包括编译程序、面向语言的编辑程序、程序格式化输出等工具。下面介绍其他一些典型的工具。

1. 语法制导编辑器

这类工具运用程序语言的语法知识，在用户编写程序的时候按照词法和语法分析的信息提供智能的帮助，包括自动提供关键字及其匹配的关键字、左右括号的配对、对象的属性和操作等。例如，在 C 语言环境下用户输入了关键字 do 以后，语法制导编辑器就自动输入 do-while 的结构包括关键字 while；在 Java 语言的环境下，用户引用对象 student 时，在输入了 student 之后系统就提供可以选择的属性或操作。这样就可以使编程人员专注于算法的设计和实现，不用记忆语言的细节。最典型的通用语法制导编辑器是自由软件 EMACS，只要给它设置某个语言的语法结构，EMACS 就可以作为该语言的智能正文编辑器。

2. 程序调试工具

编译程序只可以发现静态的语法和语义错误，要进一步了解程序的动态错误，看程序的执行结果与编程人员的设想是否一致及程序的执行是否实现了预计的算法和功能，就需要程序调试工具。调试的目的是根据程序的异常，追踪和确定错误在程序中的具体位置，并且修改程序，消除错误。例如，根据语义分析后生成的中间代码，在虚拟机中一步一步（单步）地执行程序，观察程序的状态或程序中特定变量值的变化。

3. 程序测试工具

程序测试是为了发现错误而执行程序的过程，基于编译技术的测试辅助工具可以分为静态分析器和动态测试工具。静态分析器就是采用编译中的全局控制流和数据流分析技术，无须运行源程序来进行分析，以发现诸如"对变量未赋值就引用"、"赋值后没有引用"或"多余的源代码"等错误。动态测试工具是在源程序的适当位置插入某些信息，用测试数据运行程序并记录程序运行时的实际路径；或者输入符号（而不是具体的数值），执行符号运算，把运行结果与期望的结果进行比较，从而发现程序运行时的错误。

4. 程序理解工具

在软件测试、软件维护以及软件的再向工程和逆向工程等工作中，需要人们理解和分析程序，得到需要的软件信息，这类工具称为程序理解工具。利用编译技术的语法分析、语义分析和流分析，可以得到程序中各类名字（例如变量、函数、类）的定义、使用以及交叉引用关系。程序切片技术可以根据感兴趣的一组程序变量，静态地分析程序，抽取并显示程序中与这些变量相关的语句，缩小了程序规模，极大地方便了程序的理解和测试。

1.6 如何开发编译程序

编译程序作为计算机的系统软件最初是用机器语言或汇编语言编写的,尽管目前仍然使用这些低级语言直接手工编写编译程序,但是,目前更加普遍的是使用高级编程语言,运用编译的各种辅助工具和构造方法,自动或半自动地开发编译程序。

1.6.1 编译程序的自展技术

对于具有自编译性的高级编程语言,可以运用自展技术来构造编译程序。首先需要把源语言 L 分解成一个核心部分 L_0 与扩充部分 $L_1, L_2, \cdots, L_k$,使得对核心部分进行若干次扩充之后得到源语言,如图 1.5 所示。编译程序自展技术的方法是,首先用汇编或机器语言编写 L_0 的编译程序,然后再用 L_0 编写 L_1 的编译程序,如此扩展下去,像滚雪球一样,越滚越大,最终得到源语言 L 的编译程序。在这个自展过程中,除了最初使用汇编或机器语言编程以外,其他层次的编译程序都是用高级语言编写的。

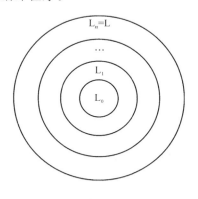

图 1.5 编译程序的自展技术示意图

1.6.2 编译程序的移植技术

编译程序可以采用移植技术产生,即用宿主计算机上的高级语言编写一个能在另外类型目标机上运行的编译程序。为了便于说明,引入一个 T 形图:用语言 I 构造的把源语言 S 翻译成目标语言 T 的编译程序用 C 表示,如图 1.6 所示。如果不需要或语境清楚,可以省去编译程序的名称 C。

T 形图可以方便地表示编译的移植技术。如果机器 H(可以在机器 H 上运行的语言)上有把语言 A 翻译成语言 B 的一个编译,在机器 M 上有把语言 H 翻译成语言 K 的编译,那么,可以在机器 K 上构造一个把 A 翻译成 B 的编译。用 T 形图表示的编译移植的过程和结果示意如图 1.7 所示。

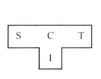

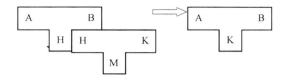

图 1.6 T 形图　　　　图 1.7 把机器 H 上的编译移植到机器 K 上

另外,用 T 形图很容易表示编译的自展技术:现在的目标是在机器 H 上为高级语言 L 构造一个在 H 上运行的编译程序,它的目标语言是 H。第一步,构造两个编译程序:一个是用 L 为自身构造一个编译的核心 A0,另外一个是用 H 的机器语言或汇编语言为 L 编写一个简单的编译程序 A1,它只须翻译 L 的主要语言特性,即用在 L 自身编译程序 A0 的那些语言性质,而不必考虑编译的效率,只要求正确。第二步,把 A0 当作 A1 的输入,运行得到一个较好的编译 A2,再用这个较好的编译程序 A2 去编译 A0,得到最终的编译版本 A3。这样,既可以得到编译器的源代码,也有执行代码。整个过程如图 1.8 所示。如果需要改善所得到的编译程序,还可以继续执行上述的两个步骤。

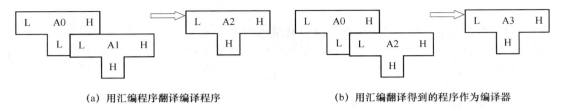

（a）用汇编程序翻译编译程序　　　　　　　　　　（b）用汇编翻译得到的程序作为编译器

图 1.8　用 T 形图表示编译的自展技术

1.6.3　编译程序的自动生成技术

计算机的应用千变万化,高级编程语言层出不穷,但是,任何高级语言的程序都需要经过编译才能运行。为了缩短编译程序的开发时间,保证编译程序的正确性,人们已经研究和开发了编译程序的自动生成工具。其中词法分析生成器和语法分析生成器最为成熟,获得了广泛的研究和应用。在本书第 2 章介绍的 Lex 是一个通用的词法分析生成器,它的输入是描述单词结构的正规式,输出的就是词法分析程序。另外一个经典的编译工具是语法分析生成器 YACC(Yet Another Compiler Compiler),它接受 LALR(1)语法,生成一个相应的 LALR(1)语法分析器,而且可以和 Lex 连接使用。本书第 5 章将介绍 YACC。

1.7　编译系统以及其他相关程序

除了编译程序以外,还需要一些其他的软件工具来建立一个可执行的目标程序,构成编译系统。例如,GNU C 编译系统(简称 GCC 系统)包括预处理器、编译器、汇编器、连接器与加载器,如图 1.9 所示。

下面简单介绍与编译程序有关的其他程序。

（1）编辑器

程序员借助编辑器编写源程序,由编辑器产生出标准的正文文件(如 ASCII 文件)作为编译程序的输入。编辑器可以是传统的正文行编辑器,也可以是面向全屏的图形编辑器;编辑器可以是通用的、与程序语言无关的,也可以是具备源程序语言知识的语法制导编辑器或结构化编辑器;编辑器可以作为独立程序应用(如写字板或 EMACS),但是现在更多的情况是,编辑器作为集成开发环境中的一个基本工具,和其他工具分工合作,共同完成程序开发。例如,可以在编辑器里调用编译的操作,在编辑程序的时候就可以显示程序的错误(如果程序有错误),不离开编辑器就可执行程序段。

（2）预处理器

它是在编译程序真正开始翻译源程序之前调用的一个独立的程序,以便加快和简化翻译工作。预处理器可以删除源程序中的注释、空格符等与程序执行无关的部分,执行宏代换等工作。例如,GCC 系统的预处理器可以处理条件编译命令,把源程序文件中包含的声明

（♯include)扩展为程序正文,把♯define 定义的宏展开成为相应的宏定义等。

（3）汇编器

汇编器把汇编语言代码翻译成一个特定的机器指令序列。前面已经提到,由于汇编语言是计算机机器语言的符号形式,编译程序可以把源程序翻译成汇编语言当作目标语言。实际上要真正运行的时候,还需要汇编器。一般而言,每个特定的机器都有自己的汇编语言和汇编器。在 GCC 系统中允许在编译命令中通过选项来决定编译的目标程序是汇编代码还是机器代码。

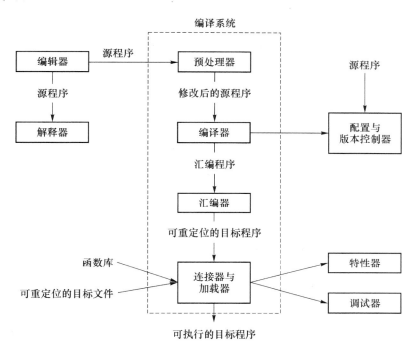

图 1.9　编译系统以及与编译有关的其他程序

（4）连接器

现代软件的模块化技术允许一个程序的不同部分(如子程序集合、类、数据文件、构件)独立地编译成目标文件。连接器就是搜集和组织程序所需要的不同代码和数据,把它们连接成可以执行的目标代码的软件工具。程序运行需要连接的还包括操作系统的资源,诸如存储、输入输出以及标准库函数等。现代技术还要求解决各个编译模块的命名空间等互操作问题。根据连接时间的不同,连接器可以分为静态连接器和动态连接器。

（5）装载器

经过编译、汇编或者连接过程一般不会产生存储地址固定的可执行代码,还需要给程序在内存器中分配一个起始地址,载入目标机器,以便程序中的各个符号通过相对地址可以真实地访问存储器。完成这项任务的程序就是装载器,它可以为可重定目标的程序重新分配地址。尽管装载器使得代码更加灵活,但是,加载过程常常消耗计算机资源,因此,装载器一般不独立运行,通常和连接器一起运行。

（6）调试器

它用来确定编译过的程序在运行时的错误，通常包装在一个集成开发环境中。执行带调试功能的程序需要记录源程序的行号、过程名、变量名、表达式的值等信息，完全不同于程序的普通运行。调试器允许在特定的位置设置端点让程序暂停运行，提供调用函数的信息、变量的值等，为此，调试器需要编译器提供适当的符号信息。如果编译器具有代码优化的功能，有时就很难提供这些符号信息。

（7）特性器

这是搜集运行程序行为特征的统计数据的软件工具。典型的统计包括每个过程被调用的次数、每个过程执行时间的比例、变量的数据对象类型等，这些信息对于改进程序的运行效率极其有益。对于动态类型的语言，特性器用于推断变量、表达式等的类型。有时，编译器可以利用特性器的结果，无须程序员干涉，自动改进目标代码的质量。例如，对于面向对象语言中需要动态绑定的方法（如 C++ 的虚拟函数），利用特性器搜集的有关方法被绑定到一个调用的百分比，它有助于在静态时预先连接，提高面向对象程序的运行速度。

（8）配置与版本控制器

程序的开发会产生不同的模块，每个模块由于修改，或者内部实现的差异，或者不同程序员的实现等会导致不同的版本文件。为了管理和维护每个独立的源程序模块、编译模块、数据文件及其每个文件的修改历史信息包括模块连接、加载的信息等，人们还需要配置与版本控制器的软件工具。这类经典的程序包括 UNIX 上的源代码控制系统 sccs 和版本控制系统 rcs。现代的集成开发环境中一般都包含这类工具。

（9）解释器

它像编译器一样，也是语言的翻译程序，与编译器的区别在于解释器无须把源代码翻译成目标代码，而是一边翻译一边运行源代码。事实上，任何计算机语言都可以解释执行，或者编译后执行，这取决于语言的应用环境。例如，Basic 和 Lisp 是典型的解释语言，有助于教育和开发阶段。而编译式语言主要考虑程序的运行效率，通常比解释执行要快 10 的数量级倍。有些语言如 Java 同时拥有解释器和编译器。

练 习 1

1.1　为什么高级程序语言需要编译程序？

1.2　解释下列术语：
　　　源程序，目标程序，翻译程序，编译程序，解释程序

1.3　简单叙述编译程序的主要工作过程。

1.4　编译程序的典型体系结构包括哪些构件？主要关系如何？请用辅助图表示。

1.5　编译程序的开发有哪些途径？了解你熟悉的高级编程语言编译程序的开发方式。

1.6　运用编译技术的软件开发和维护工具有许多类，简单叙述每一类的主要用途。

1.7　了解一个真实编译系统的组成和基本功能。

1.8　简单说明学习编译程序的意义和作用。

1.9　如果机器 H 上有两个编译：一个把语言 A 翻译成语言 B，另一个把语言 B 翻译成语言 C，那么可以把第一个编译的输出作为第二个编译的输入，结果在同一类机器上得到从 A 到 C 的编译。请用 T 形图示意其过程和结果。

第2章 词法分析

词法分析是编译过程的第一个阶段,它的主要任务是逐个地扫描构成源程序的字符流,把它们翻译成有意义的单词序列,提供给语法分析器。执行词法分析的程序称为词法分析器或扫描器,它在编译程序中的位置如图 2.1 所示。

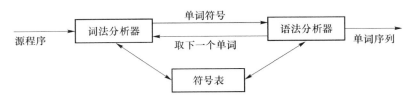

图 2.1　词法分析器在编译中的位置

本章首先介绍词法分析程序的设计,包括主要程序中单词的概念、扫描器的基本功能以及设计中一些常见的处理。接着以一个简单的语言为例,说明如何使用状态转换图实现词法分析器。为了自动构造词法扫描器,将在 2.3 节和 2.4 节中学习状态转换图的两种形式化描述技术:正规表达式和有限自动机,并研究它们的一些基本算法和性质。最后,在 2.5 节介绍一个常用的词法分析自动生成器 Lex。

2.1　词法分析器的设计

2.1.1　词法分析器的功能与输出

词法分析器的输入是源程序,可以看成是特定语言所允许的基本字符流。随着计算机处理信息范围的扩大以及接触自然语言种类的增多,相继出现了汉字国标码等对应于不同语言的字符集,统一占用双字节编码的 Unicode 字符集应运而生,它包括 ASCII 字符集和国标字符集,以及世界上多种语言的基本字符。典型的程序语言字符集包括 26 个字母、10 个数字、标点符号、运算符、空格、换行等计算机可打印的符号。这些符号在多数高级程序语言中分成了如下五种单词记号:

(1) 保留字。是程序语言定义的具有固定意义的英文单词,有时称为基本字或关键字。例如,在 C++ 中,char、float、extern、friend、switch、new 等都是关键字。保留字一般不能另作他用。

(2) 标识符。表示各种名字的字符串,如变量名、类型名、函数名、对象名等。

(3) 运算符。如"＋"、"－"、"＝＝"、"＜＝"等。

（4）常量。常量的类型一般有整型、实型、布尔型、文字型等。

（5）分界符。如分号、括号、注释标记"/ ＊ "、" ＊/"等。

一个程序语言中的保留字、运算符和分界符都是确定的，一般只有几十个或几百个。而对常量和标识符的使用数量通常没有限制。

词法分析器的基本功能是，按照语言的定义规则，逐个地读入源程序的符号，识别出对语言有意义的符号串，即单词符号；然后分析单词记号的属性，并把单词记号及其属性填写在符号表中；同时把源程序改造成等价的计算机内部表示——单词记号，以便编译的后续阶段使用。此外，词法分析器还要对源程序进行预处理工作，包括删除源程序中的空格、制表符、换行、注释等不影响程序语法、语义的结构。如果程序中增加了具有特定意义的结构，例如用于程序正确性证明的前置、后置条件等，那么预处理程序还要把它们抽取出来，执行程序证明等工作。

词法分析器所输出的单词记号一般采用形式为＜单词种别，单词的属性值＞的二元式。单词的种别是语法分析需要的信息，而单词的属性值则是编译的语义分析和代码生成等阶段需要的信息。单词的种别通常用整数表示。一个语义的单词记号如何分种、分成多少种、怎样编码，主要取决于处理上的差别，是一个技术性问题。一般而言，所有标识符归为一个种别；常量则按照类型分种；关键字和运算符可以一字一种，也可以把全体当作一种；分界符通常是一符一种。

如果一个种别只含一个单词记号，那么，种别编码就足以表示它自身。然而，对于像标识符那样的单词记号，所有标识符都属于一个种别，还需要属性信息来区别不同的标识符。单词记号的属性指的是单词记号的特性或特征。属性值则是反映这些特性或特征的值。例如，对于某个标识符，经常把存放它的有关信息的符号表的入口地址作为其属性值；对于某个整型常数，则把存放它的表项的地址作为其属性值。

例 2.1 假如保留字的编码是 1，标识符为 2，运算符为 3，分界符为 4，整型常量为 10，实型常量为 11。那么，对于源程序代码：

for (i = 1, sum = 9.8; i ＜ = 100; i++) sum + = i ＊ 3.14;

词法分析器产生的结果是单词记号序列，如表 2.1 所示。

表 2.1　词法分析器为例 2.1 输出的单词记号序列

＜1,'for'＞	＜3,'＜='＞
＜4,'('＞	＜10,'100'＞
＜2,指向 i 的符号表入口＞	＜4,';'＞
＜3,'='＞	＜2,指向 i 的符号表入口＞
＜10,'1'＞	＜3,'++'＞
＜4,','＞	＜4,')'＞
＜2,指向 sum 的符号表入口＞	＜2,指向 sum 的符号表入口＞
＜3,'='＞	＜3,'+='＞
＜11,'9.8'＞	＜2,指向 i 的符号表入口＞
＜4,';'＞	＜3,' ＊ '＞
＜2,指向 i 的符号表入口＞	＜4,';'＞

2.1.2　词法扫描器与符号表

在第 1 章编译程序的结构图 1.4 中,除了编译过程的主要模块之外,还包括符号表的管理模块。符号表记录了程序中所有的单词符号的信息,包括名称、各种属性、所表示的值、应用范围(作用域)、分配的内存单元数(字节数)等。对符号表的操作主要是填表、查询和更新。每当词法分析器识别了一个单词的时候,第一项工作就是查询符号表。对于不同的单词种别,查询的方式和随后的处理完全不同。例如,对于关键字、分界符和运算符等,只需在各自的符号表中查询,获得并记录其他属性值,生成相应的单词记号。处理常量,特别是处理标识符要复杂得多,而且,仅仅在词法分析阶段是无法获得一个标识符的所有信息的。

当词法扫描器识别了一个标识符的时候,首先查询关键字表,看它是否是关键字,如果不是,还要在标识符表中查询,看它是否已经存在,如果不存在就把它填入标识符表,并填入种别、类型等信息。如果没有限制标识符的长度,那么,还需要建立复杂的数据结构来存储构成标识符的所有字符。如果程序语言允许递归和嵌套结构,就需要特殊处理技术,增加标识符的作用域等信息,以便在合适的子程序或嵌套结构层找到或者加入一个标识符。

第 6 章将详细地讨论符号表的这些组织和管理技术。

2.1.3　词法分析器的两种实现模式

在编译程序中,词法分析器可以有两种实现模式:完全独立模式和相对独立模式。编译程序采用哪种模式实现词法分析器完全取决于实现者的总体考虑。

在完全独立模式下,词法分析器作为编译的子系统单独地运行一趟,扫描整个源程序,把识别的单词序列以机器内码的形式输出在一个中间文件上,供语法分析使用。把词法分析安排为一个独立阶段的好处是:使得编译程序结构清晰、条理化而且便于高效地实现;在设计高级语言时能独立地研究词法与语法两个方面的特性;增强了编译程序的可移植性,可以就同一个语言为不同的机器写不同的词法分析器,而只需编写一个共同的语法分析,使用这些词法分析器有相同的单词机内表示;由于单词记号的语法可以用较简单的文法描述,把词法和语法分开,就能为这种文法建立有效的特殊方法和自动构造技术,这是本章最后一节要讨论的主题。

然而,更一般的情况是把词法分析器设计成一个子程序,每当语法分析需要一个单词的时候,就调用该子程序。词法分析器在每次得到调用时,就从源程序文件中读入一些字符,直到构成一个单词,返回给调用的语法分析器。在这种相对独立模式下,词法分析器和语法分析器被设计在同一遍扫描中,而省去了存放单词的中间文件。当用递归下降分析等技术实现一趟编译程序的时候,往往采用这种相对独立的模式。图 2.1 表示的就是这种实现模式。

2.1.4　词法错误的处理

在词法分析阶段发现的错误统称为词法错误,它们大多是单词拼写错误,因为书写错误或者因为键入错误,例如把关键字拼写错了等。有些单词元素由特定的规定,也能发现错误。例如,在 C++ 语言中,实型常量的指数形式要求在 e 或 E 前面的尾数部分必须有数字,后面的指数部分必须是整数。如果程序中出现了 E-55 或 10E1.33,词法分析器就应该报告错误。

但是,因为词法分析器只是掌握了程序及其语言的局部知识,所以,几乎发现不了更多的错误。对于例 2.1,即使把 for 误写成 forr 或 fro,由于没有语法知识,无法知道词法分析器此刻需要的是关键字 for,还是也允许标识符,从而不能断定这是个错误。

对词法错误校正的常用策略是修补尝试,一般包括以下内容:

- 删除一个多余的字符;
- 插入一个遗漏的字符;
- 用一个正确的字符替换一个不正确的字符;
- 交换两个相邻的字符。

现代的编程工具或集成化开发环境大都提供具备了语言语法知识的智能编辑器,它能在程序员编写程序的时候,在输入了基本信息以后,根据场合自动地提供句子结构框架,包括匹配的关键字、分隔符等。例如,如果用户希望编写 for 语句,一旦键入了字母 f,编辑器就会立刻提供下列框架:

for(expression1; expression2; expression3) loop-statement

其中阴影部分等待用户的具体输入,斜体字的部分甚至可以不输入。这样,就避免了诸如拼写错误、遗漏分界符等错误。对于这个具体例子而言,编辑器只需知道当前可以出现句子(包括函数调用等),以字母 f 打头的关键字只有 for,而它只能用在 for 循环语句当中,通过查找保留字表就能得到 for 及其适用信息。

2.2 词法分析器的一种手工实现

本节讨论实现扫描器的一些关键技术以及如何手工实现一个词法扫描器。

2.2.1 输入的预处理

词法分析的第一步是输入源程序文本。输入串一般放在一个缓冲区中,单词符号的识别可以直接在这个输入缓冲区中进行。对于许多程序语言来说,空格、制表符、换行符等编辑性字符除了出现在文字常量中,在其他任何地方出现都没有意义,而注释作为程序的重要文档几乎可以出现在程序中的任何地方。编辑性字符和注释的存在可以改善程序的可读性和易理解性,却不影响程序的语法结构和执行语义,在编译的词法分析阶段通常被预处理过程删除掉。

可以构造一个预处理子程序,来完成编辑性字符和注释的删除或提取的任务。每当词法分析器需要分析源程序时,就调用预处理子程序来处理一个确定长度 N(例如 4096 字节)的输入字符,并将其装入词法分析器指定的扫描缓冲区。这样,扫描器就可以在这个缓冲区中直接识别单词符号,而不必兼管处理其他杂务。

扫描器对缓冲区进行扫描时一般使用两个指针:一个指向当前正在识别的单词的起始位置,另一个用于向前搜索以寻找该单词的终点,两个指针之间的符号串就是要识别的单词符号。无论扫描缓冲区设计得多大都不能保证单词符号不会超过其边界。因此,扫描缓冲区通常使用一分为二的两个区域(如图 2.2 所示),它们长度一样,互补使用。

如果单词搜索指针从单词起点出发搜索到半区的边界但未达到单词的结尾,那么就应该调用预处理程序,让它把后续 N 个输入字符装进另外的半区。

起点指针　搜索指针

图 2.2　扫描缓冲区一分为二的两个区域

2.2.2　超前搜索和最长匹配

古汉语没有标点符号,当时人们读书的时候需要掌握断句,即在汉字串合适的位置停顿,使得两个停顿之间的汉字串构成有意义的词组或句子。编译的词法分析器的工作类似断句,它要根据语言的语法,即单词符号模式,如标识符、整数、浮点数、运算符等,识别出输入串中的单词。那么,如何找到一个单词的起点和终点呢?对于例 2.1 而言,比如,为什么把字母 f、o 和 r 构造成一个标识符,而不把 f 和 fo 当作一个单词,也不把左括号"("包含其中? 又如,比较运算符"<="和"<"以及等号"="在 C 语言中都是一个单词符号,为什么在例 2.1 中识别为"<="而不是"<"和"="?

这里,词法扫描器运用了两个基本技术:超前搜索和最长匹配。这两项技术通常相互补充、共同使用。它们的含义是,为了识别一个更有意义的单词符号,在找到了可能是单词符号的起点或者构成了单词部分时,扫描器并不满足,还要继续读入输入串,看是否能找到由更多符号所组成的单词(即最长匹配),有时可能要扫描到一个可以"断句"的符号(超前搜索),才能决定最后一个扫描的符号不属于之前的符号串所构成的单词。在识别"for"的时候,要扫描到左括号"("时才知道,它不属于标识符的符号;当读到了"<"的时候,扫描器期望再读入一个"="或">",以便构造出小于等于"<="或不等于"<>"的比较运算符,否则,就构造小于运算符。

超前搜索符号通常是最长匹配单词的结束标志,可以是空格符、回车符、制表符等一些可以被预处理的符号,也可能是下一个单词记号的起始符。所以,应该退还给扫描缓冲区,把搜索指针的位置减 1 即可。

根据语言的语法规则或单词匹配模式,词法扫描器可以知道什么时候应该继续超前搜索。2.3 节和 2.4 节中将重点研究有助于识别技术程序语言单词的两种等价的形式化描述。

2.2.3　状态转换图

状态转换图是构造词法分析器的一个良好工具,它描绘了为得到一个单词记号词法分析器应该执行的动作。状态转换图是一个有向图,结点代表状态,用圆圈表示,内部用数字表示状态名称。状态之间由箭弧连接,箭弧上有符号作为标记,它表示从箭弧尾的离开状态读入标记符号以后转换到箭弧头的进入状态。若离开状态 s 的某个标记为 other,则表示离开 s 的其他箭弧标记以外的任意符号。每个状态转换图中的状态数量有限,都有唯一的一个起始状态(本书用一个进入的箭头表示)和至少一个终结状态(用双圈表示)。

一个状态转换图可以识别或接受一定的输入符号串:从起始状态开始,读进输入符号串的一个符号 a,沿着状态转换标记为 a 进入下一个状态,重复执行直到进入终结状态。即,如果存在一个从起始状态到终结状态的路径,路径上的标记用连接运算连接在一起形成一个符号串,如果它和输入符号串相同,则称该输入符号串可以接受;如果不能进入任何一个终结状态,则称该状态转换图不能识别或不接受这个输入符号串。

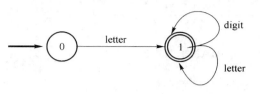

图 2.3　标识符的状态转换图

例 2.2　标识符一般定义为字母打头的字母数字序列,它的状态转换图如图 2.3 所示。

其中 letter 和 digit 分别表示 52 个大小写字母和 10 个数字,是一种简写方式。状态 0 是起始状态,1 是终结状态。分别考虑符号串 var1 和 4sons,看它们是否是语言的标识符。对于符号串 var1,有状态序列 $\longrightarrow 0 \xrightarrow{v} 1 \xrightarrow{a} 1 \xrightarrow{r} 1 \xrightarrow{1} 1$,路径上的标记连接在一起就是 var1,所以,var1 是被状态图识别的标识符。而 4sons 在起始状态就无法离开,也达不到终结状态 1,所以,它不能被这个状态图识别。

因为保留字通常是标识符,而且数量确定,可以事先存入一个表中,在识别了一个标识符之后查询保留字表就可以得知它是否是一个保留字。

例 2.3　图 2.4 表示的是类似语言中的关系符的状态转换图。

在这个例子中,在终结状态 4、7 和 10 加了星号"＊",表示在状态 1、2 和 3 都还不能确定它们是否是符合最长匹配准则的单词记号,还需要再读入一个字符才能确定。例如,在状态 1,如果读入的是期望的"＞",就可以在终结状态 5 断定识别了一个不等号"＜＞";否则,读入"其他"符号都进入终结状态 4,并且可以构造一个小于记号"＜"。而为实现最长匹配的一个超前搜索符号"其他"则不属于这个单词,应该退给扫描缓冲区,在终结状态 4 加星号"＊"表示。其他状态的情况类似。

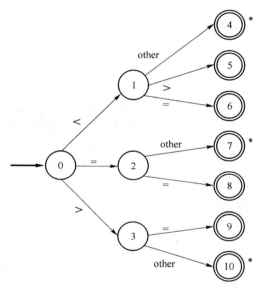

图 2.4　关系运算符的状态转换图

例 2.4　图 2.5 表示的是 Pascal 语言中数的状态转换图。其中的标记"＋,－"是符号"＋"和"－"的简写方式。

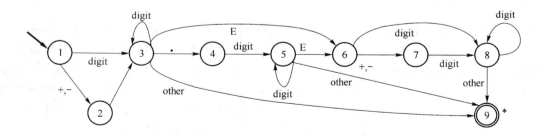

图 2.5　Pascal 语言中数的状态转换图

在这个复杂的例子中,状态 3、5 和 8 分别表示识别是整数、不带指数部分的实数以及带有指数部分的实数,但是,只能在超前搜索一个其他符号以后,才能在状态 9 确定识别了一个 Pascal 的数。读者可以自己验证数 2005,＋1998,－81.07,2.003E－6,看它们是否能被这个转换图所接受。

大多数高级语言的单词符号都可以用状态转换图来识别。一个高级语言所有单词的识别有时可以根据分类情况用若干个转换图描述,类似于上面的各个例子,也可以用一个转换图表示。但是,用若干个转换图有助于概念的清晰化,便于分而治之、分工合作以及模块化。

下面给出一个小的程序语言的完整的状态转换图,如图 2.6 所示。

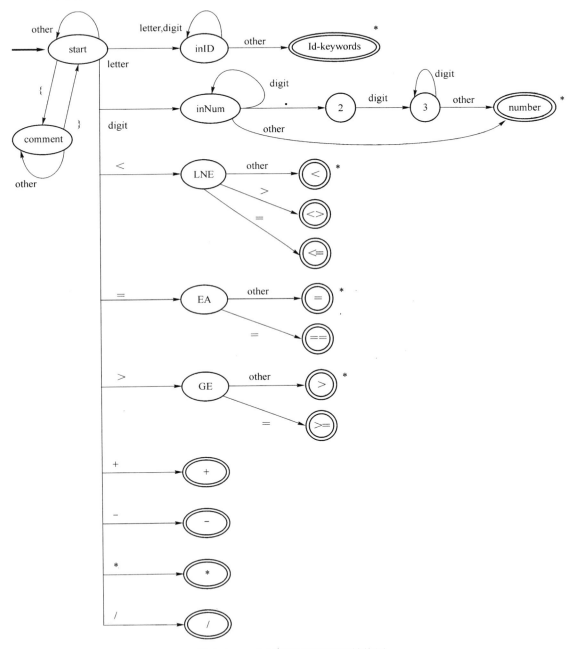

图 2.6　一个简单语言的状态转换图

这个语言包括若干个保留字、算术运算符、空格符、用花括号表示的注释、图 2.3 所示的标识符、图 2.4 所示的关系运算符以及图 2.5 中的整数和实数部分。在图 2.6 中尽可能地给每个状态起了有意义的名字,比如 inID 表示进入了识别标识符的状态,或者 EA 表示进入了相等比较或赋值号,各类运算符就直接用各自的符号作为状态名。other 作为标记出现在一些状态转换的箭弧上,它在不同的离开状态所表示的符号集是不同的,这可以从具体的离开状态看出。例如,在开始状态,other 表示不包括从 start 状态离开的所有标记;在状态 EA,other 则表示"="外的所有符号。保留字的识别是在状态 Id-keywords,当得到了标识符之后,再查询保留字表就可以知道当前的标识符是否是保留字。

2.2.4 基于状态转换图的词法分析器的实现

在完成了对语言中所有类型的单词构造出状态转换图以后,就可以基于状态图构造词法扫描器:让每一个状态对应一个子程序,然后用分支语句把各个子程序连成一个完整的程序,在结束状态对应的子程序中退还超前搜索符、填写符号表。

在下面的例子中,用到了一些变量、函数或过程,它们是:code 表示单词记号的种别(见 2.1.1 节),value 存放标识符或数在符号表中的入口地址,过程 getghar(ch) 从扫描缓冲区得到一个搜索符号,存储在变量 ch 中,函数 isLetter(ch) 和 isDigit(ch) 分别检查 ch 是否是字母/数字,函数 lookup(token, table) 在符号表 table 中查询是否包含单词 token,函数 insert(token, table) 把单词 token 插入符号表 table 中并返回符号表中的地址,函数 reporterror() 报告并简单处理词法错误。

根据状态图编写词法扫描器有两种常用的方法,最简单、直接的方法是:让状态转移对应一个读入字符的语句或函数,然后与转移上的标记比较,如果相等就进入转移对应的程序段或子程序;否则,调用错误处理程序。这样,多个转移就对应分支语句。如果转移返回自身,形成一个圈,对应程序段的就是循环语句。

下面是根据图 2.3 写出的识别标识符和保留字的代码段。为此新增了一个接受其他字符的结束状态 2,原来的状态 1 改为非结束状态,同时假设 ch 中已经读入一个字母。结束时 ch 包含了一个搜索符,可以是下个单词的起始符号,或者是文件结束符:

```
int code, value;
char token[] ="";

// 在开始状态 0
do { token = token + ch;          // 不断读入字母或数字,合并成一个标识符
    getchar(ch);                   // 保持在状态 1
} while (!isLetter(ch) || !isDigit(ch));   // isLetter(ch)和 isDigit(ch)分别检查
                                           // ch 是否是字母或数字

// 进入结束状态 2
code = lookup(token, keywordsTable);  // 在关键字表中查询 token,若它是
                                      // 关键字就返回 1
if (code !=0 ) return(1, token);      // 返回关键字的单词记号,假如关键字种别是 1
```

```
else {
    value = insert(token, identifierTable);    // 把 token 插入标识符表,返回入
                                                // 口地址
    return (2, value)                           // 返回标识符的单词记号,假如标
                                                // 识符种别是 2
}
```

这种解释状态转换图的代码编写方式是利用代码中的位置隐式地表现了状态。如果一个转换图中的状态数量不多(要求的条件判断嵌套层相应地也就不深),并且状态图的循环回路很少,那么,这种代码编写方式显得比较合理。但是,这个方法也有两个缺点:首先它是经验式的,编写每个状态转换图的代码各自不同,而且很难应用这个方法来设计一个翻译状态转换图的算法;其次,随着状态数量的增加,更准确地说,是随着不同状态可能的路径数量的增加,代码的复杂性将会急剧增长。

一个更好的实现方法是采用一个变量来记录当前的状态,把状态转换嵌入到一个循环体内的分支语句中,其中的第一个分支测试当前状态,而嵌入内层的第一个分支语句则对给定的状态测试输入符号,以决定转移进入的状态。下面的例子就是采用这个方法。

例 2.5　图 2.7 表示的是识别 C 风格注释,即形式"/ ∗ ⋯ ∗/"的状态转换图。状态 2 中的标记 other 是除"∗"之外的其他符号,而从状态 3 到状态 2 的标记 other 是除"∗"和"/"之外的其他符号。

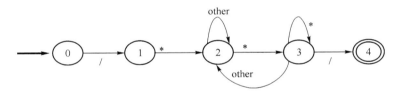

图 2.7　C 风格注释的状态转换图

假设 ch 中已经读入一个字母,实现这个状态转换图的代码如下:

```
int state = 0;
while (state = 0, 1, 2, 3) {
switch state {
    case 0:  if (ch == ' / ') { state = 1; getchar(ch); }
        else reporterror();
    case 1:  if (ch == ' ∗ ') { state = 2; getchar(ch); }
        else reporterror();
    case 2:  if (ch == ' ∗ ') { state = 3; getchar(ch);}
        else getchar(ch);                            // 还是在状态 2
    case 3:
        switch ch {
            case ' / ': state = 4; getchar(ch);
            case ' ∗ ': getchar(ch);                 // 还是在状态 3
```

```
                    default: state = 2; getchar(ch);
                }
            }
        }
    if (state == 4 ) return 1; else reporterror();
```

最后,把这两种方法结合起来,编写图 2.6 表示的所有单词的一个扫描程序段。假设 ch 中已经读入一个字母,结束时 ch 包含了一个搜索符。代码如下:

```
    int code, value;
    char state = "start";
    char token[] ="";
    state_sets 表示所有状态名的集合;
    while (state 属于 state_sets) {
      switch state {
        case "comment": if (ch == '}') { state = "start"; getchar(ch) }; else getchar(ch);
        case "start": {
            switch ch {
            case isLetter(ch):  { state = "inID"; token = ch; getchar(ch); }
            case isDigit(ch):   { state = "inNum"; token = ch; getchar(ch); }
            case ch =='{':      { state = "comment"; getchar(ch);}
            case ch =='<':      { state = "LNE"; token = ch; getchar(ch);}
            case ch =='=':      { state = "EA"; token = ch; getchar(ch);}
            case ch =='>':      { state = "GE"; token = ch; getchar(ch);}
            case ch =='+':      { state = "+"; token = ch; }
            case ch ==' -':     { state = "-"; token = ch; }
            case ch =='*':      { state = "*"; token = ch; }
            case ch =='/':      { state = "/"; token = ch; }
            default:            getchar(ch);      // 过滤掉无用的符号
            }
        }   // 状态 start 的结束
        case "inID": {
                while ((isLetter(ch) || isDigit(ch)) { token = token+ch; getchar(ch);}
                code = lookup(token, keywordsTable); // 在关键字表中查询 token
                if (code! =0) return(1, token);    // 返回关键字的单词记号
                else {value = insert(token, identifierTable);   // 把 token 插入标识
                                                                 // 符表并返回入口
                return (2, value); }    // 返回标识符的单词记号
        }
        case "inNum": {
          while (state 属于{inNum, 2, 3}) {       // 处理各个类型的数
```

```
switch state {
    case "inNum"：{ switch ch
        case isDigit(ch)：{ token = token＋ch; getchar(ch) ;} // 处理整数
        case ch == '.'：{ state = "2"; token = token＋ch; getchar(ch);}
        default：{ state = "number"; code＝10;}
    }        // 处理实数
    case "2"：{ if (isDigit(ch)) { state = "3"; token = token＋ch; getchar(ch);}
            else reporterror ();
    }
    case "3"：{ if (isDigit(ch)) { token = token＋ch; getchar(ch);}
            else {code = 11; state = "number";}
} // while
case "number"：{ getchar(ch);
    value = insert (token, identifierTable);
    return(code, value); }
case "LNE"：  {
    if (ch == '>') { getchar(ch); return(3, "<>");}
    if (ch == '=') { getchar(ch); return(3, "<=");}
        else { getchar(ch); return(3, "<"); }
}
case "EA"：{
    if (ch == '=') { getchar(ch); return(3, "==");}
        else { getchar(ch); return(3, "="); }
}
case "GE"：{
    if (ch == '=') { getchar(ch); return(3, ">=");}
else { getchar(ch); return(3, ">"); }
}
case "＋"：getchar(ch); return(3, "＋");
case "－"：getchar(ch); return(3, "－");
case "＊"：getchar(ch); return(3, "＊");
case "/ "：getchar(ch); return(3, "/ ");
}    // 结束所有状态分支
}        // 结束 while 循环
```

2.3　正规表达式

正如文章是由句子组成,而句子又是由单词和标点符号组成的序列一样,程序是程序语

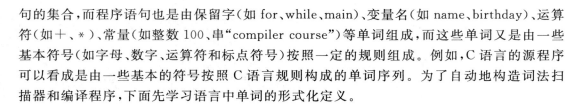

句的集合,而程序语句也是由保留字(如 for、while、main)、变量名(如 name、birthday)、运算符(如＋、＊)、常量(如整数 100、串"compiler course")等单词组成,而这些单词又是由一些基本符号(如字母、数字、运算符和标点符号)按照一定的规则组成。例如,C 语言的源程序可以看成是由一些基本的符号按照 C 语言规则构成的单词序列。为了自动地构造词法扫描器和编译程序,下面先学习语言中单词的形式化定义。

2.3.1 符号、符号串与符号集合

定义 2.1 字母表是有限的非空的符号集合,字母表中的元素称作符号。

字母表包含了语言中所允许的所有字符,当然至少要包含一个字符。不同的语言包含了不同的字母表。例如,二进制数语言的字母表是{0,1},Java 语言的字母表可以说是一切可以打印字符组成的集合。通常用希腊字母 Σ 表示字母表。

定义 2.2 由字母表中的符号所组成的任何有限序列称为符号串。一个符号串所包含符号的个数称为该符号串的长度。

例如,对于字母表 Σ＝{a, b},a、b、aa、ab、ba 和 abba 都是 Σ 上的符号串。符号串 b、ab 和 abba 的长度分别是 1、2 和 4。符号串中符号的排列顺序十分重要,上面的 ab 和 ba 表示不同的符号串。通常用小写的希腊字母 α、β、γ、ω 等表示符号串。符号 α 的长度表示成 $|\alpha|$,例如 $|abba|=4$。

允许空符号串,即不包含任何符号的符号串,用希腊字母 ε 表示,$|\varepsilon|=0$。

如果 x＝uv 是一个符号串,则称 u 是 x 的头,称 v 是 x 的尾。当对一个符号串的某些部分感兴趣而对其他部分不感兴趣时,通常忽略掉不感兴趣的部分,而只保留感兴趣的部分。例如,若只关心符号串 x＝αtγ 中的符号 t,也可以用 x＝…t…表示;同样,x＝tα 和 x＝t…这两种表示都只关注符号的头符号——t。

定义 2.3 设 α 和 β 是同一字母表上的符号串,把 β 的各个符号相继地写在 α 之后所得到的符号串称为 α 和 β 的连接(并置),记作 αβ。显然,$|\alpha\beta|=|\alpha|+|\beta|$。

例如,字母表 Σ＝{a, b, 0, 1}上的符号串 β＝bb11,γ＝a00,βγ 是 bb11a00,而 γβ 是 a00bb11,而且 $|\beta\gamma|=|\gamma\beta|=7=|\beta|+|\gamma|=|\gamma|+|\beta|=4+3=7$。

显然,对于任何符号串 α,都有 $\alpha\varepsilon=\varepsilon\alpha=\alpha$。

定义 2.4 设 u 是某一字母表上的符号串,把 u 自身连接 n 次,即 $\alpha=u\cdots u(n$ 个 u),称作符号串 u 的 n 次方幂,记作 $\alpha=u^n$。

例如,$u^1=u,u^2=uu,u^4=uuuu$。特别地,当 $n=0$ 时,$u^0=\varepsilon$。显然,$uu^{n-1}=u^{n-1}u=u^n$。

定义 2.5 若集合 A 中的所有元素都是某字母表上的符号串,则称 A 是该字母表上的符号串集合。

字母表上的符号集合通常用大写字母 A、B、C 等表示。例如,字母表 Σ＝{a,b,0,1}上长度为 2 的符号串集合 A＝{α|α＝xy,并且 x 和 y 是 Σ 中的一个符号},字母表 Σ 上单词 B＝{β|β 是{a, b}中的符号串}。

定义 2.6 两个符号串集合 A 和 B 的乘积 AB 定义为:AB＝{uv | u∈A 并且 v∈B}。

例如,设 A＝{a, b},B＝{0, 1},那么 AB＝{a0, a1, b0, b1},BA＝{0a, 1a, 0b, 1b},AA＝{aa, ab, ba, bb}。由于对于任何符号串 x 都有 xε＝εx＝x,所以对于符号串集合 A,有{ε}A＝A{ε}＝A;但是,对于空集∅,却有等式∅A＝A∅＝∅。

类似于符号串的方幂,可以定义符号串集合的方幂,特别地,定义字母表 A 的方幂为

$$A^0 = \{\varepsilon\}, A^1 = A, A^n = A^{n-1} A \ (n > 0)$$

显然,若 $u \in A^n$,则 $|u| = n$。

定义 2.7　字母表 Σ 的闭包 $\Sigma^* = \Sigma^0 \cup \Sigma^1 \cup \cdots \cup \Sigma^n \cdots$,正闭包 $\Sigma^+ = \Sigma^1 \cup \Sigma^2 \cup \cdots \cup \Sigma^n \cdots$。

例如,对于字母表 $\Sigma = \{a, b\}$,$\Sigma^+ = \{a, b, aa, bb, ab, ba, aaa, bbb, aab, bba, aba, bab, abb, baa, \cdots\}$。显然,$\Sigma^* = \Sigma^0 \cup \Sigma^+$,$\Sigma^+ = \Sigma^* \Sigma = \Sigma \Sigma^*$。

Σ^* 表示字母表 Σ 上所有长度的符号串的集合,包括空符号串;Σ^+ 表示长度至少为 1 的符号串的集合。Σ^+ 实际上就表示了该字母表所有字符所构成的语言,句子就是其中的符号串。例如,C 语言的语句就是 C 语言的字母表,即基本符号正闭包的真子集。

例 2.6　令字母表 $L = \{A, B, \cdots, Z, a, b, \cdots, z\}$,$D = \{0, 1, \cdots, 9\}$,那么:

(1) $L \cup D$ 是字母和数字的集合;

(2) LD^4 表示以字母开头、跟随 4 个数字的串的集合;

(3) $L(L \cup D)^{15}$ 表示长度为 16 的标识符,即以字母开始的 16 位的字母和数字串的集合;

(4) D^+ 表示不含空的数字串的集合。

从上述例子可以看出,从基本符号的集合开始,可以运用上述运算定义新的语言。下面将定义适合描述和识别程序语言中基本单词的一个简单的语言。

2.3.2　正规式与正规集

字母表 Σ 上的正规表达式用来描述一种称为正规集的语言,定义如下。

定义 2.8　字母表 Σ 上的正规表达式(简称正规式)按照下列规则递归地定义:

(1) ε 是 Σ 上的正规式,它表示的正规集是 $\{\varepsilon\}$;

(2) $\varnothing$ 是 Σ 上的正规式,它表示的正规集是 $\varnothing$;

(3) Σ 中的任意符号 a 都是 Σ 上的正规式,它表示的正规集是 $\{a\}$;

(4) 若 r 和 t 都是正规式,它们所表示的正规集分别是 $L(r)$ 和 $L(t)$,那么 (r)、$r|t$、rt 和 r^* 都是正规式,表示的正规集分别是 $L(r)$、$L(r) \cup L(t)$、$L(r)L(t)$、$(L(r))^*$。

根据定义 2.8 显然有下列等式:

$L(a) = \{a\}$,$L(\varepsilon) = \{\varepsilon\}$,$L(\varnothing) = \{\}$,$L((r)) = L(r)$,$L(rt) = L(r)L(t)$,$L(r|t) = L(r) \cup L(t)$,$L(r^*) = (L(r))^*$

若规定算符的优先级别从高到低为:幂运算、连接运算和选择运算,而且都是左结合的,则在不导致混淆的情况下可以省去括号。

例 2.7　令字母表 $\Sigma = \{a, b, c\}$,那么:

(1) $(a|b)(a|b) = \{aa, ab, ba, bb\}$;

(2) $(a|c)^*$ 表示所有 a 和 c 组成的符号串,其中包含空串 ε;

(3) $(a|c)^* b(a|c)^*$ 表示字母表 Σ 上只包含一个 b、任意的 a 和 c 的所有符号串,例如 b,abc,baaac,caccb,ccbaaa;

(4) 最多包含一个 b 的字母表 Σ 上的符号串的集合可以表示成 $(a|c)^* | ((a|c)^* b(a|c)^*)$,或者 $(a|c)^* (b|\varepsilon)(a|c)^*$。

$(a|c)^* b(a|c)^* b$ 表示的集合是什么呢?它表示只含两个 b 的符号串的集合。

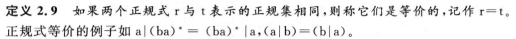

定义 2.9 如果两个正规式 r 与 t 表示的正规集相同,则称它们是等价的,记作 r=t。

正规式等价的例子如 a|(ba)* = (ba)*|a,(a|b)=(b|a)。

正规式遵循一些代数定律,它们可以用于正规式的等价变换,如表 2.2 所示,其中 r、s 和 t 都是正规式。

表 2.2 正规式的代数性质

定律	解释
r|t = t|r	交换律
r|(s|t) = (r|s)|t r(st) = (rs)t	结合律
r(s|t) = rs | rt (r|s)t = rt | st	分配律
εr = rε = r $\varnothing$r=r$\varnothing$=$\varnothing$ r | $\varnothing$ =r	吸收律
r* = (r|ε)*	闭包运算和 ε 之间的关系

下面证明交换律和结合律,有兴趣的读者可以证明其余的等式。

证明:

因为 $L(r|t) = L(r) \cup L(t) = L(t) \cup L(r) = L(t|r)$,所以 $r|t = t|r$。

因为 $L(r|(s|t)) = L(r) \cup (L(s|t)) = L(r) \cup (L(s) \cup L(t)) = L(r) \cup L(s) \cup L(t) = (L(r) \cup L(s)) \cup L(t) = L((r|s)|t)$,

所以,$r|(s|t) = (r|s)|t$。

因为 $L(r(st)) = L(r)(L(st)) = L(r)((L(s) L(t)) = L(r) L(s) L(t) = (L(r) L(s)) L(t) = L((rs)t)$,

所以,$r(st) = (rs)t$。

2.3.3 扩展的正规式

尽管上述定义的正规式仅用三种运算符和括号就可以描述许多类型的语言,但是,有时会出现很繁琐的正规式表示的一个语言。下面介绍一些新的运算和标记。

(1) 一个或多次重复:一元后缀算符"+"表示一个或多次重复,即正规式 r+ 表示一个或多个 r 的串的集合。这样,(0|1)+ 表示所有二进制数字的集合,而 (0|1)* 同时还包含了空串。

(2) 字符集的范围:对于字母或数字的集合,可以使用 a|b|…|z 或 0|1|…|9,更简洁的方式是用方括弧表示其中的任意一个符号,用连接线表示范围。这样,上面的字母或数字就可以分别表示成[a-z]和[0-9]。类似地,a|b|c|d 可以写成[a-d]或者[abcd]。标识符是字母打头的字母数字串,可以表示成[A-Za-z][A-Za-z0-9]*。

(3) 零个或一个:一元后缀算符"?"表示零个或一个,r? 是 r|ε 的缩写。带符号的整数可以写成(+|—)? [1-9][0-9]*。

如果正规式很长,可以给它命名,使它们可以像普通的符号一样,在随后的正规式中使用这些名字来引用相应的正规式,以便得到简洁的正规式。

如果 r 是字母表 Σ 上的正规式,那么正规式定义的形式是:name → r。这样,正规式 r 的名字 name 就可以像 Σ 中的符号一样,在以后构造 Σ 上的正规式的时候使用。

例 2.8　Pascal 语言的标识符集合是以字母开头的字母数字串,下面就是这个集合的正规定义:

    letter → [A-Za-z]
    digit → [0-9]
    identifier → letter(letter| digit)*

例 2.9　Pascal 语言的数是 2005,＋1998,81.07,2.003－6 这样的串,即由整数、小数和指数三部分组成。小数和指数部分是可选的,其中指数标记 E 后面可以有＋或－,再跟上一个或多个数字,而小数点之后必须至少有一个数字。下面就是 Pascal 语言的数的集合的正规定义:

    digit → [0-9]
    digits → digit digit*
    signed → ＋ | －
    fraction → (. digits)?
    exponent → (E(signed)? digits)?
    number → signed? digits fraction exponent

使用扩展的正规式可以很方便地表示出计算机程序语言中的各类单词记号,然后构造出状态转换图,之后,就可以比较直接地编写识别正规式所描述的单词记号的程序。在 2.4 节将介绍状态转换图的形式化描述——有限状态机或有限自动机,如何从一个正规式构造一个等价的有限自动机,在 2.5 节将讨论如何使用有限自动机构造词扫描器的生成器。

2.4　有限自动机

有限自动机分为确定的和不确定的两类。确定性的含义是,在某种状态,面临一个特定的符号时只有一个转换,进入唯一的一个状态;不确定性的有限自动机则相反,在某种状态下,面临一个特定的符号时存在不止一个转换,即允许进入多于一个的状态集合。

确定的有限自动机和不确定的有限自动机都能识别正规集,即它们识别的语言正好就是正规式所能表达的语言,而且在识别语言的能力上,它们完全等价。但是,实现这两类有限状态机的效率不同,用它们构造的词法分析器在识别语言中单词记号的效率也有显著的差别。而且,这两个类型的有限自动机在不同的场合都有应用。

本节首先讨论确定的有限自动机,然后把它推广到不确定的有限自动机;接着,说明如何从一个不确定的有限自动机构造出一个等价的确定的有限自动机,以及如何最小化;最后,说明如何从一个正规式构造一个等价的有限自动机。图 2.8 表示了自动分析用正规式描述的单词记号的构造途径。

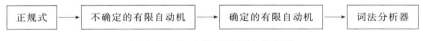

图 2.8　从正规式到词法分析器

2.4.1 确定的有限自动机

定义 2.10 一个确定的有限自动机 DFA M 是五元组<S，Σ，T，s_0，F>，其中：

(1) S 是非空的有限状态集合。

(2) Σ 是非空的输入字母表。

(3) T 是部分单值映射 S×Σ→S，称为转移函数。T(s_1，a)= s_2 表示输入符号 a 时，把状态 s_1 转换到 s_2，成为当前状态。

(4) s_0∈S，是唯一的起始状态。

(5) F⊆S，是非空的终结状态。

被 M 接受或识别的语言，记做 L(M)，定义为字符串 $c_1 c_2 \cdots c_n$ 的集合，其中每个 c_i∈Σ，并且存在状态序列 $s_1 = T(s_0, c_1)$，$s_2 = T(s_1, c_2)$，$\cdots$，$s_n = T(s_{n-1}, c_n)$，s_n∈F。

例 2.10 一个有限自动机 DFA N= <{A，B，C，D，E}，{+，-，.，d}，T，A，{E}>，其中状态 A 是起始状态，E 是终结状态，T 的定义如下：

$$T(A, +)=B \qquad T(A, -)=B \qquad T(A, \cdot)=C \qquad T(A, d)=D$$
$$T(B, \cdot)=D \qquad T(B, d)=C$$
$$T(C, \cdot)=E \qquad T(C, d)=C$$
$$T(D, d)=E$$
$$T(E, d)=E$$

转换函数可以用状态转换矩阵或状态转换表来表示，状态转换表（矩阵）的第 1 列表示状态，第 1 行对应输入的符号，表中的元素表示状态转移的状态，空白元素对应的二元组<状态，符号>没有定义。例 2.10 的状态转换函数如表 2.3 所示。

表 2.3　例 2.10 中有限自动机的状态转换矩阵

	+	-	·	d
A	B	B	C	D
B			D	C
C			E	C
D				E
Ⓔ				E

如果约定在状态矩阵的状态列中，带方框的状态名代表起始状态，用带圆圈的状态名表示终结状态，那么，就可以用状态矩阵表示一个有限自动机，见表 2.3。

一个 DFA 也可以表示成一个确定的状态转换图，状态转换函数 T(s_1,a)= s_2 对应了连接两个结点 s_1 和 s_2，标记为 a 的有向弧。例 2.10 的 DFA 的状态转换图如图 2.9 所示。其中从状态 A 到 B 的转换上的标记"+，-"表示两条从 A 到 B 的弧的标记"+"和"-"，这是常用的简化方式。

定义 2.11 对于有限自动机 M 的 Σ* 中的任何一个符号串 α，若存在一条从起始状态到某一终结状态的通路，且这条通路上所有弧的标记符连成的串等于 α，则称 α 被 M 识别（读出或接受）。若起始状态也是一个终结状态，则空串 ε 可以为 M 接受。DFA M 所能识别的所有字的集合称为 M 识别的语言，记作 L(M)。

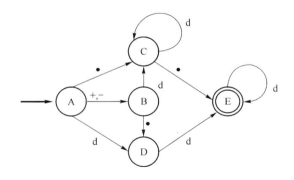

图 2.9　例 2.10 中有限自动机的状态转换图

例如,如果 d 代表 $0,1,\cdots,9$ 中的任意一个数字,考虑上述的有限自动机,它能否接受符号串 30、$+.28$ 和 -813.19? 对于它们,可以分别给出从状态 A 到终结状态 E 的路径:

$$\longrightarrow A \xrightarrow{\ 3\ } D \xrightarrow{\ 0\ } E$$

$$\longrightarrow A \xrightarrow{\ +\ } B \xrightarrow{\ .\ } D \xrightarrow{\ 2\ } E \xrightarrow{\ 8\ } E$$

$$\longrightarrow A \xrightarrow{\ -\ } B \xrightarrow{\ 8\ } C \xrightarrow{\ 1\ } C \xrightarrow{\ 3\ } C \xrightarrow{\ .\ } E \xrightarrow{\ 1\ } E \xrightarrow{\ 9\ } E$$

因而它们都是这个 DFA N 可以接受的数。

对于确定的有限自动机这里再考虑两个问题:(1)什么情况下可以说两个 DFA 相等或等价?(2)在图 2.9 中,如果状态 A 到 B 对所有的数字都有转换,可否有简单的画法?

定义 2.12(a)　两个有限自动机 M_1 和 M_2 是等价的条件是当且仅当它们识别相同的语言,即 $L(M_1)=L(M_2)$。

定义 2.12(b)　两个有限自动机 M_1 和 M_2 是等价的条件是当且仅当对于每个 M_1 接受的符号串 γ,那么 M_2 也接受符号串 γ。

两个等价的有限自动机 M_1 和 M_2,既不要求它们有相同的状态名与个数,也不要求它们具有相同的转换函数。可以猜想,每个有限自动机 M 都应该和一个状态数目最少的有限自动机 M' 等价,而且 M 可以化简成与 M' 具有相同状态数目的有限自动机 M'',通过重新标记 M'' 的状态就能得到 M'。在 2.4.4 节将讨论 DFA 的化简。

根据 DFA 的状态转换函数画出的状态转换图的弧的标记是单个的符号。如果连接两个状态的转换不止一个,为了简化,DFA 的状态转换图也可以用正规定义的名字表示标记的集合,因而可以少画出许多弧线。这样,图 2.9 就可以代表识别简单的整数和实数,而识别 2.2.3 节定义的 Pascal 所有数的 DFA 就如图 2.10 所示。

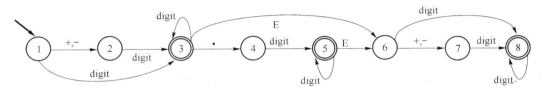

图 2.10　识别 Pascal 数的有限状态转换图(使用正规定义)

其中的 digit 有 10 个符号,如果不用正规定义,就必须在它们每次出现的地方画 10

条弧。

下面,把 DFA 定义中转换函数的条件放宽,变单值映射为多值映射,即在某个状态,对于字母表上的同一个符号,允许对应多于一个的转移状态,这样的有限自动机称为不确定的有限自动机。

2.4.2　不确定的有限自动机 NFA

不确定的有限自动机 NFA M 是确定的有限自动机 DFA 的一般化,其定义与 DFA 的定义 2.10 类似,唯一的差别在于状态转换函数的不同:NFA 的状态转换函数 T 的定义为映射 $S \times \Sigma \cup \{\varepsilon\} \rightarrow 2^S$(S 的幂集),它可以把一个状态映射到一组状态。当然,NFA 也允许弧线上的标记是空串 ε,尽管它不属于字母表。

例 2.11　识别语言 $\{(a|b)^n abb | n \geq 0\}$ 的一个 NFA M $= <\{0, 1, 2, 3, 4\}, \{a, b\},$ T, 0, $\{4\}>$,其转换函数的定义可以分别通过表 2.4 和图 2.11 具体体现。

表 2.4　语言 $\{(a|b)^n abb | n \geq 0\}$ 的状态转换表

	a	b
⬚0	$\{1,2\}$	$\{1\}$
1	$\{1,2\}$	$\{1\}$
2		$\{3\}$
3		$\{4\}$
④		

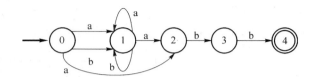

图 2.11　语言 $\{(a|b)^n abb | n \geq 0\}$ 的状态转换图

在状态 0,当面临输入符号 a 的时候,可以转移到状态 1 或状态 2,不是唯一确定的;当在状态 1 而面临输入字符 a 的时候,也可以转移到状态 1 或状态 2,不确定。这个 NFA 识别 aabbabb,即存在一个状态序列,从状态 0 到状态 4,路径上的标记连接是 aabbabb:

$$\longrightarrow 0 \xrightarrow{a} 1 \xrightarrow{a} 1 \xrightarrow{b} 1 \xrightarrow{b} 1 \xrightarrow{a} 2 \xrightarrow{b} 3 \xrightarrow{b} 4$$

如果在状态 0 和 1 的时候先连续读入两个 b,在状态 1 连续读入三个 a,则该 NFA 也接受输入串 bbaaabb。

例 2.12　图 2.12 是接受连续 a 或 b 的语言的一个 NFA,尽管在每个状态,对应字母表上符号的转移是唯一的,但是,由于增加了所谓的空转移 ε－转移,所以它不是 DFA。

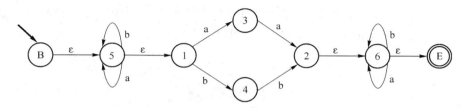

图 2.12　例 2.12 的状态转换图

类似于 DFA 的等价性,两个 NFA N_1 和 N_2 称为等价的条件是当且仅当它们识别同一个语言,即 $L(N_1) = L(N_2)$。特别是对于任何一个 NFA 都存在一个等价的 DFA。在讨论如何从一个 NFA 构造一个等价的 DFA 之前,还需要简单解释一下,既然任何一个 NFA 都可以用一个等价的 DFA 代替,NFA 在识别语言的能力方面并不比 DFA 强,那么为什么要引入 NFA?

首先,需要有限自动机的主要目的是用来识别正规式描述语言的单词记号,直接从正规式构造出 DFA 的算法比较复杂,而从正规式构造 NFA 的算法则相对简单,这样,就只需再从 NFA 构造等价的 DFA 作为记号的识别分析器。其次,有时需要多值映射以及所谓的空转移,即形式为 N→ε 的产生式,以便简洁地表达多种可能的选择。而且,使用空转移描述对空串的匹配更加直观和自然。请比较图 2.13(a)和图 2.13(b),图 2.13(a)表示的是NFA,图 2.13(b)表示的是 DFA,都表示识别空串。

（a）NFA　　　　　　　　　　　　　　　（b）DFA

图 2.13　NFA 和 DFA 示意图

2.4.3　从 NFA 到 DFA 的等价变换

定理 2.1　对于任意一个 NFA N 都存在一个等价的 DFA M,即 L(N) = L(M)。

因此,今后如果没有必要,就不区分不确定的有限自动机和确定的有限自动机,而将它们简称为有限自动机。下面通过构造的方法,非形式地证明这个定理。由于 DFA 是 NFA 的特例,所以任何一个 DFA 也是 NFA。从 NFA 构造出等价的 DFA 的步骤如下:

(1) 消除 N→ε 形式的产生式,即消除空转移;

(2) 确定化每个多重转移,即拆分多值函数为单值函数。

由于任意个 ε 的连接仍然是 ε,而且对任何串 α 都存在 αε＝εα＝α,所以,为了消除空转移,首先需要计算从某一个状态起仅仅经过空转移所能达到的状态,这些状态在识别语言方面是等价的。为消除单个符号的多重转移,需要追踪匹配单个符号所能达到的状态的集合。因而,从 NFA 构造等价 DFA 的方法就叫作子集法。为此,需要了解闭包的概念。

定义 2.13　设 I 是 NFA N＝<S,Σ, T, s_0, F>中一个状态子集,对 I 的 ε 闭包运算 ε-closure(I)的结果是一个状态子集,定义为 ε-closure(I)＝{s|s∈I}∪{s|s'∈ε-closure(I)并且存在 T(s',ε)＝s}。

直观地说,状态子集 I 的 ε 闭包就是从 I 中的任何一个状态经过任意个 ε 连线所能达到的所有状态。例如,对于图 2.12 的一个子集 I＝{B},按照定义,计算 ε-closure({B})的序列如下:

ε-closure({B})↦{B}↦{B, 5}↦{B, 5, 1}(用符号"↦"表示闭包的计算过程)

定义 2.14　设 I 是 NFA N＝<S, Σ, T, s_0, F>中一个状态子集,a∈Σ,对 I 移动的闭包运算 I_a 的结果是一个状态子集,定义为 I_a＝ε-closure(J),其中 J ＝ {s | s'∈ I 并且存在 T(s',a)＝s}。

直观上,状态子集 I_a 是从 I 中的任何一个状态经过标记为 a 的一次转移之后所能到达的所有状态的 ε 闭包。计算 I_a 有两个步骤:(1) 计算从 I 读入符号 a 所达到的状态集合 J;(2) 求 J 的 ε 闭包,即 ε-closure(J)。例如,对于图 2.12 的一个子集 I＝{4},按照定义,计算

I_b 的序列如下：

$$I_b = \varepsilon\text{-closure}(J) = \varepsilon\text{-closure}(\{2\}) \vdash \{2\} \vdash \{2, 6\} \vdash \{2, 6, E\}$$

下面是利用闭包运算从 NFA 到 DFA 的等价构造算法——子集法。

算法 2.1　从 NFA 到 DFA 的等价构造算法

输入　　　　NFA N = $<Q, \Sigma, T, q_0, F>$

输出　　　　等价的 DFA

假设　　　　$\Sigma = \{a_1, a_2, \cdots, a_n\}$

（1）首先构造 DFA 的状态转换表 MATRIX：这是一个 n+1 列、行动态增长的表格，第 0 列的每个元素对应 DFA 的状态，随着算法的执行，递增地产生新的状态，即增加新行。

初始化：

```
row = 1;                          // MATRIX 的行
sn = row;                         // MATRIX 的列,DFA 的状态个数
MATRIX[row, 0] = ε-closure({q₀});
S = { MATRIX[row, 0]};            // 加入 DFA 状态集合的第一个状态,它本身
                                  // 是一个集合
do {                              // 逐行地填表
    for (i = 1; i <= n; ){
    MATRIX[row, i] = Iaᵢ;         // 在每行逐列地填表
    if(Iaᵢ ∉ S ) {
        S = S ∪ Iaᵢ;              // 把 Iaᵢ 加入 S
        sn = sn + 1;
        MATRIX[sn, 0] = Iaᵢ;      // 状态转换表增加一行,即增加一个新的状态
    }                             // end if;
    }                             // end for;
  row = row + 1;                  // 计算下一个状态的 Iaᵢ
}while (sn == row)                // 直到没有新的状态为止
```

（2）矩阵中第 1 行第 0 列所表示的状态就是 DFA 的起始状态。

（3）包含了 NFA 终结状态的新状态就是 DFA 的终结状态。

（4）可选：重新命名 DFA 的状态，相应地改变状态转换函数中状态的名字。

由于 NFA 的状态数和字母表的符号数都是有限的，所以产生的 DFA 的状态数也是有限的，构造的状态转换表最大是 $2^Q \times (|\Sigma| + 1)$，其中 Q 是 NFA 的状态集合。下面看两个例子。

例 2.13　图 2.12 表示的是由 NFA 构造等价的 DFA。按照算法 2.1 逐步构造 DFA 的状态转换矩阵。首先，把 $\varepsilon\text{-closure}(\{q_0\}) = \varepsilon\text{-closure}(\{B\}) = \{B, 5, 1\}$ 填入转换矩阵表的第 1 行第 1 列。然后对每个 $a \in \Sigma$ 计算 I_a 并填入表中，如果 I_a 是新的状态集合，则在状态转换

矩阵表中新增一行,把它加入其中。对于 a,计算 I_a＝ε-closure(｛B 5,1｝)＝｛5,1,3｝,是个新的状态集合,加入表的第 2 行;对于 b,计算 I_b＝ε-closure(｛B,5,1｝)＝｛5,1,4｝,也是个新的状态集合,加入表的第 3 行。接着,把｛5,1,3｝看作 I,对每个 a∈Σ 计算 I_a 并填入表中。I_a＝｛5,1,3,2,6,E｝是个新的状态集合,加入表中的下一行,而 I_b＝｛5,1,4｝已经出现过,什么也不做。这样继续下去,最后得到的状态转换矩阵,如表 2.5 所示。

表 2.5　从图 2.12 的 NFA 构造 DFA 的状态转换表

	I_a	I_b
｛B,5,1｝	｛5,1,3｝	｛5,1,4｝
｛5,1,3｝	｛5,1,3,2,6,E｝	｛5,1,4｝
｛5,1,4｝	｛5,1,3｝	｛5,1,4,2,6,E｝
｛5,1,3,2,6,E｝	｛5,1,3,2,6,E｝	｛5,1,4,6,E｝
｛5,1,4,2,6,E｝	｛5,1,3,6,E｝	｛5,1,4,2,6,E｝
｛5,1,4,6,E｝	｛5,1,3,6,E｝	｛5,1,4,2,6,E｝
｛5,1,3,6,E｝	｛5,1,3,2,6,E｝	｛5,1,4,6,E｝

把表 2.5 中的状态子集重新命名,并将 I_a 和 I_b 分别视为 a 与 b 后得到表 2.6,对应的状态转换图如图 2.14 所示。

表 2.6　确定化后的状态转换表

	a	b
⓪	1	2
1	3	2
2	1	4
③	3	5
④	6	4
⑤	6	4
⑥	3	5

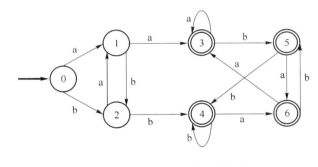

图 2.14　确定化后的状态转换图

例 2.14　对例 2.11 表示的 NFA(见图 2.11)构造等价的 DFA。

按照算法 2.1 构造的 DFA 的状态转换矩阵如表 2.7 所示,对应的状态转换图如图 2.15 所示。

表 2.7　NFA 对应 DFA 的状态转换矩阵

	I_a	I_b
｛0｝	｛1,2｝	｛1｝
｛1,2｝	｛1,2｝	｛1,3｝
｛1｝	｛1,2｝	｛1｝
｛1,3｝	｛1,2｝	｛1,4｝
｛1,4｝	｛1,2｝	｛1｝

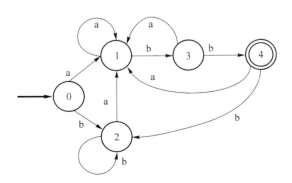

图 2.15　确定化后的状态转换图

2.4.4　DFA 的最小化

定理 2.2　对任意一个 DFA N 都存在一个等价的 DFA M,它包含最少的状态数,而且这个最小状态的 DFA M 是唯一的(状态名不同的同构情况除外)。

确定的有限自动机最小化的关键在于把 DFA 的状态划分成一些不相交的等价子集,使得任何两个不同子集中的状态都可以区别,而每个子集内的状态都是等价的。这样,每个子集用一个状态来代表,删除子集中的其他状态,就得到了状态个数最少的 DFA。下面首先定义一些概念。

定义 2.15　设 q_1 和 q_2 是 DFA N 中的两个不同的状态,如果从状态 q_1 出发能扫描任意串 γ 而停于终结状态,当且仅当从 q_2 出发也能扫描任意串 γ 而停于终结状态,则称状态 q_1 和 q_2 是等价的。

定义 2.16　若两个状态 q_1 和 q_2 不是等价的,则称这两个状态是可区分的。

例如,图 2.15 中状态 1 和 3 是可区别的,因为从状态 3 读入一个 b 而停止在终结状态 4,但是,从状态 1 读入一个 b 而没有达到终结状态 4。又如空串 ε 把一切终结状态与任何非终结状态区别开了。

下面介绍一个把确定的有限自动机最小化的算法。它的基本思路是,对一个 DFA M $=$ $<S,\Sigma,T,q_0,F>$ 的状态进行划分,不断地尝试对其中的状态子集寻找可区别的状态,进行分裂,直到没有状态子集可以分裂为止,这样,每个子集内的状态是等价的,而每个状态子集却是可区分的。假如在某个时刻,划分 $\Pi=\{I_1,I_2,\cdots,I_m\}$,其中的任何一个都是状态子集。对于任意一个状态子集 $I_j=\{q_1,q_2,\cdots,q_k\}$,若存在一个输入符号 $a\in\Sigma$,对于任意两个不等的 q_i 和 q_j 使得 $T(q_i,a)=s$ 和 $T(q_j,a)=t$ 不在当前划分 Π 的任何一个状态子集中,或者 $T(q_i,a)$ 和 $T(q_j,a)$ 其中的任何一个没有定义,则可以据此把 I_j 一分为二:其中的一部分 I_{j1} 是从 I_j 的状态读入 a 之后进入包含 s 状态子集的状态,$I_{j2}=I_j-I_{j1}$。这样,在划分 Π 中用 I_{j1} 和 I_{j2} 取代 I_j,就形成一个新的划分。

一般地,可以根据 I_j 中每个 q_i 的 $T(q_i,a)$ 来执行 K 分裂:若 $T(q_i,a)$ 落在划分 Π 的 K 个不同的状态子集中,则可以把 I_j 划分成 K 个不相交的组,使得每组的状态都落入 Π 的同一子集中。

重复这个划分,直到没有可以分裂的状态子集为止,得到最终的划分 Π。选择每组中的一个状态作为代表,删除其他一切等价的状态,所有这些状态代表就构成了化简了的 DFA 状态集合。每个状态组之间的连线转移就是每个状态代表之间的转移,同时去掉不可达状态和无用状态。含有原来起始状态的等价状态组就是化简了的 DFA 的起始状态,包含了原来终结状态的等价状态组就是化简了的 DFA 的终结状态,可以重新命名简化后的 DFA 的状态。算法 2.2 系统地描述了这个过程。

算法 2.2	DFA 最小化算法
输入	DFA N $=<S,\Sigma,T,q_0,F>$
输出	等价的具有最少状态的 DFA M
假设	$\Sigma=\{a_1,a_2,\cdots,a_n\}$
// 初始化;	

```
Π = {F, S-F};
//标记 F 和 S-F 没有访问过
finished = false;
//(1)执行划分;
while (! finished ) {
    if(Π中不存在未访问的子集 J ) finished = true;
    else {
        把 J 标记为"访问过";          //Iᵢ = {q₁,q₂,…,qₖ}
        distinguished = false;
        i = 1;
        while (i ≤n & & ! distinguished )  {
            if(∃J′∈Π使得 Jaᵢ⊄ J′)     {        // 可区分的
                distinguished = true;
                把 J 从 Π 中删除;
                设 T(qᵢ,a)落在划分 Π 的 K 个不同 Jᵢ₁,…, Jᵢₖ;
                把 J 划分成 K 个不相交的组并加入到 Π 中;
            } else i=i+1;
        } // end while;
    } // end if;          //计算 Π 中的下一个状态子集
} // end while;             // 直到 Π 的每个状态子集不可划分为止
```

（2）取 Π 的每组中的一个状态作为代表，删除其他一切等价的状态，所有这些状态代表就构成了化简了的 DFA 状态集合；

（3）每个状态组之间的连线变成每个状态代表之间的连线，去掉不可达状态和无用状态；

（4）含有原来起始状态的等价状态组就是化简了的 DFA 的起始状态；

（5）含有原来终结状态的等价状态组就是化简了的 DFA 的终结状态。

例 2.15　写出图 2.14 所示的 DFA 的最小化过程。

初始划分 Π＝{{0,1,2}, {3,4,5,6}}，计算{0,1,2}a={1,3}，它不包含在 Π 的任何一个子集当中，所以，可以对{0,1,2}进行分解，又根据 T(1,a)=3,T(0,a)=T(2,a)=1，把{0,1,2}分解成两个状态子集{1}和{0,2}。这时的 Π= {{1}, {0,2},{3,4,5,6}}。继续划分，由于{0,2}b={2,5}未包含在当前划分的任何一个子集中，所以{0,2}一分为二，得到新的划分 Π={{0}, {1}, {2},{3,4,5,6}}。由于{3,4,5,6}a={3,

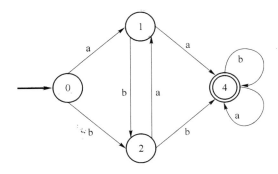

图 2.16　图 2.14 所示 DFA 的最小化

6},{3,4,5,6}b={4,5}都包含在{3,4,5,6}内,所以不可再划分。

至此,整个划分结束。令状态 3 代表{3,4,5,6},把原来进入状态 4、5 和 6 的弧都导入 3,删除状态 4、5 和 6,得到最小化的 DFA,如图 2.16 所示。

例 2.16　简述图 2.15 所示的 DFA 的最小化过程。

因为仅状态 4 是终结状态,首先得划分{4}和{0,1,2,3}。只需对{0,1,2,3}继续划分:{0,1,2,3}在面临字符 a 时,每个状态都转换到状态 1,无法区分;而在面临符号 b 时,状态 3 进入状态 4,状态 0、1 和 2 都转换到{0,1,2,3}内的状态,所以,可以把{0,1,2,3}分解成{3}和{0,1,2},从而得到新的划分,包括{4}、{3}和{0,1,2}。

可能再分解的是{0,1,2}:在输入 b 时,T(0, b)=2,T(1, b)=3,T(2, b)=2,据此可以把{0,1,2}分解成{1}和{0, 2}。继续尝试分解{0, 2}:这时{0, 2}a={1},{0, 2}b={2},无法区分,即不可再划分,划分完毕。

最小化的状态包括{0, 2}、{1}、{3}和{4},重新命名、整理后得到的 DFA 如图 2.17 所示。

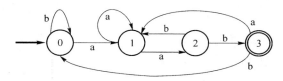

图 2.17　图 2.15 所示 DFA 的最小化

2.4.5　从正规式到有限自动机

前面已经学习了可以识别语言的两种模型:有限自动机和正规式。它们之间有什么联系?定理 2.3 说明,在识别一种语言——正规集上,有限自动机和正规式是等价的。

定理 2.3　(1) 对字母表 Σ 上的任何一个正规表达式 e 都存在一个接受 L(e) 的有限自动机 M,即 L(e)=L(M)。

(2) 对字母表 Σ 上的任何一个有限自动机 M 都存在一个接受 L(M) 的正规表达式 e,即 L(M)=L(e)。

由于正规式表达紧凑,在描述单词记号方面比 DFA 使用得广泛。所以,词法扫描产生器通常以正规式作为输入,通过构造等价的 NFA 以及 DFA,最后形成词法扫描器。例如,下节介绍的词法分析器产生工具 Lex 就是这样使用的。因此,这里主要讨论如何从正规式构造等价的有限自动机。

下面介绍一种基于转换规则的算法,利用 ε-转移把单个的正规式连接起来,形成更复杂的、能识别正规式表示语言的 NFA。

对应于基本正规式 a、ε、∅ 的 NFA 如图 2.18 所示。

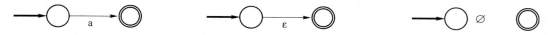

图 2.18　对应于基本正规式 a、ε、∅ 的 NFA

为了简化,状态转换图中可以不标出对应的状态名,只要每个状态不同即可。假设 e1、e2 和 e 都是正规式,并且都构造出了相应的 NFA。为了从正规式 e 构造出 NFA N(e),首先需要把 e 分解成子表达式,然后反复使用下列替换规则就可以完成从正规式到 NFA 的构造。

选择替换规则：e1|e2 表示成图 2.19 所示。

连接替换规则：e1e2 表示成图 2.20 所示。

重复替换规则：e* 表示成图 2.21 所示。

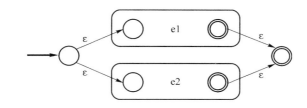

图 2.19　选择替换规则：e1|e2

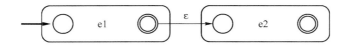

图 2.20　连接替换规则：e1e2

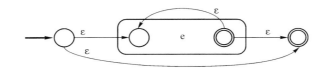

图 2.21　重复替换规则：e*

对于 e1 和 e2 的选择运算 e1|e2，构造的有限自动机新增加了两个状态，分别表示起始状态和终结状态，然后把新增的起始状态与 N(e1) 和 N(e2) 的起始状态用 ε-转移连接起来，把 N(e1) 和 N(e2) 的终结状态与新增的终结状态用 ε-转移连接起来，并且更改 N(e1) 和 N(e2) 的起始状态和终结状态的性质。显然，N(e1) 接受的任何串 s 等价于 εsε，而它可以被 N(e1|e2) 接受，即 L(e1)⊆L(e1|e2)。同样，L(e2)⊆L(e1|e2)。反之，所有从 N(e1|e2) 的开始状态经过 N(e1) 部分到达终结状态，所接受的语言是 {ε} L(e1) {ε}＝L(e1)；或者经过 N(e2) 部分到达终结状态，所接受的语言是 {ε} L(e2) {ε}＝L(e2)，即 L(e1|e2)⊆ L(e1)⋃L(e2)。所以 L(e1|e2)＝L(e1)⋃L(e2)。

e1 和 e2 连接成 e1e2 时，把 N(e1) 的终结状态改为非终结状态，然后通过 ε-转移与 N(e2) 的起始状态连接起来，N(e1) 的起始状态成为 N(e1e2) 的起始状态，N(e2) 的终结状态成为 N(e1e2) 的终结状态。如果 N(e1) 接受 s1，N(e2) 接受 s2，那么，构成 s1 的路径必须经过标记为 ε 的唯一的一条边后，才能与构成 s2 的路径连接起来到达结束状态。这样，合成的有限自动机接受的是 e1εe2，即 e1e2。

对于 e 的闭包运算 e*，新增加了分别表示开始和结束的两个状态，并且更改 N(e) 起始状态和终结状态的性质；然后新增四条表示 ε-转移的箭弧：(1) 连接新增起始状态与 N(e) 起始状态的箭弧；(2) 连接新增起始状态与新增终结状态的箭弧，它表示 e 的零次运算，等价于 (L(e))⁰；(3) 连接 N(e) 的终结状态与新增终结状态的箭弧；(4) 连接 N(e) 的终结状态与 N(e) 的起始状态的箭弧，它和 N(e) 构成了回路，表示从 N(e) 的起始状态到结束状态，可以经过 N(e)一次或多次。显然这个合成的 NFA 识别语言(L(e))*。

用这些规则构造的 NFA 不是唯一的,对于规则运用的不同顺序可能导致不同的但是等价的 NFA。上述的构造规则不删除状态,也不改变转换,只增加新的状态和转换,同时改变了被合并正规式的起始状态和接受状态的性质。这些构造规则虽然增加了一些 ε-转移,却十分便于自动化处理。

可以验证,使用这些规则的算法,其每一步都产生对应语言的 NFA,而且,对正规式 e 构造的 NFA N(e)具有下列性质:

(1) N(e)的状态数最多是 e 中符号和算符总数的两倍,因为构造的每一步最多引入两个新的状态。

(2) N(e)只有一个接受状态,接受状态没有离开状态的转换。

(3) N(e)的每个状态有一个字母表中的符号标记的离开的转移,或者最多两个离开的 ε-转移。

需要说明的是,其他的替换规则也是可行的。如果条件满足,可以适当地简化,而无须增加任何新的状态和 ε-转移,这尤其适合手工的构造过程。下面是这些规则的简化形式和运用策略:

(1) 对于 e1 和 e2 连接,可以把 e1 的终结状态与 e2 的起始状态合并,从而省去一条 ε-转移;

(2) 对于 e 的闭包运算 e*,如果 e 的终结状态是唯一的,可以省去新增的状态以及 ε-转移,只需用两条 ε-转移把 e 的终结状态与 e 的起始状态连接起来构成回路。

无论怎样简化构造,最好要确保每个参与运算的子正规式的 NFA 都有唯一的起始状态和终结状态。假设一个 NFA N 有 m 个终结状态,则需要新增一个终结状态,然后新增 m 个 ε-转移把这 m 个终结状态与新增的终结状态连接起来,把原来的终结状态改成非终结状态。这样,就构成了一个等价的且只有唯一终结状态的 NFA。

下面通过一些例子来说明构造过程。

例 2.17 对正规式(+|-|ε)dd* 构造对应的 NFA。

把(+|-|ε)dd* 表示成 e1e2,其中 e1= +|-|ε,e2= dd*,这样,简化的构造有三步,过程如图 2.22 所示。

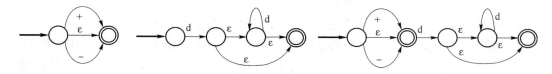

图 2.22 从正规式(+|-|ε)dd* 构造其 NFA 的过程

例 2.18 对正规式 ab*(ab|ba)a* 构造等价的 NFA。

首先将其改造成形式为 e1e2e3 的三个子正规式的连接,其中 e1= ab*,e2= e4|e5,e3=a*,而 e4=ab,e5=ba。然后利用上述规则构造 NFA,过程如图 2.23 所示。

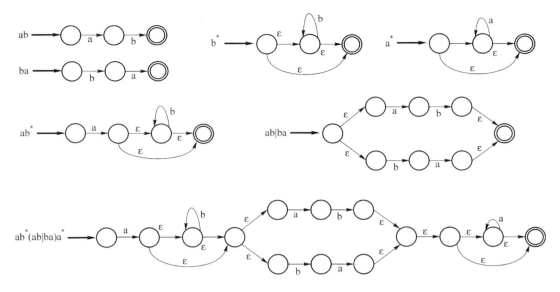

图 2.23　从正规式 ab*(ab|ba)a* 到 NFA 的过程

2.4.6　有限自动机在计算机中的表示

有限自动机在计算机中有三种常见的表示方法：矩阵表示方法、表结构以及程序表示法。

（1）矩阵表示方法

由于有限自动机可以用状态转矩阵来表示，该矩阵的第 1 行表示状态，第 1 列对应所有输入符号，矩阵元素表示状态转移函数的结果状态，空白元素表示对应的转换函数（状态，符号）没有定义。所以，有限自动机在计算机中的一种表示就是使用一个矩阵 M（二维数组）代表状态转换函数，其中第 1 维表示状态的序号，第 2 维表示输入符号的序号；另外再用两个数组：一个是状态数组，另一个是输入符号数组，以便在二维数组 M 中通过序号找到相应的状态或输入符号。

例 2.19　设一个 DFA 的状态集合是 $\{s_0, s_1, s_2, s_3\}$，其中 s_0 是起始状态，s_3 是接受状态；输入符号集合是 $\{a, b\}$，映射 $t(s_0, a) = s_1$，$t(s_0, b) = s_2$，$t(s_1, a) = s_1$，$t(s_2, b) = s_2$，$t(s_1, b) = s_3$，$t(s_2, a) = s_3$，$t(s_3, a) = s_3$。可以定义一个矩阵 $M[4, 2]$，使得 $M[0, 0] = 1$，$M[0, 1] = 2$，$M[1, 0] = 1$，$M[2, 1] = 2$，$M[1, 1] = 3$，$M[2, 0] = 3$，$M[3, 0] = 3$，其中状态就用状态的下标代替，字母 a 和 b 分别用 0 和 1 表示。

这种表示方法简单直接，但是，由于状态转换是一个部分映射，即并非所有的二元组（状态，符号）都有定义，所以，矩阵 M 有很多的空白格。在这种情况下，可以采用稀疏矩阵来避免存储空间的浪费。

（2）表结构

有限自动机的映射 $T : S \times \Sigma \to S$ 还可以在计算机中表示成一种表结构。在这个表结构中，每个状态对应一个表，表中包括状态的名字、从该状态出发的弧数、每条弧上的标记（输入符号）以及该弧达到的状态所在表的首地址。这很容易用一个以链表结点为记录和结构的数据结构来实现。

若给定一个状态 s 和输入符号 a,则可以直接在表中首先查找到状态所在的表,然后在该表项中找到输入符号 a,根据状态转换的含义,沿着标记为 a 的链就可以找到下一个状态。

例 2.20　例 2.19 中的 DFA 可以表示成如图 2.24 所示的表结构。比如给定一个状态 s_1 和输入符号 b,首先找到 s_1 所在的表项,然后在这个表中找到输入符号 b,按照 b 的指针就可以找到 s_3 的表项。

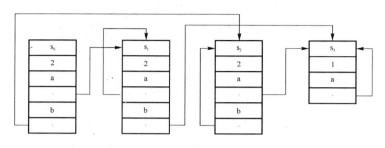

图 2.24　DFA 在计算机中的表结构

（3）程序表示法

这种表示方法实际上就是一个词法分析器,它把状态和状态转换融合在程序的代码之中,这已经在 2.2.4 节中讨论过了。

2.5　词法分析的自动生成器 Lex

本节简单介绍一个词法分析器（扫描器）的自动产生系统 Lex,它的示意图见图 2.25。关于 Lex 的详细使用请参考实验用书或 Lex 系统相应的技术文档。

图 2.25　Lex 系统示意图

2.5.1　Lex 概述

Lex 源程序是用一种面向问题的语言写成的,这个语言的核心是正规表达式,用它描述输入串的词法结构。在这个语言中用户还可以描述当某一个词形被识别出来时要完成的动作,例如在高级语言的词法分析器中,当识别出一个关键字时,它应该向语法分析器返回该关键字的内部编码。Lex 并不是一个完整的语言,它只是某种高级语言（称为 Lex 的宿主语言）的扩充,因此 Lex 没有为描述动作设计新的语言,而是借助其宿主语言来描述动作,常用 C 作为 Lex 的宿主语言。Lex 有许多版本,最著名的是 flex(Fast Lex),它是自由软件基金发布的 GNU 编译包的一部分,可以从很多网站上免费下载。

以 C 作为 Lex 的宿主语言的简单使用方法如下:Lex 自动把表示输入串词法结构的正规式及相应的动作转换成一个宿主语言 C 的程序,即词法分析程序,它有一个固定的名字

yylex。yylex 将识别出输入串中的词形,并且在识别出某词形时完成指定的动作。例如,将输入串中的小写字母转换成相应的大写字母的 Lex 源程序如下:

```
％％
[a-z] printf("%c", yytext[0] + 'A' - 'a');
```

上述程序中的第 1 行(％％)是一个分界符,表示识别规则的开始。第 2 行就是识别规则,左边是识别小写字母的正规式,右边是识别出小写字母时采取的动作,它将小写字母转换成相应的大写字母。

2.5.2　Lex 的语言与实现

Lex 源程序的一般格式是:
```
〈辅助定义的部分〉
％％
〈识别规则部分〉
％％
〈用户子程序部分〉
```
其中用花括号括起来的各部分都不是必须有的。当没有"用户子程序部分"时,第 2 个％％也可以省去。

在 Lex 源程序中,为方便起见,需要一些辅助定义,如用一个名字代表一个复杂的正规式。辅助定义必须在第 1 个％％之前给出,并且必须从第 1 列开始写,辅助定义的语法是:
```
name    translation
```
例如,用名字 IDENT 来代表标识符的正规式的辅助定义为:
```
IDENT    [a-zA-Z][a-zA-Z0-9]*
```
辅助定义在识别规则中的使用方式是用运算符〈　〉将 name 括起来,Lex 自动用 translation 去替换它,例如上述标识符的辅助定义的使用为:
```
〈IDENT〉标识符的动作……
```
下面用辅助定义的手段来写一段识别 Fortran 语言中整数和实数的 Lex 源程序:
```
D    [0 − 9]
E    [DE][ −+ ]? {D} +
％％
{D} +  printf("integer");
{D} + "." {D} * ({E})? |
{D} * "." {D} + ({E})? |
{D} + {E} printf("real");
```

请注意在辅助定义部分中可以使用前面的辅助定义。例如,定义 E 时使用了 D,但所用的辅助定义必须是事先已定义过的,不能出现循环定义。

识别规则部分是 Lex 源程序的核心,它是一张表:左边一列是正规式,右边是相应的动作,形式如下:
```
R1      {A1}
R2      {A2}
```

...

Rn　　{An}

其中的 Ri 是正规式,称为词形。Ai 是相应的动作,当 Lex 识别出一个词形时,要完成相应的动作。Lex 约定,输入串中那些不与任何识别规则中的正规式匹配的字符串将被原样照抄到输出文件中去。因此如果用户不仅仅是希望照抄输出,就必须为每一个可能的词形提供识别规则,并在其中提供相应的动作。

Lex 的工作原理是将源程序中的正规式转换成相应的确定有限自动机,把相应的动作

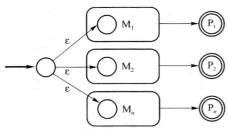

图 2.26　Lex 把识别规则转换成 NFA

则插入到词法分析器中适当的地方,控制流由该确定有限自动机的解释器掌握。Lex 程序的编译过程如图 2.26 所示:首先对每条识别规则构造相应的 NFA Mi,然后引进一个新的起始状态,把它与每个 Mi 连接成为一个 NFA M,最后把这个 NFA M 确定化,必要时进行化简。当识别了一个词形,即到达了某个终结状态,就调用相应的动作。

下面看一些典型的识别规则。例如,滤掉输入串中所有空格、tab 键和回车换行符,相应的识别规则如下:

[\t\n];

如果相邻的几条规则的动作都相同,则可以用"|"表示动作部分,它指出该规则的动作与下一条规则的动作相同。例如上例也可以写成:

" "|

"\t"|

"\n";

又如,下列规则的意思是在输入串中寻找词形 integer,每当与之匹配成功时,就打印出 found key word INT 这句话。在识别规则中,正规式与动作之间必须用空格分隔开。

integer printf("found keyword INT");

为了构造复杂的动作,Lex 提供了一些函数,也允许用户自己编写和调用自定义函数。

下面的例子中,Lex 产生了一个把所有大写字母转换成小写字母的程序,在 C 风格注释中的除外,即任何在/ * … */之间的字符除外。对应的状态转换图见图 2.7。

```
%{
%%
#include <stdio.h>
#ifndef  FALSE
#define  FALSE  0
#endif
#ifndef  TRUE
#define  TRUE  1
#endif
%}
```

```
% %
[A-Z] {putchar(tolower(yytext[0]);/* yytext[0]是找到的单个大写字母 */ }
"/*" {   char c;
         int done = FALSE;
         ECHO;
         do { while ((c = input())! = ′*′) putchar(c);
             putchar(c);
             while ((c = input()) == ′*′) putchar(c);
             putchar(c);
             if (c ==′/′) done = TRUE;
         } while (! done);
}
% %
void main (void)
{ yylex();}
```

在这个例子中使用了 Lex 一些内部过程。其中使用 input 而不是 getchar,可以确保使用 Lex 的输入缓冲区。ECHO 是 Lex 的缺省动作,把 yytext 的内容(即当前动作匹配的串)打印到 yyout(Lex 的输出文件,默认为 stdout)。yylex 是 Lex 扫描字程序。

有时 Lex 的程序中可能有多于一条的规则与同一个字符串匹配,这就是规则的二义性,在这种情况下,Lex 有如下两个处理原则:

(1) 能匹配最多字符的规则优先;

(2) 在能匹配相同数目的字符的规则中,先给出的规则优先。

练　习　2

2.1　词法分析器的主要任务是什么?

2.2　下列各种语言的输入字母表是什么?

    (1) C

    (2) Pascal

    (3) Java

    (4) C♯

2.3　可以把词法分析器写成一个独立运行的程序,也可以把它写成一个子程序,请比较各自的优劣。

2.4　用高级语言编写一个对 C♯ 或 Java 程序的预处理程序,它的作用是每次调用时都把下一个完整的句子送到扫描缓冲区,并去掉注释和无用的空格、制表符、回车符、换行符。

2.5　用高级语言实现图 2.5 所示的 Pascal 语言中数的状态转换图。

2.6　用高级语言编程实现图 2.6 所示的小语言的词法扫描器。

2.7　用自然语言描述下列正规式所表示的语言:

(1) 0(0|1)*0

(2) (((ε|0)1)*)*

(3) (a|b)*a(a|b|ε)

(4) (A|B|…|Z)(a|b|…|z)*

(5) (aa|b)*(a|bb)*

(6) (0|1|…|9|A|B|C|D|E)+(t|T)

2.8 为下列语言编写正规式:

(1) 所有以小写字母 a 开头和结尾的串;

(2) 所有以小写字母 a 开头或者结尾(或同时满足这两个条件)的串;

(3) 所有表示偶数的串;

(4) 所有不以 0 开始的数字串;

(5) 能被 5 整除的 10 进制数的集合;

(6) 没有出现重复数字的全体数字串。

2.9 试构造下列正规式的 NFA 并且确定化,然后最小化。

(1) (a|b)*a(a|b)

(2) (a|b)*a(a|b)*

(3) ab((ba|ab)*(bb|aa))*ab

(4) 00|(0|1)*11

(5) 1(0|1)*01

(6) 1(1010)*|1(010)*1*0

2.10 请分别使用下面的技术证明(a|b)*、(a*|b*)* 以及((a|ε)b*)* 这三个正规式是等价的:

(1) 仅用正规式的定义及其代数性质;

(2) 从正规式构造的最小 DFA 的同构来证明正规式的等价。

2.11 构造有限自动机 M,使得其满足以下条件:

(1) $L(M) = \{a^n b^m \mid n \geqslant 1, m \geqslant 0\}$;

(2) $L(M) = \{a^{2n} b^{2m} C^{2k} \mid n \geqslant 0, m \geqslant 0, k \geqslant 0\}$;

(3) 它能识别 $\Sigma = \{0, 1\}$ 上 0 和 1 的个数都是偶数的串;

(4) 它能识别字母表 {0, 1} 上的串,但是串不含两个连续的 0 和两个连续的 1;

(5) 它能接受形如 $\pm d^+, \pm d^+.d^+$ 和 $\pm d^+.d^+E \pm d^+$ 和(dd 的实数,其中 $d = \{0, 1, 2, 3, 4, 5, 6, 7, 8, 9\}$;

(6) 它能识别 {a, b} 上不含子串 aba 的所有串。

2.12 分别将图 2.27 所示的 NFA 确定化,并画出最小化的 DFA:

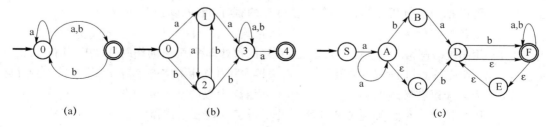

(a)   (b)   (c)

图 2.27

2.13　下面是 URL 的一个极其简化的扩展正规式的描述：

letter → [A-Za-z]

digit → [0-9]

letgit → letter| digit

letgit_hyphen → letgit | _

letgit_hyphen_string → letgit_hyphen | letgit_hyphen letgit_hyphen_string

label → letter (letgit_hyphen_string? letgit)?

URL → (label.)* label

(1) 请将这个 URL 的扩展正规式改写成只含字母表{A，B，0，1，_，.}上的符号的正规式；

(2) 构造出识别(1)更简化的 URL 串的有限自动机。

2.14　用某种高级语言实现以下算法：

(1) 将正规式转换成 NFA 的算法；

(2) 将 NFA 确定化的算法；

(3) 将 DFA 最小化的算法。

2.15　描述下列语言词法记号的正规表达式：

(1) 描述 C 浮点数的正规表达式；

(2) 描述 Java 表达式的正规表达式。

2.16　Pascal 语言的注释允许两种不同的形式:花括号对{…}以及括号星号对(∗…∗)。

(1) 构造一个识别这两种注释形式的 DFA；

(2) 用 Lex 的符号构造它的一个正规式。

2.17　写一个 Lex 输入源程序,它把 C 语言程序中(注释除外)的保留字全部转换成大写字母。

第3章 程序语言的语法描述

要学习和构造编译程序,必须理解和定义计算机程序语言。程序语言通常是一个能完整、准确和规则地表达人们的意图,并用以指挥或控制计算机工作的"符号系统"。它完整的定义包括语法、语义及语用三个方面。

一个程序语言的语法是指这样一组规则,使用它可以形成和产生一个合适的程序。这些规则的一部分称为词法规则,另一部分称为语法规则(或产生规则)。

在第2章中用正规式描述了词法规则以及正规语言。但是,由于正规式不能描述配对、嵌套以及重复等结构,所以,还需要描述功能比正规式更强的规则。语法规则规定了如何从单词符号形成更大的结构(即语法单位),换言之,语法规则是语法单位的形成规则。一般程序语言的语法单位有:表达式、语句、分程序、函数、过程和程序等。

语言的语法定义了程序的形式结构,是判断输入字符串是否构成一个形式上正确的程序的依据。比如,字符串 i+i∗i 通常可以看成标识符 i 和算符"+"、"∗"所组成的表达式。其中"i"、"+"、"∗"是语言的单词符号,表达式 i+i∗i 是语言的语法单位。按照词法规则进行词法分析可以得到该字符串的单词符号,按照语法规则进行语法分析可以判断该字符串是否是表达式。

语法只是定义什么样的符号序列是合法的,与这些符号的含义毫无关系,比如对于一个 Pascal 程序来说,定义 A:=B+C 是合乎语法的,而 A:=B+ 是不合乎语法的。但是,如果 B 是实型的,而 C 是布尔型的,或者 B,C 中任何一个变量没有事先说明,则 A:=B+C 仍不是正确的程序。因此,对于一个语言来说,不仅要给出它的词法、语法规则,还要定义它的单词符号和语法单位的意义,这就是语义问题。没有语义,语言就只是一些符号的集合。

一个程序语言的语义是指这样一组规则,使用它可以定义一个程序的意义。程序语言的语义通常分为两类:静态语义和动态语义。静态语义是一系列限定规则,确定哪些合乎语法的程序是合适的;动态语义也称作运行语义或执行语义,表明程序要做些什么,要计算什么。

语用表示语言符号及其使用者之间的关系,涉及符号的来源、使用和影响。每种语言具有两个可识别的特性,即语言的形式和该形式相关联的意义。语言的实例若在语法上是正确的,则其相关联的意义可以从两个观点来看:其一是该句子的创立者所想要表示的意义,其二是接收者所检验到的意义。这两个意义并非总是一样的,前者称为语言的语义,后者是其语用意义。幽默、双关语和谜语就是利用这两方面意义间的差异。

本章主要讨论计算机程序语言的语法描述方法及其处理的问题。

3.1　文法和语言

如果不考虑语义和语用,只从语法来看语言,这种意义下的语言称为形式语言。阐明语法的一个工具是文法,这是形式语言理论的基本概念之一。本节将介绍文法和语言的概念,重点讨论上下文无关文法及其语法分析中的有关问题。

在给出文法和语言的形式定义之前,先直观地认识一下文法的概念。

描述一种语言时,其实就是给出这种语言的句子。如果语言含有有穷多个句子,那么列出所有句子即可;但是如果语言含有无穷多个句子,则问题在于如何给出它的有穷表示。

以自然语言为例,人们无法列出全部句子,但是人们可以给出一些规则,用这些规则来说明句子的结构。比如,汉语句子的构成规则可以描述如下:

〈句子〉→〈主语〉〈谓语〉

〈主语〉→〈代词〉|〈名词〉

〈代词〉→ 我 | 你 | 他

〈名词〉→ 王明 | 大学生 | 工人 | 英语

〈谓语〉→〈动词〉〈直接宾语〉

〈动词〉→ 是 | 学习

〈直接宾语〉→〈代词〉|〈名词〉

这里采用了巴科斯范式(BNF,具体内容见 3.1.8 节)。其中符号“→”表示规则左边的成分可以由右边成分得到,符号“|”表示或者。有了这些规则,就可以按照如下方式用它们去推导或产生汉语句子:

找“→”左边带有〈句子〉的规则并把它表示成“→”右边的符号串,即〈句子〉⇒〈主语〉〈谓语〉。这里符号“⇒”的含义是,使用一条规则,把规则左边的某个符号代替为规则右边的符号串。

在得到的串〈主语〉〈谓语〉中,选取〈主语〉或〈谓语〉,再用相应规则的右边代替之。重复做下去,可以得到句子“我是大学生”。其全部动作过程是:

〈句子〉⇒〈主语〉〈谓语〉

　　　⇒〈代词〉〈谓语〉

　　　⇒我〈谓语〉

　　　⇒我〈动词〉〈直接宾语〉

　　　⇒我是〈直接宾语〉

　　　⇒我是〈名词〉

　　　⇒我是大学生

显然,按照上述办法,不仅能够得到“我是大学生”这样的句子,还可以得到“王明是大学生”、“王明学习英语”、“我学习英语”、“你是工人”等几十个符合汉语规则句子。但是“我大学生是”不能由上述规则得到,因为它不是句子。因此,上述规则成为判别句子结构合法与否的依据,它可以用来描述汉语。需要注意的是,这里仅仅涉及汉语句子的结构描述。这样的语言描述就称为文法。

3.1.1 文法的形式定义

显然,如果语言是有穷的(只含有有穷多个句子),可以将句子逐一列出来表示;但是如果语言是无穷的,就不可能将语言的句子逐一列出来,而是希望寻求语言的有穷表示。

语言的有穷表示有两种途径:一种是生成方式,就是利用文法的规则和推导手段,可以将语言中的每个句子用严格定义的规则来构造;另一种方法是识别方式,就是使用自动机的行为描述语言:它的行为相当于一个过程,当输入的一个符号串属于某语言时,该过程经有限次计算后就会停止并回答"是",若这个符号串不属于此语言,该过程要么停止并回答"不是",要么永远继续下去。

这里要介绍的文法是用生成方式来描述的,它是一个数学系统,语言中的每个句子可以用严格定义的规则来构造。一个形式数学系统可由下列基本成分来刻画:一组基本符号、一组形成规则、一组公理、一组推理规则。

定义 3.1 上下文无关文法 G 定义为四元组(V_N, V_T, P, S)。其中 V_N、V_T 和 P 都是非空有限集合,分别称为非终结符号集合、终结符号集合及产生式集合。S 称作识别符号或起始符号,它是一个非终结符,至少要在一条产生式中作为左部出现。

终结符是组成语言的基本符号,即在程序语言中提到的单词符号,如标识符、常数、算符和界符等。

非终结符(也称语法变量)用来代表语法单位,如"算术表达式"、"布尔表达式"、"过程"等。一个非终结符代表一个确定的语法概念。因此,非终结符是一类(或集合)记号,而不是一个个体记号。

起始符号是一个特殊的非终结符,它代表所描述的语言中最让人感兴趣的语法单位,这个语法单位通常称为"句子"。在程序语言中,人们最终感兴趣的是"程序"这个语法单位。

V_N 和 V_T 不含公共元素,即 $V_N \cap V_T = \varnothing$。通常用 V 表示 $V_N \cup V_T$,称为文法 G 的字母表。

产生式(也称产生规则,简称规则)是定义语法单位的一种书写规则。一个产生式是形如 A→β(或 A::=β)的(A, β)有序对,其中 $A \in V_N$,$\beta \in V^*$,A 称为产生式的左部,β 称为产生式的右部。

例 3.1 文法 G3.1=(V_N, V_T, P, S),其中 $V_N = \{S\}$,$V_T = \{0, 1\}$,P=$\{S→0S1, S→01\}$。该文法只有一个非终结符 S,有两个终结符 0 和 1,有两条产生式,起始符号是 S。

很多时候,可以不用将文法 G 的四元组显式地表示出来,而只将产生式写出。一般约定,第一条产生式的左部是起始符号,用尖括号括起来的是非终结符号,不用尖括号括起来的是终结符号,或者用大写字母表示非终结符号,小写字母表示终结符号。另外也有一种习惯写法,将 G 写成 G[S],其中 S 是起始符号。因此,例 3.1 还可以写成:

      G:S→0S1   或   G[S]:S→0S1
            S→01   S→01

有时,为书写简洁,常把相同左部的产生式,形如 $A→\alpha_1, A→\alpha_2, \cdots, A→\alpha_n$,缩写为:$A→\alpha_1 | \alpha_2 | \cdots | \alpha_n$。这里的元符号"|"读作"或"。例如,例 3.1 的产生式可以写成 S→0S1|01。

注意:文法中使用的元符号"→"和"|"不能出现在文法的字母表中。

例 3.2 文法 G3.2=(V_N, V_T, P, S),其中 $V_N = \{$标识符,字母,数字$\}$,$V_T = \{a, b, \cdots,$

y，z，0，1，…，9 }。

  P＝{⟨标识符⟩→⟨字母⟩|⟨标识符⟩⟨字母⟩|⟨标识符⟩⟨数字⟩

    ⟨字母⟩→a|b|…|z

    ⟨数字⟩→0|1|…|9

    }

  S＝⟨标识符⟩，这里使用尖括号"⟨"和"⟩"括起非终结符。

3.1.2　推导与归约

  为定义文法所产生的语言，还需要引入推导的概念，即定义 V^* 中的符号串之间的关系，包括直接推导、长度为 $n(n \geqslant 1)$ 的推导和长度为 $n(n \geqslant 0)$ 的推导。

  定义 3.2 设 $\alpha \rightarrow \beta$ 是文法 $G＝(V_N，V_T，P，S)$ 的产生式，γ 和 δ 是 V^* 中的任意符号。若有符号串 v，w 满足：$v＝\gamma\alpha\delta，w＝\gamma\beta\delta$，则说 v 直接产生 w，或者说 w 是 v 的直接推导。记做 $v \Rightarrow w$。

  若 $v \Rightarrow w$，也可以说 w 直接归约到 v。归约是推导的逆过程。

  对于例 3.1 的文法 G3.1，可以给出直接推导的一些例子如下：

  (1) v＝0S1，w＝0011，直接推导：$0S1 \Rightarrow 0011$，使用的规则：S→01，这里 $\gamma＝0，\delta＝1$。

  (2) v＝S，w＝0S1，直接推导：$S \Rightarrow 0S1$，使用的规则：S→0S1，这里 $\gamma＝\varepsilon，\delta＝\varepsilon$。

  (3) v＝0S1，w＝00S11，直接推导：$0S1 \Rightarrow 00S11$，使用的规则：S→0S1，这里 $\gamma＝0，\delta＝1$。

  对于例 3.2 的文法 G3.2，直接推导的例子有：

  (1) v＝⟨标识符⟩，w＝⟨标识符⟩⟨字母⟩；

  直接推导：⟨标识符⟩$\Rightarrow$⟨标识符⟩⟨字母⟩；

  使用的规则：⟨标识符⟩→⟨标识符⟩⟨字母⟩，这里 $\gamma＝\delta＝\varepsilon$。

  (2) v＝⟨标识符⟩⟨字母⟩⟨数字⟩，w ＝⟨字母⟩⟨字母⟩⟨数字⟩；

  直接推导：⟨标识符⟩⟨字母⟩⟨数字⟩$\Rightarrow$⟨字母⟩⟨字母⟩⟨数字⟩；

  使用的规则：⟨标识符⟩→⟨字母⟩。这里 $\gamma＝\varepsilon，\delta＝$⟨字母⟩⟨数字⟩。

  (3) v＝abc⟨数字⟩，w＝abc5；

  直接推导：abc⟨数字⟩$\Rightarrow$abc5，使用的规则：⟨数字⟩→5，这里 $\gamma ＝ abc，\delta ＝ \varepsilon$。

  定义 3.3 如果存在直接推导的序列：$v＝w_0 \Rightarrow w_1 \Rightarrow w_2 \Rightarrow \cdots \Rightarrow w_n＝w(n>0)$，则称 v 推导出 w，推导长度为 n。或者称 w 归约到 v，记做 $v \overset{+}{\Rightarrow} w$。若有 $v \overset{+}{\Rightarrow} w$，或 v＝w，则记做 $v \overset{*}{\Rightarrow} w$。

  定义 3.4 设 G[S] 是一文法，如果符号串 x 是从起始符号推导出来的，即有 $S \overset{*}{\Rightarrow} x$，则称 x 是文法 G[S] 的句型。若 x 仅由终结符号组成，即 $S \overset{*}{\Rightarrow} x，x \in V_T^*$，则称 x 为 G[S] 的句子。

  对例 3.1 的文法 G3.1，存在直接推导序列 $v＝0S1 \Rightarrow 00S11 \Rightarrow 000S111 \Rightarrow 00001111 ＝ w$，即 $0S1 \overset{+}{\Rightarrow} 00001111$，也可以记做 $0S1 \overset{*}{\Rightarrow} 00001111$。

  对例 3.2 的文法 G3.2，存在直接推导序列 v＝⟨标识符⟩$\Rightarrow$⟨标识符⟩⟨数字⟩$\Rightarrow$⟨字母⟩×⟨数字⟩$\Rightarrow$x⟨数字⟩$\Rightarrow$x1＝w，即⟨标识符⟩$\overset{+}{\Rightarrow}$x1，也可记作⟨标识符⟩$\overset{*}{\Rightarrow}$x1。

  S，0S1，000111 都是例 3.1 的文法 G3.1 的句型，其中 000111 是 G3.1 的句子。⟨标识符⟩⟨字母⟩，⟨字母⟩⟨数字⟩，a1 等都是例 3.2 文法 G3.2 的句型，其中 a1 是 G3.2 的句子。

  例 3.3 终结符号串(i＊i＋i)是文法 G3.3[E]：E→E＋E|E－E |E ＊ E|E/E|(E)|i 的一个句子。因为有从起始符号 E 至终结符号串(i＊i＋i)的一个推导：

$$E \Rightarrow (E) \Rightarrow (E+E) \Rightarrow (E*E+E) \Rightarrow (i*E+E) \Rightarrow (i*i+E) \Rightarrow (i*i+i)$$

故 E,(E),(E*E+E)等都是文法的句型。

为了对句子结构进行确定性分析,往往只考虑最左推导或最右推导。

定义 3.5 若推导过程中每一步都是替换最左(右)边的非终结符,则称该推导为最左(右)推导。句型的最右推导称为规范推导,其逆过程最左归约称为规范归约。

例 3.3 的推导就是一个最左推导,句子(i*i+i)的最右推导为:

$$E \Rightarrow (E) \Rightarrow (E+E) \Rightarrow (E+i) \Rightarrow (E*E+i) \Rightarrow (E*i+i) \Rightarrow (i*i+i)$$

其逆过程即为规范归约。

例 3.4 对文法 G3.4[S]:S→AB A→A0|1B B→0|S1

S→AB

A→A0|1B

B→0|S1

给出句子 101001 的最左和最右推导。

101001 的最左推导:

S⇒AB⇒1B B⇒10B⇒10S1⇒10AB1⇒101BB1⇒1010B1⇒101001

101001 的最右推导:

S⇒AB⇒AS1⇒AAB1⇒AA01⇒A1B01⇒A1001⇒1B1001⇒101001

3.1.3 分析树与语法树

使用分析树和语法树可以更直观、更清晰地描述一个句型或句子的语法结构。

1. 分析树

定义 3.6 语法分析树用来描述句型的结构,是句型推导的一种树型表示,简称分析树。

给定文法 G=(V_N,V_T,P,S),对于 G 的任何句型都能构造相应的分析树,这棵树满足下列条件:

(1) 每个结点都有一个标记。根结点的标记是起始符号 S,非叶结点的标记是非终结符,叶结点的标记是终结符或非终结符或 ε。

(2) 如果一个非叶结点 A 有 k 个儿子结点,从左到右标记为 $A_1,A_2,\cdots,A_k$,则 A→$A_1A_2\cdots A_k$ 一定是 P 中的一个产生式。

分析树的根顶点由起始符号标记。随着推导的展开,当某个非终结符被它的某个候选式所替换时,这个非终结符的相应顶点就产生了下一代新顶点。每个新顶点和其父亲顶点之间都有一条连线。在一棵语法树生长过程中的任何时刻,所有那些没有后代的叶子顶点自左至右排列起来就是一个句型。

例 3.5 文法 G3.5[S]:S→aAS|S A→SbA| SS|ba

句子 aabbaa 的语法分析树如图 3.1 所示。图 3.1 所示的分析树是句子 aabbaa 的推导过程的直观描述,从左至右读出分析树的叶子标记,得到的就是句子 aabbaa,通常把 aabbaa 叫作分析树的结果。

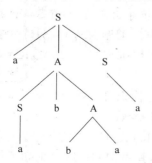

图 3.1 句子 aabbaa 的语法分析树

语法树表示了在推导过程中使用了哪个产生式和使用

在哪个非终结符上，它并没有表明使用产生式的顺序。比如例 3.5 中句子 aabbaa 的推导过程可以列举三个。

推导过程 1：S⇒aAS⇒aAa⇒aSbAa⇒aSbbaa⇒aabbaa

推导过程 2：S⇒aAS⇒aSbAS⇒aabAS⇒aabbaS⇒aabbaa

推导过程 3：S⇒aAS⇒aSbAS⇒aSbAa⇒aabAa⇒aabbaa

其中第一个推导过程的特点是在推导中总是对当前串中的最右非终结符用产生式进行替换，即最右推导，使用产生式的顺序为(1)，(4)，(2)，(5)，(4)。第二个推导过程恰恰相反，在推导中总是对当前串中的最左非终结符用产生式进行替换，即最左推导，使用产生式的顺序为(1)，(2)，(4)，(5)，(4)。不管是第一个还是第二、第三个推导过程，它们的分析树都是图 3.1 所示的分析树。

一般而言，分析树可与许多推导相对应，所有这些推导都表示与终结符的被分析串相同的基础结构，但是仍有可能找出那个与分析树唯一相关的推导。最左推导是指它的每一步中最左的非终结符要被替换的推导，相应地，最右推导则是指它的每一步中最右的非终结符都要被替换的推导。最左推导和与其相关的分析树的内部结点前序遍历的编号相对应，而最右推导则和后序遍历的编号相对应。

2. 语法树

分析树是描述句型结构的一种十分有用的表示法。在分析树中，句型表现为分析树自左至右的树叶，而分析树的内部结点则表示推导的各个步骤（按某种顺序）。但是，分析树中包含一些多余的信息，这些信息在编译生成可执行代码时无关紧要。如果在分析树中去掉那些翻译中不需要的信息，就可以得到另一种被称为抽象语法树的树型表示。

定义 3.7   抽象语法树用来表示程序层次结构，它把分析树中对语义无关紧要的成分去掉，是分析树的抽象形式，简称语法树，也称语法结构树或结构树。

语法树可看作分析树的浓缩和抽象，而分析树可看成是具体的语法树。在语法树中，算符和关键字不是作为叶结点，而是作为内部结点，它们对应分析树中的这些叶结点的父结点。语法树是源程序符号序列的抽象表示，虽然不能像分析树那样直接由叶结点得到源符号序列，但是却包含了转换所需的所有信息，而且比分析树效率更高。

可以按照下面的步骤从分析树构造出相应的语法树：

(1) 去掉与单非产生式相关的子树，并上提相关分支上的终结符结点；

(2) 对于直接包含运算符的多个子树，用算符取代其父结点；

(3) 去掉括号并上提算符，让它代替父结点。

例 3.6   条件语句产生式 S→if B-expr then S_1 else S_2 的抽象语法树与语法分析树如图 3.2 所示。

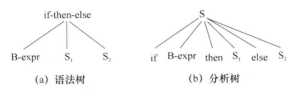

图 3.2   条件语句的语法树与分析树

在抽象语法树中,操作符和关键字都不作为叶结点出现,而是作为内部结点。

例 3.7 赋值语句产生式为〈赋值语句〉→i:=E,表达式的产生式为E→E+E | E*E | −E | id。那么 a:=b*−c+b*−c 的语法树与分析树如图 3.3 所示。

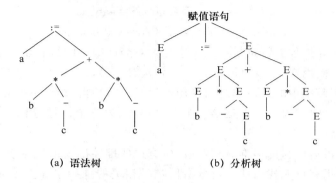

(a) 语法树　　　　　　　(b) 分析树

图 3.3　赋值语句的语法树与分析树

3.1.4　文法产生的语言

定义 3.8　文法 G 的全部句子组成的集合称为 G 产生的语言,记为 L(G),即

$$L(G)=\{x|S\overset{*}{\Rightarrow}x,\text{其中 S 为起始符号},\text{且 }x\in V_T^*\}$$

$S\overset{*}{\Rightarrow}x$ 说明符号串 x 可从起始符号推出,即 x 是句型。$x\in V_T^*$ 说明 x 仅由终结符号组成,即 x 是文法 G 的句子。因此,文法描述的语言是符合文法规则的全部句子所组成的集合。

考虑例 3.1 的文法 G3.1,有两条产生式:S→0S1 和 S→01,通过对第一个产生式使用 $n-1$ 次,然后使用第 2 个产生式一次,得到:

$$S\Rightarrow 0S1\Rightarrow 00S11\Rightarrow\cdots\Rightarrow 0^{n-1}S\ 1^{n-1}\Rightarrow 0^n1^n$$

是不是 L(G3.1)中的元素都是 0^n1^n 这样的串?答案是肯定的,这可以由下面的讨论证明:

每次使用第一个产生式之后,S 的左端多一个 0,右端多一个 1,S 的个数不变。使用第二个产生式后,句型中 S 的个数减少一个,因此使用 S→01 之后,就再也没有 S 留在符号串中。由于两个产生式都是以 S 为左端,所以为了能够生成句子,只能按下列次序使用产生式:即使用第一个产生式若干次,然后使用第二个产生式。因此 $L(G3.1)=\{0^n1^n|n\geqslant 1\}$。

例 3.2 的文法 G3.2 的句子是字母开头的、由字母和数字组成的符号串。这就是程序设计语言中用于表示名字的标识符。因此,该文法产生的语言就是所有标识符的集合。

例 3.8　考虑文法 G3.6:

　　　　S→bA

　　　　A→aA | a

所定义的语言。

从开始符 S 出发,可以推出如下句子:

　　　　S⇒bA⇒ba

　　　　S⇒bA⇒baA⇒baa

...

$$S \Rightarrow bA \Rightarrow baA \Rightarrow baaA \Rightarrow \cdots \Rightarrow baa \cdots a$$

因此,文法 G3.6 产生以 b 开头、后面跟一个或多个 a 的所有符号串,从而 L(G3.6)＝$\{ba^n \mid n \geq 1\}$。

例 3.9　设有文法 G3.7:

$$S \rightarrow P \mid aPb$$

$$P \rightarrow ba \mid bQa$$

$$Q \rightarrow ab$$

考虑它所定义的语言 L(G3.7)。

从开始符 S 出发,可以推出如下句子:

$$S \Rightarrow P \Rightarrow ba$$

$$S \Rightarrow P \Rightarrow bQa \Rightarrow baba$$

$$S \Rightarrow aPb \Rightarrow abab$$

$$S \Rightarrow aPb \Rightarrow abQab \Rightarrow ababab$$

文法 G3.7 共能产生四个句子,因此 L(G3.7)＝{ba, baba, abab, ababab }。

3.1.5　语言的验证

由上面的讨论可知,给定文法的定义可以推导出它所生成的语言。现在来验证一下给定的文法或产生式集合是否产生给定的语言。一般来说,对"文法 G 产生语言 L"的证明包括以下两部分内容:

(1) 证明由 G 产生的每个字符串都在 L 中。

(2) 证明 L 中的每个字符串都能由 G 产生。

例 3.10　验证文法 G3.8:S→（S）S｜ε 产生语言 L(G3.8)＝配对的括号串的集合。

证明过程如下:

(1) 按推导步数进行归纳证明,推出的是配对括号串。

归纳基础:$S \Rightarrow \varepsilon$

归纳假设:少于 n 步的推导都产生配对的括号串

归纳步骤:n 步的最左推导如下:

$$S \Rightarrow (S)S \overset{*}{\Rightarrow} (x) S \overset{*}{\Rightarrow} (x) y$$

其中 x、y 是配对的括号串,从而(x)y 也是配对的括号串,即 n 步的推导也产生配对的括号串。

因此,由 G3.8 产生的每个字符串都是配对的括号串,都在 L(G3.8)中。

(2) 按符号串的长度进行归纳证明,配对括号串可由 S 推出。

归纳基础:$S \Rightarrow \varepsilon$。

归纳假设:长度小于 $2n$ 的配对括号串都可以从 S 推导出来。

归纳步骤:考虑长度为 $2n(n \geq 1)$ 的 w＝(x)y,其中 w、x、y 均为配对括号串,有

$$S \Rightarrow (S)S \overset{*}{\Rightarrow} (x)S \overset{*}{\Rightarrow} (x) y$$

即长度为 $2n$ 的配对括号串都可以从 S 推导出来。

因此,L(G3.8)中的每个字符串都能由 G3.8 产生。

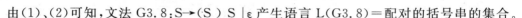

由(1)、(2)可知,文法 G3.8:S→(S）S |ε 产生语言 L(G3.8)＝配对的括号串的集合。

例 3.11 验证文法 G3.9:E→E ＋ a|a 产生的语言是所有由若干个"＋"分隔开的 a 组成的符号串,即 L(G3.9)＝{a,a＋a,a＋a＋a,a＋a＋a＋a,…}。

证明:(1) 按 a 的数目 n 进行归纳证明:每个符号串 a＋a＋…＋a∈L(G3.9)。

归纳基础:由于有产生式 E→a,所以 E⇒·a, a∈L(G3.9)。 即 $n＝1$ 时成立。

归纳假设:s＝a＋a＋…＋a∈L(G3.9),且有 $n-1$ 个 a,则存在推导 E$\overset{*}{⇒}$s。

归纳步骤:使用产生式 E→E＋a 一次,再利用归纳假设可得推导:E⇒E＋a$\overset{*}{⇒}$s＋a。所以,s＋a∈L(G3.9),且其中有 n 个 a。

因此,所有形如 a＋a＋…＋a 的符号串都在 L(G3.9)中。

(2) 按推导的长度 n 归纳证明:任意 s∈L(G3.9)必须满足格式 a＋a＋…＋a。

归纳基础:推导的长度为 1 时,只能为 E⇒a,而 a 是满足要求的格式。

归纳假设:长度为 $n-1$ 的推导能推出满足格式 a＋a＋…＋a 的符号串。

归纳步骤:考虑长度为 $n＞1$ 的推导 E$\overset{*}{⇒}$s。因为 $n＞1$,因此第一步推导必然使用产生式 E→E＋a,从而 E⇒E＋a$\overset{*}{⇒}$s′＋a＝s,其中推导 E$\overset{*}{⇒}$s′ 长度为 $n-1$,由归纳假设可知 s′ 满足格式 a＋a＋…＋a。因此,s＝s′＋a 也满足格式 a＋a＋…＋a。

因此,L(G3.9)中的所有符号串都满足格式 a＋a＋…＋a。

由(1)、(2)可知,文法 G3.9 产生语言 L(G3.9)＝配对的括号串的集合。

3.1.6 语言的文法表达

已知文法可以推出文法产生的语言,已知文法和语言又可验证该语言是否是这个文法产生的语言。同样地,已知一个语言,也可以写出产生该语言的文法。

首先来构造一个合适的表达式文法,用一种层次观点看待下面的表达式:

$$\underline{\underline{id * id}} * \underline{\underline{(id+id)}} + \underline{id * id} + \underline{id}$$

可以构造如下文法:

expr→expr ＋ term | term

term→term ＊ factor | factor

factor→id |（expr）

该文法产生 id＊id＊id 和 id＋id＊id 的分析树如图 3.4 所示。

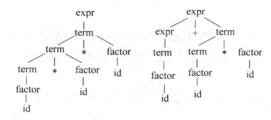

图 3.4 id＊id＊id 和 id＋id＊id 的分析树

由已知语言设计其文法描述,实际上就是讨论语言中的句子。根据句子的特点利用上面层次分析的方法,就可以构造相应的文法。

考虑例 3.8 中的产生式 A→aA|a,它可以得出推导:A⇒aA⇒aaA⇒⋯⇒aa⋯a。可以验证,具有一个或多个 a 的所有串的集合$\{a^n|n\geq 1\}$是该产生式产生的语言。用闭包的概念可以将该语言表示成 a^+。如果要得到 a^*,只要将产生式改为 A→aA|ε 即可。

在上面这种形式的产生式中,非终结符 A 在左部为 A 的产生式右部的最右边出现,这种现象称为右递归。也就是说,右递归产生式可以产生出具有闭包形式的语言,即语言中会有符号串不断重复出现。

同样,产生式 A→Aa | a 也可以产生语言 a^+,A→Aa | ε 也可以产生语言 a^*。在这种形式的产生式中,非终结符 A 在左部为 A 的产生式右部的最左边出现,称为左递归。也就是说,左递归产生式也可以产生出闭包形式的语言。例 3.11 是左递归文法规则的一个例子,它引出串"+a"的重复。

若要得到形如 b,ba,baa,baaa,⋯的所有符号串,观察它们都是以 b 开头,其后是零个或多个 a,可以看成是 b 后面连接 a^* 的形式,因此可以使用左递归产生式 A→Aa|b 或右递归产生式 A→aA|b。

例 3.12　试构造语言 $L_1 = \{a^m b^n c^i | n\geq 1, m\geq 1, i\geq 0\}$ = {ab, aabb,⋯, abc, aabbc,⋯, abcc, aabbcc,⋯}的文法。

L_1 中符号串的特点是:串中含一个或多个 a 并置,可以看作含有 a^+ 形式;串中含一个或多个 b 并置,可以看作含有 b^+ 形式;串中含有 0 个或多个 c,可以看作是 c^* 形式。因此,该语言可以看作是 a^+、b^+ 与 c^* 的连接。

使用 A→aA|a 可以产生 a^+,使用 B→bB|b 可以产生 b^+,使用 C→cC|ε 可以产生 c^*。而要表示它们的连接,只需将非终结符 A、B、C 连接起来即可。

因此,满足要求的文法为 G3.10(Z):

  Z→ABC

  A→aA | a

  B→bB | b

  C→cC | ε

也可以使用左递归产生式,得到满足要求的另一个文法 G3.10 (Z):

  Z→ABC

  A→Aa | a

  B→Bb | b

  C→cC | ε

由此可以看出,对已知语言设计的文法不是唯一的,可以有不同的表达方法。

例 3.13　已知语言 $L_2 = \{x | x\in\{a,b,c\}^*\}$,且 x 是回文字} = {ε, aa, bb, cc, aba, aca, bab, bcb, cac, cbc, aabaa,⋯},写出该语言的文法。

L_2 中符号串的特点是:串中若包含符号,则以 a 开头必以 a 结束,以 b 开头必以 b 结束,串中符号对称出现。可以设计文法为 G3.11(Z):Z→aZa|bZb|cZc|a|b|c|ε。

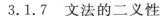

3.1.7　文法的二义性

1. 二义性文法

一棵分析树表示了一个句型种种可能的(但未必是所有的)不同推导过程,包括最左(最右)推导。但是,一个句型是否只对应唯一的一棵分析树呢? 一个句型是否只有唯一的一个最左(最右)推导呢?

例 3.14　对于简单表达式文法 G3.3[E]:

$$E \rightarrow E+E | E-E | E*E | E/E | (E) | i$$

句子 i*i+i 有如下两个不同的最左推导,它们所对应的分析树如图 3.5 所示。

推导一:$E \Rightarrow E+E \Rightarrow E*E+E \Rightarrow i*E+E \Rightarrow i*i+E \Rightarrow i*i+i$

推导二:$E \Rightarrow E*E \Rightarrow i*E \Rightarrow i*E+E \Rightarrow i*i+E \Rightarrow i*i+i$

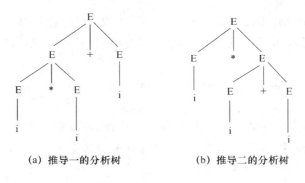

(a) 推导一的分析树　　　　(b) 推导二的分析树

图 3.5　句子 i*i+i 两棵不同的分析树

i*i+i 可以用完全不同的两种办法生成,在生成过程的第一步,一种办法是使用产生式 E→E+E 进行推导,另一种办法是使用产生式 E→E*E,因而 i*i+i 对应了两棵不同的分析树。

定义 3.9　给定一个文法 G,如果其产生的语言 L(G)中存在某个句子对应两棵或两棵以上分析树,则称文法 G 是二义性的。

或者说,若一个文法中存在某个句子,它有两个或两个以上不同的最左(最右)推导,则该文法是二义的。例如文法 G3.3[E]是二义性的。

注意:文法的二义性和语言的二义性是两个不同的概念。因为可能有两个不同的文法 G 和 G′,其中 G 是二义的,但是却有 L(G)=L(G′),也就是说,这两个文法所产生的语言是相同的。如果产生上下文无关语言的每一个文法都是二义的,则说该语言是二义的。

2. 文法二义性的消除

对于一个程序设计语言来说,常常希望对它的每个语句的分析是唯一的,因而希望它的文法是作二义的。人们已经证明,要判定任意给定的一个上下文无关文法是否为二义的,或者它是否产生一个二义的上下文无关语言,这两个问题是不可解的。即不存在一个算法,它能在有限步骤内确切判定任给的一个文法是否为二义的。在某种意义上,二义性文法就像是一个非确定的自动机,此时两个不同的路径都可接收相同的串。

有两种解决二义性的基本方法,一种方法是设定一个规则,该规则可在每个二义性情况下指出哪一个分析树(或语法树)是正确的。这样的规则称作消除二义性规则,它的优点在于:无须修改文法(可能会很复杂)就可消除二义性,它的缺点是语言的语法结构再也不能由文法单独提供。另一种方法是重写文法,将文法改变成一个强制正确分析树的构造的格式,就可以解决二义性。

为了消除例题 3.14 中简单表达式文法中的二义性,可以设定消除二义性规则,建立三个运算相互之间的优先关系。解决办法是给予加法和减法相同的优先权,乘法和除法则有高一级的优先权,并按惯例规定它们都服从左结合。这样句子 i * i+i 相当于(i * i)+i,它有唯一的分析树,见图 3.5(a)。

现在来看重写文法以消除二义性的方法。为了处理文法中的运算优先权问题,就必须把具有相同优先权的算符归纳在一组中,并为每一种优先权规定不同的规则。例如,将例 3.14 中文法分组为

$$E \rightarrow E+E|E-E|T$$
$$T \rightarrow T * T|T/T|F$$
$$F \rightarrow (E)|i$$

在这个文法中,加法和减法则被归在 E 规则下,乘法和除法被归在 T 规则下。由于 T 只能由 E 生成,这就意味着加法和减法在分析树和语法树中将被表现得"更高一些"(也就是更接近于根结点),因此它们的优先权就比乘法和除法低一级。这样将算符放在不同的优先权级别中的办法是在语法说明中使用 BNF 的一个标准方法,称为优先级联。

分组后的文法未指出算符的结合性而且仍有二义性。原因在于形如 E→E+E|E-E 的产生式,它既是左递归又是右递归,若要得到符号串 i+i-i,既可以先使用 E+E 再对第二个 E 使用 E-E,也可以先使用 E-E 再对第一个 E 使用 E+E。解决方法是强制匹配一边的递归,用 E→E+T|E-T|T 代替 E→E+E|E-E|T,使加法和减法都服从左结合。若要使它们服从右结合,则可以改为 E→T+E|T-E|T。也就是说,左递归规则使得它的算符在左边结合,而右递归规则使得它们在右边结合。

这样,若统一规定服从左结合,则例 3.14 中的文法可以修改为

$$E \rightarrow E+T \mid E-T \mid T$$
$$T \rightarrow T * F \mid T/F \mid F$$
$$F \rightarrow (E) \mid i$$

可以验证,该文法是一个无二义文法。句子 i+i * i-i 唯一的分析树与语法树如图 3.6 所示。

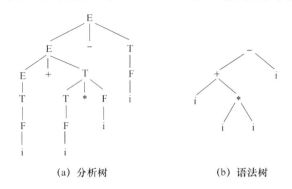

(a) 分析树　　　　　(b) 语法树

图 3.6　句子 i+i * i-i 的分析树与语法树

可以看出,优先级联使得分析树更为复杂,但是语法树并不受影响。

本书 5.2 节将讨论一种确定符号优先关系的方法(称为算符优先关系),它规定了文法中任意两个符号的优先关系。

3. 悬挂 else 问题

考虑下面条件语句的文法:

  statement→if-stmt | **other**

  if-stmt→**if**(exp) statement | **if**(exp)statement **else** statement

  exp→**0** | **1**

该文法是二义的,符号串 **if**(0)**if**(1)**other else other** 的两棵分析树如图 3.7 所示。

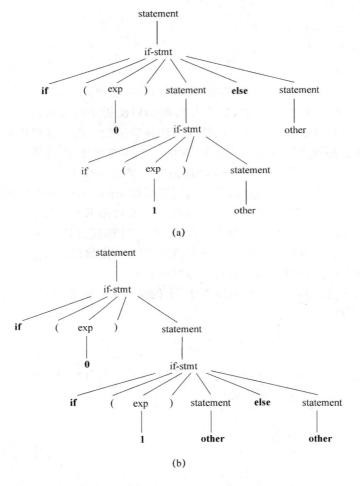

(a)

(b)

图 3.7 符号串 **if**(0)**if**(1)**other else other** 的两棵不同的分析树

第一棵分析树将 else 部分与第一个 if 语句结合,第二棵分析树将 else 与第二个 if 语句结合。这种二义性称作悬挂 else 问题。

一般的程序语言中,条件语句的 else 部分总是与没有 else 部分的最近的 if 语句结合。这个消除二义性的规则被称为用于悬挂 else 问题的最近嵌套规则。

解决悬挂 else 二义性要比处理前面的二义性困难,修改后的文法如下:

statement→matched-stmt ｜ unmatched-stmt

matched-stmt→**if**（exp）matched-stmt **else** matched-stmt ｜ **other**

unmatched-stmt→**if**(exp) statement ｜**if**(exp) matched-stmt **else** unmatched-stmt

exp→**0**｜**1**

if 语句中只允许有一个 matched-stmt 出现在 else 之前,这样就迫使尽可能快地匹配所有的 else 部分。使用消除二义性后的文法后,符号串 **if**（0）**if**（1）**other else other** 的分析树如图 3.8 所示。

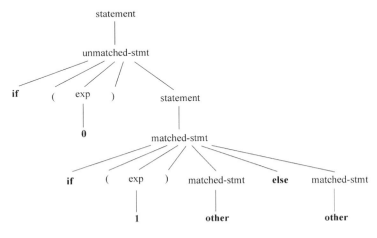

图 3.8　消除二义性后的分析树

通常不能在 BNF 中建立最近嵌套规则,原因之一是它增加了新文法的复杂性,但主要原因却是分析办法很容易按照遵循最近嵌套规则的方法来配置(在无须重写文法时自动获得优先权和结合性有一点困难)。因此,实际中经常使用的是消除二义性规则。

3.1.8　BNF 与 EBNF

1959 年巴科斯(Backus)提出了众所周知的“巴科斯范式”(BNF)。巴科斯范式的左部是一个非终结符,非终结符用尖括号括起;右部是由非终结符和终结符组成的一个任意符号串。具有相同左部的产生规则可以共用一个左部,各右部之间以竖直线分开。例如,定义“标识符”的一组 BNF 公式为:

　　　　＜标识符＞→＜字母＞｜＜标识符＞＜字母＞｜＜标识符＞＜数字＞

　　　　＜字母＞→a｜b｜c｜…｜x｜y｜z

　　　　＜数字＞→0｜1｜2｜3｜…｜8｜9

后来瑞士计算机科学家沃思(Wirth)对 BNF 进行了扩充,这种扩充了的巴科斯范式称为 EBNF。用扩充的巴科斯范式 EBNF 描述语言,直观易懂,便于表示左递归的消除和因子的提取,构造递归下降器时可采用这种定义系统描述文法。扩充的巴科斯范式有如下约定:

(1) 用花括号$\{\alpha\}$表示闭包运算 α^*。

(2) 用$\{\alpha\}_n^0$ 表示 α 可任意重复 0 到 n 次,特别地,$\{\alpha\}_0^0 = \alpha^0 = \varepsilon$。

(3) 用$[\alpha]$表示$\{\alpha\}_1^0$,即表示 α 可以出现也可以不出现,等价于 $\alpha ｜ \varepsilon$。

例如,上面标识符的 BNF 可以表示成如下的 EBNF:

　　　　＜标识符＞→＜字母＞$\{$＜字母＞｜ ＜数字＞$\}$

＜字母＞→a｜b｜c｜…｜x｜y｜z

　　　　＜数字＞→0｜1｜2｜3｜…｜8｜9

又如,简单算术表达式的 BNF(包括结合性和优先权)是:

　　　　exp→exp addop term ｜ term

　　　　addop→＋ ｜ －

　　　　term→term mulop factor ｜ factor

　　　　mulop→ ＊

　　　　factor→(exp) ｜ **number**

相应的 EBNF 是:

　　　　exp→term ｛addop term｝

　　　　addop→＋ ｜ －

　　　　term→factor ｛mulop factor｝

　　　　mulop→ ＊

　　　　factor→(exp)｜**number**

　　和 BNF 一起出现的还常有一种更易于阅读与理解、更加直观的"语法图"。在语法图中,用圆圈表示终结符,用方框表示非终结符,用有向弧表示走向,图上一条通路就表示该语法结构的一种正确定义方法。例如,对应上述简单表达式 EBNF 的语法图如图 3.9 所示。

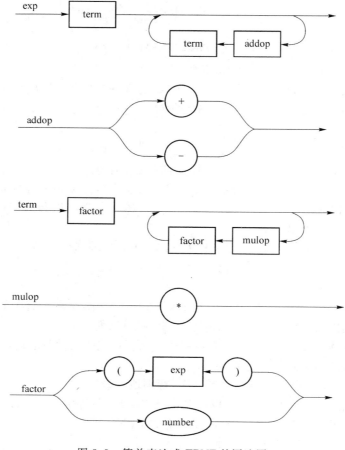

图 3.9　简单表达式 EBNF 的语法图

3.2　文法的分类

乔姆斯基(Chomsky)于 1956 年提出了一种用来描述语言的一组数学符号和规则,称为形式语言。形式语言对程序设计语言的设计、编译方法和计算复杂性等方面有重大的作用。形式语言的理论是编译理论的重要基础,它主要研究组成符号语言的符号串的集合及它们的表示法、结构与特性。

Chomsky 对文法中的规则施加不同的限制,将文法和语言分为四大类:0 型、1 型、2 型和 3 型。

3.2.1　0 型文法

定义 3.10　文法 $G=(V_N,V_T,P,S)$,如果它的每个产生式形如 $\alpha \rightarrow \beta$,其中 $\alpha \in V^*$,$\beta \in V^*$,α 至少包含一个非终结符,则 G 是一个 0 型文法。其中 $V=V_N \cup V_T$。

由定义可知,0 型文法的产生式左端是由终结符和非终结符组成的字符串,并且至少含有一个非终结符。产生式右端是由终结符和非终结符组成的任意字符串。

例 3.15　文法 G 3.12[S]:

$$S \rightarrow ACaB \qquad Ca \rightarrow aaC$$
$$CB \rightarrow DB \qquad CB \rightarrow E$$
$$aD \rightarrow Da \qquad AD \rightarrow AC$$
$$aE \rightarrow Ea \qquad AE \rightarrow \varepsilon$$

则该文法是一个 0 型文法,产生的语言为 $L_3=\{a^{2^i} \mid i \in I^+\}=\{aa, aaaa, aaaaaaaa, \cdots\}$。

0 型文法也称为短语文法。由 0 型文法生成的语言称为 0 型语言(或递归可枚举语言),它可由图灵机识别。

3.2.2　1 型文法

对于程序设计语言来说,0 型文法有很大的随意性,需要加以限制。对 0 型文法产生式的形式进一步加以限制,可以得到 1 型文法。

定义 3.11　文法 $G=(V_N,V_T,P,S)$,如果它是 0 型文法,并且每个产生式形如 $\alpha_1 A \alpha_2 \rightarrow \alpha_1 \beta \alpha_2$,其中 $\alpha_1,\alpha_2 \in V^*$,$\beta \in V^+$,$A \in V_N$,则 G 是一个 1 型文法。

1 型文法也称为上下文有关文法 CSG。只有当非终结符 A 的前后分别为 α_1 和 α_2 时,才能将 A 替换为 β。即对非终结符进行替换时,务必考虑上下文,这也是称之为上下文有关文法的原因。并且一般不允许替换成空串 ε。

1 型文法还有另一种定义形式。

定义 3.12　文法 $G=(V_N,V_T,P,S)$,如果它是 0 型文法,并且每个产生式 $\alpha \rightarrow \beta$ 满足 $|\beta| \geqslant |\alpha|$(产生式 $S \rightarrow \varepsilon$ 例外,但 S 不得出现在任何产生式的右部),则 G 是一个 1 型文法。其中 $|\alpha|$ 和 $|\beta|$ 分别为 α 和 β 的长度。

由该定义可知,1 型文法的产生式除了可能有 $S \rightarrow \varepsilon$ 外,其余产生式右端的符号串长度大于等于左端符号串长度。

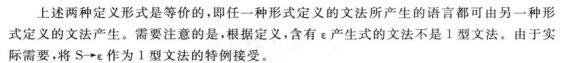

上述两种定义形式是等价的，即任一种形式定义的文法所产生的语言都可由另一种形式定义的文法产生。需要注意的是，根据定义，含有 ε 产生式的文法不是 1 型文法。由于实际需要，将 S→ε 作为 1 型文法的特例接受。

1 型文法产生的语言称为上下文有关语言 CSL，它可由线性限界自动机识别。

例 3.16　文法 G3.13[S]：

$$S\rightarrow\varepsilon|\ A \qquad\qquad A\rightarrow aABC$$
$$A\rightarrow abC \qquad\qquad CB\rightarrow BC$$
$$bB\rightarrow bb \qquad\qquad bC\rightarrow bc$$
$$cC\rightarrow cc$$

是一个 1 型文法，产生的语言为 $L_4=\{a^i\ b^i\ c^i|\ i\geqslant 0\}=\{\varepsilon,\ abc,\ aabbcc,\ \cdots\}$。

3.2.3　2 型文法——上下文无关文法

对 1 型文法的产生式进一步加以限制，可以得到 2 型文法。

定义 3.13　文法 $G=(V_N,V_T,P,S)$，如果它是 1 型文法，并且每个产生式 $A\rightarrow\beta$ 满足 $A\in V_N,\beta\in V^*$，则 G 是一个 2 型文法。

2 型文法也称为上下文无关文法 CFG。用 β 取代非终结符 A 时，与 A 所在的上下文无关，因此取名为上下文无关文法。2 型文法产生的语言称为上下文无关语言 CFL，它可由下推自动机识别。

由定义可知，2 型文法所有产生式左端的符号都是单个的非终结符。除了可能有产生式 S→ε 外，其余产生式右端不能是空串。

例 3.17　文法 G3.14[S]：

$$S\rightarrow asb$$
$$S\rightarrow ab$$

是一个 2 型文法，产生的语言为 $L_5=\{a^i\ b^i|\ i\geqslant 1\}=\{ab,\ aabb,\ aaabbb,\cdots\}$。

在程序设计语言中，当碰到一个算术表达式时，完全可对它进行单独处理，而不必考虑它所处的上下文。但在自然语言中，一个句子的语法性质可能与它所处的上下文有密切的关系，例如"我不愿意"，仅从这几个字的表面来看，不可能体会到它的真正意图（即我不愿意干什么）。因此，上下文无关文法不宜于描述自然语言。

但是，上下文无关文法拥有足够强的表达力来表示大多数程序设计语言的语法。比如描述算术表达式和各种语句等。实际上，几乎所有程序设计语言都是通过上下文无关文法来定义的，如 C、Pascal、Java。另外，上下文无关文法足够简单，可以构造有效的分析算法来检验一个给定符号串是否是由某个上下文无关文法产生。

例 3.18　文法 $G3.15=(\{E\},\{+,*,i,(,)\},P,E)$，其中

$$P=\{E\rightarrow E+E|E*E|(E)|i\}$$

该文法是上下文无关文法。这里的非终结符 E 表示一类算术表达式。i 表示程序设计语言中的"变量"，该文法定义了（描述了）由"i、+、＊、（）"组成的算术表达式的语法结构，即：变量是算术表达式；若 E_1 和 E_2 是算术表达式，则 E_1+E_2、E_1*E_2 和 (E_1) 也是算术表达式。

例 3.19　描述语句的产生式:〈语句〉→〈条件语句〉|〈赋值语句〉|〈循环语句〉…。

简单赋值语句的产生式为:〈赋值语句〉→ i := E。

条件语句的产生式:〈条件语句〉→ if〈条件〉then〈语句〉| if〈条件〉then〈语句〉else〈语句〉,它们都符合上下文无关文法的产生式要求。

因此,本书中主要关心上下文无关文法形成的语言的句子分析及其分析方法研究。今后,对"文法"一词若无特别说明,均指上下文无关文法。

3.2.4　3 型文法

对 2 型文法的产生式进一步加以限制,可以得到 3 型文法。

定义 3.14　文法 $G = (V_N, V_T, P, S)$,如果它是 2 型文法,并且仅含有形如 $A \to aB$ 或 $A \to a$ 的产生式,则称 G 为右线性文法;若仅含有形如 $A \to Ba$ 或 $A \to a$ 的产生式,则称 G 为左线性文法。其中 $A, B \in V_N, a \in V_T$。左线性文法和右线性文法都称为 3 型文法。

由定义可知,3 型文法的产生式左端是单个的非终结符,右端是一个终结符或者该终结符与单个非终结符的连接,若连接的非终结符都在左边,则为左线性文法,都在右边则为右线性文法。

3 型文法也称为正规文法 RG。3 型文法产生的语言称为 3 型语言(或正规语言),它可由有限自动机识别。

例 3.20　文法 G3.16[S]:

$$S \to 1A \mid 1$$
$$A \to 0A \mid 0$$

是一个右线性文法,产生的语言为 $L_6 = \{10^i \mid i \geq 0\} = \{1, 10, 100, 1000, \cdots\}$。

例 3.21　文法 G3.17[S]:

$$S \to Bc \mid Sc$$
$$B \to Ab \mid Bb$$
$$A \to Aa \mid a$$

是一个左线性文法,产生的语言为 $L_7 = \{a^i b^j c^k \mid i, j, k \geq 1\}$。

大多数程序设计语言的单词都能用正规文法或 3 型文法来描述。程序设计语言中的主要单词类型可用下述规则描述:

〈标识符〉→L | L〈字母数字〉

〈字母数字〉→L | D | L〈字母数字〉| D〈字母数字〉

〈无符号整数〉→D | D〈无符号整数〉

〈运算符〉→＋ | － | ＊ | ／ | ＝ | ＜＝ | ＞＝…

〈界符〉→,|;|（ | ）|…

其中 L 表示 a～z 中的任一英文字母,D 表示 0～9 中的任一数字。

一个正规语言可以由正规文法定义,也可以由正规式定义。对任意一个正规文法,存在一个定义同一语言的正规式;反之,对每个正规式,存在一个生成同一语言的正规文法。有些语言很容易用正规文法定义,有些语言更容易用正规式定义。下面介绍正规文法和正规式两者间的转换,从结构上建立它们的等价性。

1. 将正规式转换成正规文法

将字母表 Σ 上的一个正规式转换成正规文法 $G=(V_N,V_T,P,S)$。令其中的 $V_T=\Sigma$,确定产生式和 V_N 的元素的方法如下:

(1) 对任何正规式 r,选择一个非终结符 S 生成产生式 $S \rightarrow r$,为区别文法中的产生式,把这个产生式叫作正规产生式,并将 S 定为 G 的起始符号。

(2) 若 x 和 y 都是正规式,对形如 $A \rightarrow xy$ 的正规产生式,重写成:$A \rightarrow xB$,$B \rightarrow y$ 两个正规产生式,其中 B 是新选择的非终结符,即 $B \in V_N$。

(3) 对已形成的形如 $A \rightarrow x^* y$ 的正规产生式,引入新的非终结符 B,重写为:

$$A \rightarrow xB \mid y$$
$$B \rightarrow xB \mid y$$

(4) 对形如 $A \rightarrow x \mid y$ 的正规产生式,重写为:

$$A \rightarrow x, A \rightarrow y$$

(5) 不断利用上述规则做变换,直到每个产生式都符合 3 型文法的要求。

例 3.22 将 $R=a(a \mid d)^*$ 转换成相应的正规文法。

令 S 是文法的起始符号,首先形成 $S \rightarrow a(a \mid d)^*$,然后形成 $S \rightarrow aA$ 和 $A \rightarrow (a \mid d)^*$,重写第二条产生式形成:

$$S \rightarrow aA \qquad A \rightarrow (a \mid d)B$$
$$A \rightarrow \varepsilon \qquad B \rightarrow (a \mid d)B$$
$$B \rightarrow \varepsilon$$

进而变换为正规文法:

$$S \rightarrow aA \qquad B \rightarrow aB$$
$$A \rightarrow aB \qquad B \rightarrow dB$$
$$A \rightarrow dB \qquad B \rightarrow \varepsilon$$
$$A \rightarrow \varepsilon$$

2. 将正规文法转换成正规式

将正规文法转换成正规式基本上是上述过程的逆过程,最后只剩下一个起始符号定义的产生式,并且该产生式的右部不含非终结符。其转换规则见表 3.1。

表 3.1 正规文法到正规式的转换规则

	文法产生式	正规式
规则 1	$A \rightarrow xB$ $B \rightarrow y$	$A=xy$
规则 2	$A \rightarrow xA \mid y$	$A=x^* y$
规则 3	$A \rightarrow x$ $A \rightarrow y$	$A=x \mid y$

例 3.23 文法 G3.18[S]:

$$S \rightarrow aA$$
$$S \rightarrow a$$
$$A \rightarrow aA \quad A \rightarrow dA$$
$$A \rightarrow a \quad A \rightarrow d$$

先有 $S=aA \mid a$,$A=(aA \mid dA) \mid (a \mid d)$,再将 A 的正规式变换为 $A=(a \mid d)A \mid (a \mid d)$,据表

3.1 中规则 2 变换为：$A=(a|d)^*|(a|d)$，再将 A 的右端代入 S 的正规式得 $S=a(a|d)^*|a(a|d)|a$，再利用正规式的代数变换可依次得到 $S=a((a|d)^*|(a|d)|\varepsilon)$，$S=a(a|d)^*$，最后，$a(a|d)^*$ 即为所求。

上述四个文法类的定义是逐渐增加限制的，因此每一种正规文法都是上下文无关的，每一种上下文无关文法都是上下文有关的，而每一种上下文有关文法都是短语型文法。它们之间是逐级"包含"的关系，由四种文法产生的语言也是逐级"包含"的关系。

3.3　文法的等价变换

无论在形式语言还是在编译理论中，文法的等价都是一个很重要的概念，根据这一概念，可对文法进行等价变换，得到所需形式的文法。

3.3.1　文法等价的概念

产生式不同的两个文法，它们产生的语言却有可能完全相同。

定义 3.15　若 $L(G_1)=L(G_2)$，则称文法 G_1 和 G_2 是等价的。

也就是说，如果两个文法定义的语言相同，则称这两个文法是等价的。

例如，下列两个文法 $G_1[A]$ 与 $G_2[S]$ 是等价的。

$\quad\quad G_1[A]$：$\quad\quad A{\rightarrow}0R\quad\quad A{\rightarrow}01\quad\quad\quad R{\rightarrow}A1$

$\quad\quad G_2[S]$：$\quad\quad S{\rightarrow}0S1\quad\quad S{\rightarrow}01$

因为，$L(G_1)=L(G_2)=\{0^n1^n|n{\geqslant}1\}$。

定义 3.16　对文法进行变换，使变换后的文法满足某种要求并与原文法等价，这种变换称为文法的等价变换。

不存在一个能判定两个文法是否等价的算法。但是在编译的构造中经常需要使用一些等价变换：增广文法、消除无用符号和无用产生式、消除单一产生式、消除空符产生式、消除回溯、消除左递归。下面介绍本书将要使用的三种等价变换：增广文法、消除回溯以及消除左递归。

3.3.2　增广文法

存在如下定理：对任一文法 G_1 均可构造文法 G_2，使得 $L(G_1)=L(G_2)$，并且 G_2 的初始符号不出现于产生式的右部。

文法 $G[S]$ 中可能存在若干产生式，其右部含有起始符号 S，这时可以引进一个新的符号 S'，添加新的产生式 $S'{\rightarrow}S$，形成新文法 $G'[S']$，这样文法 G 的起始符号 S 就仅在产生式右部出现一次。新文法 G' 与原文法 G 是等价的，称为文法 G 的增广文法。

定义 3.17　设文法 $G[S]=(V_N,V_T,P,S)$，构造文法 $G'[S']=(V_N\cup\{S'\},V_T,P',S')$，其中 $P'=\{A{\rightarrow}\alpha|\ A{\rightarrow}\alpha\in P\}\cup\{S'{\rightarrow}S\}$，显然 $L(G)=L(G')$，称 G' 为文法 G 的增广文法。

例 3.24　G3.19 $[Z]$：$Z{\rightarrow}abZA|a\quad A{\rightarrow}b$

经过等价变换后可得到增广文法 G $[Z']$：$\quad\quad Z'{\rightarrow}Z$

$\quad\quad\quad\quad\quad\quad\quad\quad\quad\quad\quad\quad\quad\quad\quad\quad\quad\quad Z{\rightarrow}abZA|a$

$\quad\quad\quad\quad\quad\quad\quad\quad\quad\quad\quad\quad\quad\quad\quad\quad\quad\quad A{\rightarrow}b$

3.3.3 提取左因子

定义 3.18 若文法中有产生式 $P \to \delta\beta_1 \mid \delta\beta_2 \mid \cdots \mid \delta\beta_n$，则称该文法含有左因子 δ。其中 $P \in V_N, \delta, \beta_1, \beta_2, \cdots, \beta_n \in (V_N \cup V_T)^*$。

假设 P 有产生式

$$P \to \delta\beta_1 \mid \delta\beta_2 \mid \cdots \mid \delta\beta_n \mid \gamma_1 \mid \gamma_2 \mid \cdots \mid \gamma_n$$

其中 $\gamma_i(i=1,2,\cdots,n)$ 不以 δ 开头。则可将其改写为：

$$P \to \delta P' \mid \gamma_1 \mid \gamma_2 \mid \cdots \mid \gamma_n$$
$$P' \to \beta_1 \mid \beta_2 \mid \cdots \mid \beta_n$$

例如，前面讨论的条件语句产生式

$$statement \to if\text{-}stmt \mid \mathbf{other}$$
$$if\text{-}stmt \to \mathbf{if}(exp)\ statement \mid \mathbf{if}(exp)statement\ \mathbf{else}\ statement$$
$$exp \to 0 \mid 1$$

其中第二行产生式含有左因子，提取左因子可得：

$$statement \to if\text{-}stmt \mid \mathbf{other}$$
$$if\text{-}stmt \to \mathbf{if}\ (exp)\ statement\ S$$
$$S \to \varepsilon \mid \mathbf{else}\ statement$$
$$exp \to \mathbf{0} \mid \mathbf{1}$$

例 3.25 文法 G3.20[S]：$S \to iEtS \mid iEtSeS \mid a$　$E \to b$ 提取左因子后，该文法变为：

$$G[S]: \qquad S \to iEtSS' \mid a$$
$$S' \to eS \mid \varepsilon$$
$$E \to b$$

反复提取左因子，便于进行语法分析。相应付出的代价是引进了较多新的非终结符。

3.3.4 消除左递归

定义 3.19 若文法中存在推导 $P \overset{+}{\Rightarrow} P\alpha$，则称该文法含有左递归。若存在产生式 $P \to P\alpha$，则称文法含有直接左递归。若存在产生式 $P \to P_1\alpha, P_1 \to P_2\beta, \cdots, P_{n-1} \to P_n\gamma, P_n \to P\delta$，则称文法含有间接左递归。其中 $P, P_1, \cdots, P_n \in V_N, \alpha, \beta, \gamma, \delta \in (V_N \cup V_T)^*$。

左递归会导致推导过程中出现大量的死循环，因此需要消除文法中的左递归。

1. 直接左递归的消除方法

假设非终结符 P 存在产生式 $P \to P\alpha \mid \beta$，其中 β 是不以 P 开头的字符串，则消除直接左递归的方法如下：

（1）删除左递归产生式 $P \to P\alpha$；

（2）引入新的非终结符 P' 消除文法中的左递归，得：

$$P \to \beta P'$$
$$P' \to \alpha P' \mid \varepsilon$$

一般地，若非终结符 P 有产生式

$$P \to P\alpha_1 \mid P\alpha_2 \mid \cdots \mid P\alpha_m \mid \beta_1 \mid \beta_2 \mid \cdots \mid \beta_n$$

其中 $\alpha_i \neq \varepsilon (i=1,2,\cdots,m)$，$\beta_i (i=1,2,\cdots,n)$ 不以 P 开头。则消除左递归之后为：

$$P \rightarrow \beta_1 P' | \beta_2 P' | \cdots | \beta_n P'$$
$$P' \rightarrow \alpha_1 P' | \alpha_2 P' | \cdots | \alpha_m P' | \varepsilon$$

例 3.26　文法 G3.21[E]：E→E＋T|T　T→T∗F|F　F→(E)|i 消除左递归之后得到如下文法：

$$G'[E]:E \rightarrow TE' \qquad E' \rightarrow +TE' | \varepsilon$$
$$T \rightarrow FT' \qquad T' \rightarrow *FT' | \varepsilon$$
$$F \rightarrow (E) | i$$

利用上面的公式，可以把所有含直接左递归的产生式改写为不含直接左递归的产生式。

2.　间接左递归的消除方法

间接左递归的消除方法如下：

(1) 将间接左递归转化成直接左递归；

(2) 消除直接左递归；

(3) 化简文法，删除含有从起始符号无法到达的非终结符的产生式。

例 3.27　消除文法 G3.22[S]：S→Aa|a　A→Bb|b　B→Sc|c 的间接左递归。

将 B→Sc|c 代入 A→Bb|b 得 A→Scb|cb|b，代入 S→Aa|a 得 S→Scba|cba|ba|a。得到含直接左递归文法 $G_1[S]$：S→Scba|cba|ba|a

$$A \rightarrow Scb | cb | b$$
$$B \rightarrow Sc | c$$

消除直接左递归得 $G_2[S]$：　S→ cbaS' | ba S' | a S'　　S'→cbaS'|ε

$$A \rightarrow Scb | cb | b \qquad\qquad B \rightarrow Sc | c$$

其中 A、B 均不能由起始符号 S 推出，因此删除无用产生式后得：

$$G'[S]:\ S \rightarrow cbaS' | ba S' | a S'$$
$$S' \rightarrow cbaS' | \varepsilon$$

选择其他的代入顺序也可以得到消除左递归后的文法，所得的文法都是等价的。

3.　左递归的消除算法

综合上述，可以得到消除左递归的算法如下：

```
算法 3.1     消除左递归
输入         无回路且无空产生式的文法 G[S]
输出         不含左递归的文法 G′[S]
以某种顺序将文法非终结符排列 A₁，A₂，…，Aₙ
for i＝1 to n do
    for j＝1 to i－1 do
        if Aⱼ→δ₁| δ₂|…| δₖ then 将 Aᵢ→ Aⱼγ 改写为 Aᵢ→δ₁γ|δ₂γ|…| δₖ γ
    end for；
    消除 Aᵢ 的直接左递归
end for；
化简得到的文法
```

3.3.5　对文法的使用限制

上下文无关文法可以描述大多数的程序语言,但是,在实际使用中对它有以下两点限制:

(1) 文法中不含任何下面形式的所谓单一产生式:A→A(A 是非终结符),这种产生式无助于构造任何句子,只能产生二义性。

(2) 每个非终结符 A 必须为有用符号。这意味着两点:① 必须存在含 A 的句型,也就是,从开始符号出发,存在推导 $S \overset{*}{\Rightarrow} \alpha A\beta$;② 必须存在终结符串 $\gamma \in V_T^*$,使得 $A \overset{+}{\Rightarrow} \gamma$。

满足条件①的文法符号称为可终止的,否则称为不可终止的。满足条件②的文法符号称为可到达的,否则称为不可到达的。能推导出终结符号串并且能由开始符号推导出的文法符号才是有用符号,不能推出终结符号串或者不能由开始符号推出的文法符号都是无用符号。如果任意产生式 A→α,若其左部或右部含有无用符号,则称该产生式为无用产生式。无用符号和无用产生式在文法中没有任何意义,应该消除它们得到等价的文法。

3.4　语法分析概述

语法分析是编译过程的核心部分。语法分析的任务是:按照文法,从源程序符号串中识别出各类语法成分,同时进行语法检查,为语义分析和代码生成作准备。执行语法分析任务的程序称为分析程序,也称为语法分析器,它是编译程序的主要子程序之一,它在编译程序中的地位如图 3.10 所示。

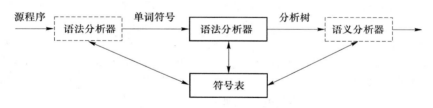

图 3.10　语法分析器在编译程序中的地位

典型的语法分析方法有两类:一类是自顶向下的分析方法,另一类是自底向上的分析方法。

所谓自顶向下分析法,是从文法的起始符号出发,反复使用各种产生式,寻找"匹配"于输入符号串的推导。自底向上的方法则是从输入符号串开始,逐步进行"归约",直至归约到文法的起始符号。从语法树建立的方式可以很好地理解这两类方法的区别:自上而下方法是从文法符号开始,将它作为语法树的根,向下逐步建立语法树,使语法树的末端叶子结点符号串正好是输入符号串;自下而上方法则是从输入符号串开始,以它作为语法树的结点符号串,自底向上地构造语法树,直到构造出以起始符号为根的树为止。

3.4.1　自顶向下的语法分析

如上所述,自顶向下的语法分析是从文法的起始符号出发,反复使用各种产生式,推导出句型,并一个符号一个符号地与给定终结符号串进行匹配,寻找匹配于输入串的推导。如果全部匹配成功,表示起始符号可推导出给定终结符号串,由此判定给定的终结符号串是文法的一个句子。

例 3.28　对于文法 G3.23[Z]:

$$Z \rightarrow aBb \mid aD$$
$$B \rightarrow b \mid bB$$
$$D \rightarrow d \mid bD$$

用自顶向下分析法判断终结符号串 abbd 是否是文法 G3.23 的一个句子。

从文法的起始符号 Z 出发可以得到如下推导:

$$Z \Rightarrow aD \Rightarrow abD \Rightarrow abbD \Rightarrow abbd$$

这样就找到了匹配于输入串 abbd 的推导,所以终结符号串 abbd 是文法 G3.23 的一个句子。

下面以一个简单的例子说明利用语法树进行自上而下分析的方法。

例 3.29　考虑文法 G3.24[S]:

(1) $S \rightarrow cAd$

(2) $A \rightarrow ab \mid a$

识别输入串 w=cabd 是否是该文法的句子。

由起始符号 S 开始,试着为 cabd 建立一棵语法树,如图 3.11(a)所示。在第一步,只有唯一的一个产生式 $S \rightarrow cAd$ 可使用,可得直接推导 $S \Rightarrow cAd$。

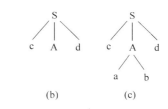

从 S 向下画语法树,如图 3.11(b)所示。这棵树的最左叶子标记为 c,已和 w 的第一个符号匹配,考虑下一个标记为 A 的叶子,可用 A 的第一个候选产生式 $A \rightarrow ab$ 去扩展 A,得到如图 3.11(c)所示的语法树,得到的直接推导为 $cAd \Rightarrow cabd$。这时输入符号串 w 的第二个符号 a 得到了匹配,第三个输入符号为 b,将它与下一叶子标记 b 相比较,得

图 3.11　对输入符号串 cabd 自顶向下的分析

以匹配,叶子 d 匹配了第四个输入符号,这时可以宣布识别过程结束。所得到的推导过程为: $S \Rightarrow cAd \Rightarrow cabd$。

3.4.2　自底向上的语法分析

自底向上分析就是从输入串开始,逐步进行归约,直至归到文法的起始符号。或者说,从语法树的末端开始,步步向上归约,直到根结点。若不能到达起始符号或根结点,则说明此输入串不是该文法的句子。

例 3.30　文法 G3.25[Z]:

$$Z \rightarrow aBb \mid aD$$
$$B \rightarrow b \mid bB$$
$$D \rightarrow d \mid bD$$

用自底向上分析法判断终结符号串 abbd 是否为文法 G3.25 的一个句子。

分析过程如下:

句型	归约规则
ab<u>b</u><u>d</u>	D→d
ab<u>bD</u>	D→bD
a<u>bD</u>	D→bD
<u>aD</u>	Z→aD
Z	

先将句型 abbd 中的 d 按照产生式规则归约成 D,形成句型 abbD,再将新产生的句型 abbD 中的 bD 按照产生式规则归约成 D,形成句型 abD,然后将 abD 中的 bD 规则归约成 D,形成句型 aD,最后将句型 aD 归约成 Z,即文法的起始符号。因为能归约为文法的起始符号 Z,所以终极符号串 abbd 是文法 G 的一个句子。

仍使用例 3.29 中的文法 G3.24:

(1) S→cAd

(2) A→ab

(3) A→a

来为输入符号串 cabd 构造语法树,这里采用的是自下而上的方法。

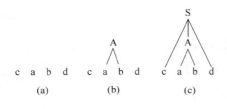

图 3.12 对输入符号串 cabd 自底向上的分析

首先从输入符号串开始。扫描 cabd,从中寻找一个子串,该子串与某一产生式的右端相匹配。子串 a 和子串 ab 都是合格的,假若选用了 ab,用产生式(2)的左端 A 去替代它,即把 ab 归约到了 A,得到了串 cAd。这样就构造了一个直接推导 cAd⇒cabd,即从 cabd 叶子开始向上构造语法树,如图 3.12(b)所示。接下去,在得到的串 cAd 中又找到了子串 cAd 与产生式(1)的右端相匹配,用 S 替代 cAd,或称将 cAd 归约到 S,又得到了一个直接推导 S⇒cAd,形成了图 3.12(c)所示的语法树。符号串 cabd 的推导序列为:S⇒cAd⇒cabd。

3.4.3 语法分析的基本问题

从自顶向下语法分析和自底向上语法分析的讨论可以看出,进行语法分析时需要考虑下列两个问题:

(1) 如何选择使用哪个产生式进行推导

假定要被替换的最左非终结符号是 B,而有 n 条产生式:B→A₁|A₂|···|A_n,那么如何确定用哪个右部去替换 B?

例如在自顶向下的分析中,对于例 3.29 的文法,在扩展非终结符 A 时,在 A 的两个选择中取了产生式(2),很顺利地完成了识别过程。假若当时是另一选择,即用(3)的右部扩展 A,那将会出现什么情况呢? 首先构造的推导序列为:ScAdcad。这时输入符号串 w 的第二个符号可以与叶子结点 a 得以匹配,但第三个符号却不能与下一叶子结点 d 匹配。这时如果宣告分析失败,则意味着,识别程序不能为串 cad 构造推导(或语法)树,也即 cad 不是句子。这显然是错误的结论,因为导致失败的原因是在分析中对 A 的选择不是正确的。

有一种解决办法是从各种可能的选择中随机挑选一种,并希望它是正确的。如果以后发现它是错误的,必须退回去,再试另外的选择,这种方式称为回溯。显然,这样做代价极高,效率很低。这个问题将在第 4 章中具体解决。

（2）如何识别可归约的串

在自底向上的分析方法中,在分析程序工作的每一步,都是从当前串中选择一个子串,将它归约到某个非终结符号,该子串称为“可归约串”。问题是每一步如何确定这个“可归约串”。

在例 3.29 的文法对串 cabd 的分析中,如果不是选择 ab 用产生式(2),而是选择 a 用产生式(3)将 a 归约到了 A,那么最终就达不到归约到 S 的结果,因而也无从知道 cabd 是一个句子。

为什么在 cabd 中,ab 是“可归约串”,而 a 不是“可归约串”? 如何知道这点,这是自底向上分析的关键问题。因此需要精确定义“可归约串”。事实上,存在种种不同的方法刻画“可归约串”。对这个概念的不同定义形成了不同的自底向上分析方法。

练 习 3

3.1　对于文法 G3.26[E]：
$$E \rightarrow T \mid E+T \mid E-T$$
$$T \rightarrow F \mid T*F \mid T/F$$
$$F \rightarrow (E) \mid i$$
证明 $(i+T)*i$ 是它的一个句型。

3.2　给定文法 G3.27[S]：
$$S \rightarrow aAcB \mid BdS$$
$$B \rightarrow aScA \mid cAB \mid b$$
$$A \rightarrow BaB \mid aBc \mid a$$
试检验下列符号串中哪些是 G3.27 [S]中的句子。

（1）aacb

（2）aabacbadcd

（3）aacbccb

（4）aacabcbcccaacdca

（5）aacabcbcccaacbca

3.3　考虑文法 G3.28[S]：
$$S \rightarrow (L) \mid a$$
$$L \rightarrow L,S \mid S$$
（1）指出该文法的终结符号及非终结符号。

（2）给出下列各句子的语法分析树：

①（a,a）　②（a,(a, a)）　③（a, ((a, a), (a, a)))

（3）分别构造(b)中各句子的一个最左推导和最右推导。

3.4　考虑文法 G3.29[S]：
$$S \rightarrow aSbS \mid bSaS \mid \varepsilon$$

(1) 讨论句子 abab 的最左推导,说明该文法是二义性的。

(2) 对于句子 abab 构造两个相应的最右推导。

(3) 对于句子 abab 构造两棵相应的分析树。

(4) 此文法所产生的语言是什么?

3.5　文法 G3.30[S]:

　　　S→Ac | aB

　　　A→ab

　　　B→bc

写出 L(G3.30)的全部元素。

3.6　试描述由下列文法 G[S]所产生的语言:

(1) S→ 10S0 | aA,A→bA | a

(2) S→ SS | 1A0,A→1A0 | ε

(3) S→ 1A | B0,A→1A | C,B→B0 | C,C→1C0 | ε

(4) S→ bAdc,A→AS | a

(5) S→ aSS,S→a

(6) A → 0B | 1C,B → 1 | 1A | 0BB,C → 0 | 0A | 1CC

3.7　设已给文法 G3.31=(V_N,V_T,P,S),其中:

　　　V_N={S}

　　　V_T={a_1,a_2,…,a_n,∨,∧,～,[,]}

　　　P={S→a_i| i=1,2,…,n}∪{S→ ～S, S→[S∨S], S → [S∧S]},

试指出此文法所产生的语言。

3.8　已知文法 G3.32=({A,B,C},{a,b,c},A,P),其中 P 由以下产生式组成:

　　　A→abc　　　A→aBbc

　　　Bb→bB　　　Bc→Cbcc

　　　bC→Cb　　　aC→aaB

　　　aC→aa

问:此文法表示的语言是什么?

3.9　已知文法 G3.33 [P]:

　　　P→aPQR |abR

　　　RQ→QR

　　　bQ→bb

　　　bR→bc

　　　cR→cc

证明 aaabbbccc 是该文法的一个句子。

3.10　构造一个文法,使其产生的语言是由算符＋、＊、(、)和运算对象 a 构成的算术表达式的集合。

3.11　已知语言 L={$a^n bb^n$| n≥1},写出产生语言 L 的文法。

3.12　写一文法,使其语言是偶正整数的集合。要求:

(1) 允许 0 打头。(2) 不允许 0 打头。

3.13　文法 G3.34 [S]：

S→ Ac｜aB

A→ ab

B→ bc

该文法是否为二义的？为什么？（提示：找一个句子,使之有两棵不同的分析树。）

3.14　证明下述文法 G3.35[〈表达式〉]是二义的：

〈表达式〉→ a｜(〈表达式〉)｜〈表达式〉〈运算符〉〈表达式〉

〈运算符〉→ ＋｜－｜＊｜／

3.15　下面的文法产生 a 的个数和 b 的个数相等的非空 a、b 串：

S→aB｜bA

B→bS｜aBB｜b

A→aS｜bAA｜a

其中非终结符 B 推出 b 比 a 的个数多 1 个的串,A 则反之。

（1）证明该文法是二义的。

（2）修改上述文法,不增加非终结符,使之成为非二义文法,并产生同样的语言。

3.16　考虑文法 G3.36[R]：

R→R $'$｜$'$ R｜RR｜R*｜(R)｜a｜b

其中 R$'$｜$'$R 表示 R 或 R,RR 表示 R 与 R 的连接,R* 表示 R 的闭包。

（1）证明此文法生成 $\Sigma=\{a,b\}$ 上的除了 $\varnothing$ 和 ε 的所有正规表达式。

（2）试说明此文法是二义性的。

（3）构造一个等价的无二义性文法,该文法给出 *、连接和｜等运算符的优先级和结合规则。

3.17　给出产生下述语言的上下文无关文法：

（1）$\{a^n b^n a^m b^m \mid n,m\geqslant 0\}$。

（2）$\{1^n 0^m 1^m 0^n \mid n,m\geqslant 0\}$。

（3）$\{\omega c\omega^T \mid \omega\in\{a,b\}^*\}$,其中 ω^T 是 ω 的逆。

（4）$\{w \mid w\in\{a,b\}^+,$ 且 w 中 a 的个数恰好比 b 多 1 $\}$。

（5）$\{w \mid w\in\{a,b\}^+,$ 且 $|a|\leqslant|b|\leqslant 2|a|\}$。

（6）$\{w \mid w$ 是不以 0 开始的奇数集 $\}$。

3.18　设 $G=(V_N,V_T,P,S)$ 为 CFG,$\alpha_1,\alpha_2,\cdots,\alpha_n$ 为 V 上的符号串,试证明：

若 $\alpha_1\alpha_2\cdots\alpha_n\overset{*}{\Rightarrow}\beta$ 则存在 V 上的符号串 $\beta_1,\beta_2,\cdots,\beta_n$,使 $\beta=\beta_1\beta_2\cdots\beta_n$,且有 $a_i\overset{*}{\Rightarrow}\beta_i$ $(i=1,2,\cdots,n)$。

3.19　设 $G=(V_N,V_T,P,S)$ 为 CFG,α 和 β 都是 V 上的符号串,且 $\alpha\overset{*}{\Rightarrow}\beta$,试证明：

（1）当 α 的首符号为终结符号时,β 的首符号也必为终结符号；

（2）当 β 的首符号为非终结符号时,则 α 的首符号也必为非终结符号。

3.20　写出下列语言的 3 型文法：

（a）$\{a^n \mid n\geqslant 0\}$

（b）$\{a^n b^m \mid n,m\geqslant 1\}$

（c）$\{a^n b^m c^k \mid n,m,k\geqslant 1\}$

3.21 已知文法 G3.37 [S]：

S→dAB

A→aA|a

B→ε|Bb

给出相应的正规式和等价的正规文法。

3.22 给出下列文法消除左递归后的等价文法：

(1) A→BaC|CbB

B→Ac|c

C→Bb|b

(2) A→B a|A a|c

B→B b|A b|d

(3) S→SA | A

A→SB|B|(S)|( )

B→[S]|[ ]

(4) S→AS|b

A→SA|a

(5) S→(T)|a|ε

T→S|T,S

第4章 自顶向下的语法分析

本章具体介绍自顶向下的语法分析及其相关的构造技术。由上一章的介绍可知,自顶向下分析就是从文法的开始符号出发,寻找与输入串相匹配的最左推导的分析过程。

自顶向下的分析方法主要有两类:确定的自顶向下分析和不确定的自顶向下分析。不确定的分析方法即带回溯的分析方法,是自顶向下分析的一般方法。其分析过程是反复使用不同产生式,试图匹配输入串,在本质上是一种试探过程,效率低,代价高。因此,这种分析方法只有理论意义,对于实际的编译器并不合适。确定的分析方法对文法有一定的限制,但是由于实现方法简单、直观,便于手工构造或自动生成语法分析器,因而仍是目前常用的方法之一。

确定的自顶向下分析可以分为递归下降分析和预测分析。递归下降分析为文法的每一个非终结符编写一个递归过程,用来识别由该非终结符推出的符号串。从开始符号对应的过程开始,进行逐步下降的过程调用,来实现自顶向下分析。预测分析使用一个二维分析表和一个状态栈联合控制,根据当前符号和状态预测应该选用的产生式,逐步进行推导。

预测分析中最常用的是LL(1)分析,其中第一个L表示从左向右扫描输入串,第二个L表示最左推导,1表示分析时每一步只需向前查看一个符号。类似也可以有LL(k)分析,需向前查看k个符号才可确定选用哪个产生式。通常采用k=1,个别情况采用k=2。

4.1 自顶向下语法分析的一般方法

一般地,进行自顶向下分析,就是对任何输入串试图用一切可能的办法,从文法开始符号出发自上而下,从左到右地为输入串建立分析树。或者说,为输入串寻找最左推导。这种分析过程本质上是一种试探过程,是反复使用不同的产生式谋求匹配输入串的过程。下面我们用这种方法对3.4.3中讨论过的输入串 cad 进行自顶向下分析,并用语法树直观描述分析过程。

例4.1 设文法 G4.1[S]:S→cAd,A→ab|a,输入串为 cad,自顶向下进行语法分析,并构造相应的语法树。

先按文法的开始符号产生根结点 S,读入输入串的第一个符号 c,然后选择 S 唯一的产生式构造语法树,如图 4.1(a)所示。

把 S 的子结点从左到右与输入串中的字符相比较,发现第一个子结点 c 和当前符号是一致的,认为该符号匹配。读下一个输入符号 a,用 S 的第二个子结点 A 进行匹配。此时要选择 A 的产生式进一步构造。而 A 有两个候选式,先选择 A→ab 构造语法树,如图 4.1

77

(b)所示。

此时 A 的最左子结点 a 与当前符号一致,认为该符号匹配,读入下一输入符号 d。这时,A 的第二个子结点是 b,和当前符号不一致,说明 A 的这个产生式不能用来产生该输入串。这就需要回到子结点 A,选用另一个产生式 A→a 来构造语法树,如图 4.1(c)所示。这种回头选用其他产生式的过程称为回溯。回溯时,要把由前面产生式 A→ab 得到的子树删除,并重新读入在子结点 A 处的当时符号 a。

用新的产生式构造语法树后,A 的子结点为 a,与当前符号一致,读入最后一个输入符号 d。此时结点 A 完成匹配,它的右边是结点 d,与当前符号一致。这样就完成了输入串的匹配,说明输入串 cad 是该文法的一个句子。

上面的分析同时也给出了输入串 cad 的最左推导过程:S⇒cAd⇒cad。

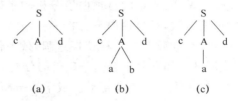

图 4.1 输入串 cad 的语法分析树

由上面例子可以看出,这种不确定的自顶向下分析法存在如下一些问题。

(1)左递归问题

由于自顶向下分析采取的是最左推导,所以当文法中含有左递归时,会使自上而下的分析过程陷入无限循环。因此,使用自顶向下分析方法必须消除文法的左递归。

(2)回溯问题

如果文法中非终结符对应若干产生式,在反复寻找可正确匹配的产生式时就可能需要不断回溯。另外,当非终结符用某个选择匹配成功时,这种成功可能仅是暂时的(如例 4.1)。由于这种虚假匹配现象,需要使用更复杂的回溯技术。这样将会产生许多额外工作,因此应设法消除回溯。

(3)出错处理

使用这种一般方法进行分析时,如果最终分析不成功,要确定出错的具体位置比较困难。

(4)效率问题

这种带回溯的自顶向下方法实际上是一种穷尽一切可能的试探法,因此效率很低,代价较高,从而该方法只有理论意义,在实际应用中价值不大。

4.2 LL(1)文法及其分析

由 4.1 的讨论可知,要实现无回溯的自顶向下语法分析,对相应文法必须要有一定的限制。首先,文法应该不含左递归,若文法中含有左递归,则需使用文法的等价变换消除左递归。其次,还要消除回溯,就是要求对文法的任何非终结符,使用它匹配输入串时,能够根据它所面临的输入符号准确选择产生式,且该产生式的推导结果是确定的。也就是说,如果该产生式匹配成功,则这个匹配不会是虚假匹配,如果该产生式匹配不成功,则用其他产生式也一定不会匹配成功。

第 3 章中我们介绍过可以通过提取左公共因子消除某些文法的回溯,那么为什么提取左公共因子可以消除回溯呢? 没有左递归和左公共因子的文法是否一定可以进行确定的自顶向下分析? 下面具体讨论这些问题。

例 4.2　文法 G4.2［S］:

　　　P→ babC ｜ baaC

　　　C→ aC ｜ c

对于输入串 w_1＝baac 在自顶向下的推导过中,由于在推导第一个符号时可以选择非终结符 P 的两个候选式中的任何一个,但在自顶向下的分析中只有一个推导是正确的,所以该文法在该分析中存在回溯问题。提取 P 的左公共因子得 G′4.2:

　　　P→ baA

　　　A→ bC ｜ aC

　　　C→ aC ｜ c

对输入串 baac 在自顶向下的推导过程为:P⇒baA⇒baaC⇒baac。

这个文法的特点是:

(1) 每个产生式的右部都由终结符号开始;

(2) 如果两个产生式有相同的左部,那么它们的右部由不同的终结符开始。

对于这样的文法,分析输入串时,可以根据输入串的当前符号确定地选取产生式。比如 w_1 的第一个符号是 b,而从开始符号 P 出发,只有选择产生式 P→baA 推导,才能出现符号 b。同样,要出现第二个符号 a,必须选择产生式 B→aC。这样,虽然具有相同左部的产生式不只一个,但是文法的特点决定了每一步推导只能选择唯一的产生式,从而可以避免回溯。

对具有左公共因子的文法,提取左公共因子后,有可能使得不含空符产生式的文法消除回溯。

例 4.3　文法 G4.3［S］:

　　　S→Ad ｜ Bb

　　　A→a ｜ cA

　　　B→b ｜ dB

输入串 w_2＝ccad 自顶向下的推导过程为:S⇒Ad⇒cAd⇒ccAa⇒ccad。

这个文法的特点是:

(1) 每个产生式的右部不全是由终结符号开始;

(2) 如果两个产生式有相同的左部,那么它们的右部由不同的终结符或非终结符开始;

(3) 文法中无空产生式。

对于这样的文法,分析输入串时,也可以根据输入串的当前符号确定地选取产生式。比如推导 w_2 时,首先考虑开始符号 S,它可以推出以 A 或 B 开头的符号串。而由以 A 和 B 为左部的产生式可知,A 只能推出以 a、c 开头的符号串,B 只能推出以 b、d 开头的符号串。因此,要得到 w_2 的第一个符号 c,只有选择产生式 S→Ad,A→cA。同样,要出现第二个符号 c,仍需选择产生式 A→cA,没有别的选择。这样,文法的特点决定了每一步推导只能选择确定的产生式,从而可以避免回溯。

由上面两个例子可知,一个文法在推导过程中是否会产生回溯,与文法中具有相同左部的每个产生式右部所能推出的开头符号有关系。

4.2.1 首符集 FIRST

定义 4.1 设 $G=(V_N, V_T, P, S)$ 是上下文无关文法,对 $\alpha \in V^*$,$V=V_N \bigcup V_T$,定义首符集 FIRST(α)为

$$FIRST(\alpha)=\{a \mid \alpha \overset{*}{\Rightarrow} a\beta,\ a \in V_T,\ \alpha,\beta \in V^* \}$$

即 $FIRST(\alpha)=\{a \mid \alpha \overset{*}{\Rightarrow} a\cdots,\ a \in V_T,\ \alpha \in V^* \}$。

特别地,若 $\alpha \overset{*}{\Rightarrow} \varepsilon$,则规定 $\varepsilon \in FIRST(\alpha)$,即 FIRST($\alpha$)是 α 能推导出的所有在开头位置的终结符或空符。

计算一个符号串 a 的首符集 FIRST (a)需要两步。第一步,要求出文法中每个文法符号的首符集,即为 $X \in V_T \bigcup V_N$ 构造 FIRST(X),方法如下:

(1) 若 $X \in V_T$,则 $FIRST(X)=\{X\}$;

(2) 若 $X \in V_N$,且有产生式 $X \to a\cdots$,则 $FIRST(X) = FIRST(X) \bigcup \{a\}$。特别地,若有产生式 $X \to \varepsilon$,则 $FIRST(X) = FIRST(X) \bigcup \{\varepsilon\}$;

(3) 若 $X \in V_N$,且有产生式 $X \to Y_1 Y_2 \cdots Y_k$,$(i=1, 2, \cdots, k)$,则

① 若 $\exists 1 \leqslant i \leqslant k$,使得 $\varepsilon \in FIRST(Y_j)$,$(j=1, 2, \cdots, i-1)$,即 $Y_1 Y_2 \cdots Y_{i-1} \overset{*}{\Rightarrow} \varepsilon$,则

$$FIRST(X) = FIRST(X) \bigcup (FIRST(Y_j) - \{\varepsilon\});$$

② 若 $\forall 1 \leqslant i \leqslant k$,都有 $\varepsilon \in FIRST(Y_j)$,则 $FIRST(X) = FIRST(X) \bigcup \{\varepsilon\}$。

(4) 反复利用以上规则,直到 FIRST(X)不再增大为止。

算法 4.1　为文法所有非终结符 A 计算 FIRST (A)

输入　　　文法 G

输出　　　每个非终结符 A 的 FIRST (A)

```
for (每个非终结符 A)  FIRST(A) = ∅;
do {
    for (每个产生式 A→X₁X₂…Xₙ) { // 其中 Xᵢ∈(VN∪VT), 1≤i≤n
        k = 1;
        continue = true;
        while (continue and k <= n) {
            FIRST (A) = FIRST (A)∪FIRST (Xk) - {ε};
            if (ε 不在 FIRST (Xk)中) continue = false;
            k + + ;
        }
        if (continue) FIRST (A) = FIRST (A)∪{ε};
    }
} while (任何一个 FIRST(A)发生了变化)
```

(思考:如果文法没有 ε 产生式,上述算法如何简化?)

第二步,再求符号串 α 的终结首符集 FIRST (α),算法如下:

```
算法 4.2　求符号串 α 的首符集 FIRST (α)
输入　　　文法 G,符号串 α＝X₁X₂…Xₙ 及 FIRST(Xᵢ),其中 Xᵢ∈(V_N∪V_T),1≤i≤n
输出　　　首符集 FIRST (α)
FIRST(α)＝∅;
for (k＝1; i＜＝n; k＋＋)　{
    if (ε∈FIRST(Xᵢ)) { FIRST(α)＝FIRST(α)∪(FIRST(Xᵢ)－{ε}); k＝k＋1; }
    else {FIRST(α)＝FIRST(α)∪FIRST(Xᵢ); break; }
} // end for;
if(k＝＝n) FIRST(α)＝FIRST(α)∪{ε};
```

例 4.4　对文法 G4.4 [S]:

$S \rightarrow AB \mid bC \qquad A \rightarrow b \mid \varepsilon$

$B \rightarrow aD \mid \varepsilon \qquad C \rightarrow AD \mid b$

$D \rightarrow aS \mid c$

各非终结符的首符集计算过程如下(计算遍数指的是算法 4.1 中外循环 while 执行的次数):

表 4.1　例 4.4 中非终结符 **FIRST** 的计算过程

文法规则	第 1 遍	第 2 遍	第 3 遍
S→AB		FIRST(S)＝{b}	FIRST(S)＝{b, a, ε}
S→bC	FIRST(S)＝{b}		
A→b	FIRST(A)＝{b}		
A→ε	FIRST(A)＝{b, ε}		
B→aD	FIRST(B)＝{a}		
B→ε	FIRST(B)＝{a, ε}		
C→AD		FIRST(C)＝{b}	FIRST(C)＝{b, a, c}
C→b	FIRST(C)＝{b}		
D→aS	FIRST(D)＝{a}		
D→c	FIRST(D)＝{a, c}		

最终得到:FIRST(S) ＝ {a, b, ε},FIRST(A)＝{b, ε},FIRST(B)＝{a, ε},FIRST(C) ＝{a, b, c},FIRST(D)＝{a, c}。

对于例 4.3 的文法,FIRST(Aa) ＝ {a,c},FIRST(Bb) ＝ {b,d}。{a,c}∩{b,d}＝∅,这样在文法中,关于 S 的两个产生式的右部虽然都以非终结符开始,但它们右部的符号串可能推导出的首符号集合不相交,因而可以根据当前的输入符号是属于哪个产生式右部的首符号集合而决定选择确定的产生式进行推导。

可以看出,如果文法中不含空符产生式,并且每个非终结符的所有候选式右部的首符集两两不相交,则推导中就不会产生回溯。

4.2.2 后继符集 FOLLOW

那么,不含左递归和左公共因子的文法是不是就可以进行确定的自顶向下分析? 先来看一个简单的例子。

例 4.5 文法 G4.5 [S]: S→Ad|Bb A→a|cA|ε B→b|dB
输入串 w_3=ccd 自顶向下的推导过程为:S⇒Ad⇒cAd⇒ccAd⇒ccd。

文法 G4.5 与例 4.3 中文法 G4.3 唯一不同之处在于,文法 G4.5 中非终结符 A 的候选式中含有空符产生式。分析时,对于输入串 w_3 的前两个符号 cc,可以确定使用产生式 A→cA,而要得到第三个符号 a,按照 a 所在的首符集我们应该选择产生式 A→a,但是显然这种选择是错误的,因为这样得到的是符号串 ccad 而不是 ccd。实际上,这时正确的选择是产生式 A→ε,也就是让 A 自动匹配到空符,就可以得到与输入串匹配的符号串 ccd。

这说明只要求文法每个非终结符的所有候选首符集两两不相交是不够的,还需要进一步讨论。观察上面例子可以看出,之所以会出现上述问题,是因为文法中含有空符产生式 A→ε,并且推导过程中 A 后面跟的终结符 a 恰好也是 A 的一个右部首符集中的符号。也就是说,a 既能紧跟在 A 的后面出现,也能由 A 推出。这样,如果遇到当前非终结符是 A 而输入串中相应符号为 a 时,就不容易确定该用产生式 A→ε 将 A 自动匹配空符得到紧跟其后的 a,还是用产生式 A→a 推出 a。

因此,一个文法能否进行确定的自顶向下语法分析,不仅仅与文法中具有相同左部的产生式右部的 FIRST 集有关系,若有产生式右部可能推出 ε,则还与其左部非终结符的后继符号集合有关。此时必须知道该产生式左部非终结符的后继符号集合中是否含有其他右部 FIRST 集的元素。

对于任意非终结符,考虑其后面可能跟随的终结符,可以得到下面的定义。

定义 4.2 设 $G=(V_N, VT, P, S)$ 是上下文无关文法,对于 $P \in V_N$,定义后继符集 FOLLOW(P) 为

$$\text{FOLLOW(P)} = \{a \mid S \overset{*}{\Rightarrow} \mu P\beta \text{ 且 } a \in \text{FIRST}(\beta), \mu \in V_T^*, \beta \in V^+\}$$

即 $\text{FOLLOW(P)} = \{a \mid S \overset{*}{\Rightarrow} \cdots Pa \cdots, a \in V_T\}$。

特别地,若 $S \overset{*}{\Rightarrow} \cdots P$,则规定 $\$ \in \text{FOLLOW(P)}$。即 FOLLOW(P) 是推导过程中所有可能紧跟在 P 之后的终结符或边界符 $\$$($\$$ 用来界定一个输入串,表示为:$\$$ 输入串 $\$$)。

构造 FOLLOW 的方法:

(1) 若 P 是文法开始符号,则 FOLLOW(P)={ $\$$ };

(2) 若有产生式 P→αQβ,则 FOLLOW(Q) = FOLLOW(Q) ∪ (FIRST(β)−{ε});

(3) 若有产生式 P→αQ,或者有产生式 P→αQβ 而 $\beta \overset{*}{\Rightarrow} \varepsilon$,即 ε∈FIRST(β),则

$$\text{FOLLOW(Q)} = \text{FOLLOW(Q)} \cup \text{FOLLOW(P)}$$

(4) 反复使用上面规则,直到每个 FOLLOW 集不再增大为止。

可以用算法语言描述如下:

算法 4.3　求非终结符后继符集 FOLLOW
输入　　　文法 G[S] 及 FIRST(X)，所有 X∈(V_N∪V_T)
输出　　　所有非终结符的后继集符 FOLLOW
for（每个非终结符 P）FOLLOW (P) = ∅;
FOLLOW (S) = { $ };
do {
　　for（每一个产生式）{
　　if（该产生式形如 P→αQβ）{
　　　　FOLLOW(Q) = FOLLOW(Q) ∪（FIRST(β) − {ε}）;
　　　　if (β$\overset{*}{\Rightarrow}$ε) FOLLOW(Q) = FOLLOW(Q) ∪FOLLOW(P);
　　　}
　　if（该产生式形如 P→αQ）FOLLOW(Q) = FOLLOW(Q) ∪FOLLOW(P);
　} // end for;
} while（任何一个 FOLLOW 发生了变化）

例 4.6　仍讨论例 4.4 中文法 G4.4[S]：

　　　　S→AB | bC　　　A→ b | ε
　　　　B→ aD | ε　　　C→AD | b
　　　　D→aS | c

所有非终结符求 FOLLOW 集的计算过程如表 4.2 所示。

表 4.2　例 4.4 中非终结符 FOLLOW 的计算过程

文法规则	第 1 遍
S→AB	FOLLOW (S) = { $ }, FOLLOW (A) = FOLLOW (A)∪(FIRST(B)−{ε})∪FOLLOW(S) = {a, $ }, FOLLOW (B) = FOLLOW (B)∪FOLLOW(S) = { $ }
S→bC	FOLLOW (C) = FOLLOW (C)∪FOLLOW (S) = { $ }
A→ b	
A→ ε	
B→ aD	FOLLOW (D) = FOLLOW (D∪FOLLOW (B) = { $ }
B→ ε	
C→AD	FOLLOW (A) = FOLLOW (A)∪FIRST(D)−{ε} = {a, c, $ }, FOLLOW (D) = FOLLOW (D)∪ FOLLOW (C) = { $ }
C→ b	
D→aS	FOLLOW (S) = FOLLOW (S)∪ FOLLOW (D) = { $ }
D→c	

　　结果是：FOLLOW(S) = FOLLOW(B) = FOLLOW(C) = FOLLOW(D) = { $ },
FOLLOW(A) = {a, c, $ }。

　　例 4.7　文法 G4.5 [S]：S→aA | d　A→bAS |ε

输入串 $w_4 = abd$ 的推导过程为：$S \Rightarrow aA \Rightarrow abAS \Rightarrow abS \Rightarrow abd$

可以看出，开始符号 S 后面不会跟任何符号，但是有 $S \Rightarrow \cdots S$，因此 FOLLOW(S) = {$}。

非终结符 A 后面可能不跟任何符号，即 $S \Rightarrow \cdots A$，也可能跟开始符号 S，而 S 推导的符号串只能以 a，d 开头，即 FIRST(S) = {a, d}，因此 FOLLOW(A) = {a, d, $}。

一般地，当文法中含有形如 P→α | β，P∈V_N，α，β∈V^* 的产生式时，若 α，β 不能同时推导出空符，不妨设 $\alpha \not\Rightarrow \varepsilon$，$\beta \overset{*}{\Rightarrow} \varepsilon$，则当 FIRST(α)∩(FIRST(β)∪FOLLOW(P)) = ∅ 时，对于非终结符 P 可以确定地选取产生式。

比如例 4.5 中，A→a|cA |ε，FOLLOW(A) = {a}，FIRST(α) = FIRST(a|cA) = {a,c}，FIRST(β) = FIRST(ε) = {ε}，FIRST(α)∩(FIRST(β)∪FOLLOW(A)) = {a,c}∩{a} = {a}≠∅。因此不能确定选取产生式。

而例 4.7 中，A→bAS |ε，FOLLOW(A) = {a,d, $}，FIRST(α) = FIRST(bAS) = {b}，FIRST(β) = FIRST(ε) = {ε}，FIRST(α)∩(FIRST(β)∪FOLLOW(A)) = {b}∩{a,d, $} = ∅。因此可以确定选取产生式。

4.2.3 选择集 SELECT

为了简便起见，可以定义选择集 SELECT 如下。

定义 4.3 给定不含左递归的上下文无关文法的产生式 P→α，P∈V_N，α∈V^*，定义选择集 SELECT(P→α) 为

若 $\alpha \not\Rightarrow \varepsilon$，则 SELECT(P→α) = FIRST(α)

若 $\alpha \overset{*}{\Rightarrow} \varepsilon$，则 SELECT(P→α) = (FIRST(α)−{ε})∪FOLLOW(P)。

也就是说，当文法中含有形如 P→α | β(P∈V_N，α，β∈V^*，α，β 不同时能推出 ε)的产生式时，能够使用确定的自顶向下分析必须使文法满足 SELECT(P→α)∩SELECT(P→β) = ∅。

比如，例 4.7 中的文法 G4.5：

SELECT(S→aA) = FIRST(aA) = {a}，SELECT(S→d) = FIRST(d) = {d}

SELECT(A→bAS) = FIRST(bAS) = {b}，SELECT(A→ε) = (FIRST(ε) − {ε})∪FOLLOW(A) = {a,d, $}

SELECT(S→aA)∩SELECT(S→d) = {a}∩{d} = ∅

SELECT(A→bAS)∩SELECT(A→ε) = {b}∩{a,d, $} = ∅

因此，文法 G4.5 可以进行确定的自顶向下语法分析。

最后，构造 SELECT 集。由选择集 SELECT 的定义可以得到其构造算法为：

```
算法 4.4   求选择集 SELECT
输入        文法 G[S]及 FIRST(X)，所有 X∈(V_N∪V_T)，FOLLOW(P)，所有 P∈V_N
输出        所有产生式的选择集 SELECT
for (每一个产生式 P→α，P∈V_N，α∈V*) {
    if (α ⇏ ε) SELECT(P→α) = FIRST(α);
    if (α ⇒ ε) SELECT(P→α) = (FIRST(α) − {ε})∪FOLLOW(P);
} // end for;
```

例 4.8　继续例 4.4 中文法 G4.4 [S]：

$$S \rightarrow AB \mid bC \qquad A \rightarrow b \mid \varepsilon$$
$$B \rightarrow aD \mid \varepsilon \qquad C \rightarrow AD \mid b$$
$$D \rightarrow aS \mid c$$

对所有产生式求 SELECT 集的过程为：

$$SELECT(S \rightarrow AB) = FIRST(AB) \cup FOLLOW(S) = \{ b, a, \$ \}$$
$$SELECT(S \rightarrow bC) = FIRST(bC) = \{b\}$$
$$SELECT(A \rightarrow \varepsilon) = FIRST(\varepsilon) \cup FOLLOW(A) = \{ a, c, \$ \}$$
$$SELECT(A \rightarrow b) = FIRST(b) = \{b\}$$
$$SELECT(B \rightarrow \varepsilon) = FIRST(\varepsilon) \cup FOLLOW(B) = \{ \$ \}$$
$$SELECT(B \rightarrow aD) = FIRST(aD) = \{a\}$$
$$SELECT(C \rightarrow AD) = FIRST(AD) = \{ a, b, c \}$$
$$SELECT(C \rightarrow b) = FIRST(b) = \{b\}$$
$$SELECT(D \rightarrow aS) = FIRST(aS) = \{a\}$$
$$SELECT(D \rightarrow c) = FIRST(c) = \{c\}$$

由以上计算结果可得相同左部产生式的 SELECT 交集为：

$$SELECT(S \rightarrow AB) \cap SELECT(S \rightarrow bC) = \{ b, a, \$ \} \cap \{b\} = \{b\} \neq \varnothing$$
$$SELECT(A \rightarrow \varepsilon) \cap SELECT(A \rightarrow b) = \{ a, c, \$ \} \cap \{b\} = \varnothing$$
$$SELECT(B \rightarrow \varepsilon) \cap SELECT(B \rightarrow aD) = \{ \$ \} \cap \{a\} = \varnothing$$
$$SELECT(C \rightarrow AD) \cap SELECT(C \rightarrow b) = \{ b, a, c \} \cap \{b\} = \{b\} \neq \varnothing$$
$$SELECT(D \rightarrow aS) \cap SELECT(D \rightarrow c) = \{a\} \cap \{c\} = \varnothing$$

4.2.4　LL(1)文法

由上述几个概念的讨论可以看出句型的推导中选择产生式的原则：

若文法中没有空产生式，并且对于有相同左部的产生式，其右部符号串以不同的终结符或非终结符开始，则在推导过程中，根据当前输入符号决定选择哪个产生式往下推导时，首先需要计算各右部符号串的 FIRST 集。要求具有相同左部、不同右部的各符号串的 FIRST 集必须两两不相交。当前输入符号属于哪个右部符号串的 FIRST 集，就选择哪个产生式往下推导。

如果文法中有空产生式，产生式的选择就比较麻烦。在推导过程中根据当前输入符号决定选择哪个产生式往下推导时，必须由各产生式右部符号串的 FIRST 集以及产生式左部非终结符的 FOLLOW 集共同决定。当前输入符号属于哪个 SELECT 集，就选择哪个产生式往下推导。

下面我们给出满足确定的自顶向下分析条件的文法，称这种文法为 LL(1)文法。对于该文法，可以从左到右扫描输入串，并按最左推导的方式求得与输入串中各符号的匹配，每步推导只需查看一个输入符号，就可准确地选择所用的产生式。

定义 4.4　文法 G 是 LL(1)文法，当且仅当每个非终结符 P 的任何两个候选式 P$\rightarrow \alpha \mid$ $\beta (\alpha, \beta \in V^*)$满足：

① 不存在终结符 a，使得 α 和 β 推出的符号串都能以 a 开头。即 FIRST(α) $\cap$ FIRST （β）=∅。

② 若 α $\overset{*}{\nRightarrow}$ ε，β$\overset{*}{\Rightarrow}$ε，则 α 所能推出的符号串的开头符号不在 FOLLOW(P) 中。即 FIRST(α)∩FOLLOW(P)=∅。

也就是说，每个非终结符的所有候选首符集两两不相交，并且对于右部可能推出 ε 的产生式，其左部非终结符的后继符集中不含其他右部 FIRST 集的元素，这样的文法是 LL(1) 文法。有定义可知，LL(1) 文法中一定没有左递归以及左公共因子。它们是 LL(1) 文法的必要条件，但不是充分条件（为什么？）。

由 SELECT 集可以得到 LL(1) 文法的另一个等价定义：

定义 4.5 一个上下文无关文法是 LL(1) 文法，当其仅当对于每个非终结符 P 的任何两个候选式 P→α | β 满足

$$\text{SELECT}(P\to\alpha)\bigcap\text{SELECT}(P\to\beta)=\varnothing$$

其中 P∈VN，α，β∈V*，且 α，β 不同时推出 ε。

对于例 4.4、例 4.6 和例 4.8 讨论的文法 G4.4 [S]：

S→AB | bC   A→ b | ε

B→ aD | ε   C→AD | b

D→aS | c

考虑产生式 S→AB | bC，因为 FIRST(AB)∩FIRST(bC)={a, b, ε}∩{b}≠∅，由定义 4.4 可知，该文法不是 LL(1) 文法。

或者，考虑产生式 S→AB | bC，由于 SELECT(S→AB)∩SELECT(S→bC)={b, a, $}∩{b}={b}≠∅，由定义 4.4 可知该文法不是 LL(1) 文法。

例 4.9 下面文法是否是 LL(1) 文法？

(1) G4.6 [S]：S→aA | d   A→bAS | ε

(2) G4.7 [S]：S→aAS | b   A→bA |ε

我们使用定义 4.4 来判断。

(1) 对于 S→ aAS |d， FIRST(aAS∩FIRST(d)={a}∩{d}=∅；

对于 A→ bA | ε， FIRST(bA)∩FIRST(ε)={b}∩{ε}=∅；

FIRST(bA)={b}，FOLLOW(A)={a, d}，

FIRST(bA)∩FOLLOW(A)={b}∩{a, d}=∅；

因此文法 G4.6 满足条件①、②，由定义 4.4 知该文法是 LL(1) 文法。

(2) 对于 S→ aAS | b， FIRST(aAS)∩FIRST(b)={a}∩{b}=∅，

对于 A→ bA | ε， FIRST(bA)∩FIRST(ε)={b}∩{ε}=∅，

FIRST(bA)={b}，FOLLOW(A)={a, b}

FIRST(bA)∩FOLLOW(A)={b}∩{a, b}={b}≠∅。

因此文法 G4.7 满足条件①，但不满足条件②，从而不是 LL(1) 文法。

也可以使用定义 4.5 来判断。

(1) SELECT(S→aA)=FIRST(aA)={a}

SELECT(S→d)=FIRST(d)={d}

SELECT(A→bAS)=FIRST(bAS)={b}

SELECT(A→ε)=(FIRST(ε)-{ε})∪FOLLOW(A)={a,d,$}

所以 SELECT(S→aA)∩SELECT(S→d) = {a}∩{d} = ∅

SELECT(A→bAS)∩SELECT(A→ε) = {b}∩{a,d,$} = ∅

由定义 4.5 知文法 G4.6 是 LL(1)文法。

(2) SELECT(S→aAS) = FIRST(aAS) = {a}

SELECT(S→b) = FIRST(b) = {b}

SELECT(A→bA) = FIRST(bA) = {b}

SELECT(A→ε) = (FIRST(ε)−{ε})∪FOLLOW(A) = {a,b,$}

所以 SELECT(S→aAS)∩SELECT(S→b) = {a}∩{b} = ∅

SELECT(A→bA)∩SELECT(A→ε) = {b}∩{a,b,$} ≠ ∅

由定义 4.5 知文法 G4.7 不是 LL(1)文法。

由定义可知,LL(1)文法没有左公共因子,它不是二义的,也不含左递归(见练习 4.1)。一个文法中若含有左递归和左公共因子,则它一定不是 LL(1)文法,也就不可能用确定的自顶向下分析法。然而,某些含有左递归和左公共因子的文法可以通过等价变换,消除左递归和左公共因子后可能变为 LL(1)文法,不过仍需要用 LL(1)文法的定义加以判别。也就是说,文法中不含左递归和左公共因子只是 LL(1)文法的必要条件。

4.2.5　LL(1)文法的分析

一般地,对 LL(1)文法 G 进行自顶向下语法分析时,先查看第一个符号,使用一个指针指向当前符号。然后从开始符号出发,按照下面规则分析:

若当前符号为 a,当前非终结符为 P,其所有产生式为

$$P→α_1 \mid α_2 \mid \cdots \mid α_n$$

则可以利用下列两种途径分析。

方法一、利用定义 4.4 进行分析

(1) 若存在 $α_i$,使得 a∈FIRST($α_i$),则用 P→$α_i$ 进行匹配分析,指针指向输入串下一个符号。

(2) 若对任意 $α_i$,都有 a∉FIRST($α_i$),则

① 若存在 $α_j$,使得 ε∈FIRST($α_j$),且 a∈FOLLOW(P),则将 P 自动匹配为 ε。此时指针不移动;

② 否则,输入串匹配不成功。

(3) 若指针指向输入串结束符 $,则分析成功。

方法二、利用定义 4.5 进行分析

(1) 若存在 $α_i$,使得 a∈SELECT(P→$α_i$),则用 P→$α_i$ 进行匹配分析。

① 若 $α_i$≠ε,则指针指向输入串下一个符号;

② 若 $α_i$=ε,则指针不移动。

(2) 若对任意 $α_i$,都有 a∉SELECT(P→$α_i$),则输入串匹配不成功。

(3) 若指针指向输入串结束符 $,则分析成功。

例 4.10　根据例 4.7 的文法 G4.5[S]: S→aA ∣ d　A→bAS ∣ε 分析输入串 abd。

用上面介绍的两种方法分别进行分析。

(1) 从开始符号 S 出发,指针指向输入串第一个符号 a,对于左部为 S 的产生式,有

FIRST(aA)={a},所以用 S→aA 来推导,指针指向输入串下一个符号 b。对于左部为 A 的产生式,有 FIRST(bAS)={b},所以用 A→bAS 来推导。指针指向下一符号 d。而对于左部为 A 的产生式,其右部首符集 FIRST(bAS)={b},FIRST(ε)={ε},都不含有 d,但是 ε∈FIRST(ε),且 d∈FOLLOW(A)={a, d, $},因此将 A 自动匹配为 ε,指针仍指向 d。此时的非终结符为 S,且有 FIRST(d)={d},所以用 S→d 推导,指针指向输入串结束符 $,分析成功。因此输入串 abd 的语法结构是正确的。

(2)从开始符号 S 出发,指针指向输入串第一个符号 a,对于左部为 S 的产生式,有 SELECT(S→aA)={a},所以用 S→aA 来推导,指针指向输入串下一个符号 b。对于左部为 A 的产生式,有 SELECT(A→bAS)={b},所以用 A→bAS 来推导。指针指向下一符号 d。这时最左边非终结符为 A,而对于左部为 A 的产生式,有 d∈SELECT(A→ε)={a, d, $},因此将 A 自动匹配为 ε,指针仍指向 d。此时的非终结符为 S,且有 SELECT(S→d)={d},所以用 S→d 推导,指针指向输入串结束符 $,分析成功。因此输入串 abd 的语法结构是正确的。

由例 4.10 可以看出,LL(1)文法每一步只需向前查看一个符号,就可以选择确定的产生式进行推导。

实现以上自顶向下语法分析的技术主要有两种:递归下降分析技术和预测分析技术。下面两节分别介绍这两种技术的基本思想及设计方法。

4.3   递归下降分析技术

当一个文法满足 LL(1)条件时,我们就可以构造一个不带回溯的自顶向下分析程序,这个分析程序由一组递归过程组成,每个过程对应文法的一个非终结符,用于识别该非终结符的语法成分。这样一个分析程序称为递归下降分析器。

也就是说,递归下降分析为文法中每个非终结符编写一个递归过程,识别由该非终结符推出的符号串,当某非终结符有多个候选式时能够按 LL(1)形式确定地选择某个产生式进行推导。用这种方法进行语法分析时,从读入第一个单词开始,由开始符号出发进行分析。若遇到非终结符,则调用相应的处理过程。若遇到终结符,则判断当前读入的单词是否与该终结符相匹配,如果匹配,则读取下一个单词继续分析。

4.3.1   递归下降分析器的设计

设 LL(1)文法 G=(V_N,V_T,P,S),V_N={X_1,X_2,…,X_n}。对 G 的每个非终结符号 X_i,可以按照下面方法设计子程序 P_i()。

(1)对于形如 X_i→γ_1|γ_2|…|γ_m 的产生式,在相应子程序 P_i()中,应该能够判断当前输入符号 a 属于哪个候选式 γ_j 的 FIRST 集,并转入该候选式相应代码段,继续识别。对候选式的选择可用 if 语句或 case 语句实现。

(2)对于形如 X_i→$Y_1 Y_2 \cdots Y_k$(Y_j∈V_N∪V_T)的产生式,相应子程序 P_i()是一个依次识别其右部各符号 Y_j(j=1,2,…,k)的过程:如果 Y_j∈V_T,则判断当前输入符号是否与 Y_j 匹配;若 Y_j∈V_N,则应有调用相应于 Y_j 的子程序的代码。

（3）对于形如 $X_i \to \varepsilon$ 的产生式，在相应的子程序 $P_i()$ 中，应该能够判断当前输入符号 a 是否属于集合 FOLLOW(X_i)，从而决定是从 $P_i()$ 返回还是报错。

（4）在各个子程序 $P_i()$ 中，均应含有进行语法检查的代码。

使用以上方法，就可以为 LL(1)文法构造一个不带回溯的递归下降分析程序。如果用某种高级语言写出所有递归过程，那么就可以用这个语言的编译系统来产生整个的分析程序。下面我们通过例子具体说明递归下降分析器的设计，使用的是类 Pascal 语言。

例 4.11　下面文法产生 Pascal 类型的子集，我们用 dotdot 表示"．．"，以强调这个字符序列作为一个词法单元。

$$type \to simple \mid \uparrow id \mid array[simple]of \ type$$
$$simple \to integer \mid char \mid num \ dotdot \ num$$

由于该文法没有左递归、不含左公共因子，而且非终结符 type 和 simple 的每个候选式的开始符号都是不同的终结符，所以该文法是 LL(1)文法。

首先为非终结符 type 设计子程序如下：

procedure type；

begin

    case lookahead **of**

        in ｛integer，char，num｝：simple( )

    $'\uparrow'$：   **begin**

            match ($'\uparrow'$)；match (id)

        end

    array：   **begin**

            match (array)；match ($'['$)；simple( )；match ($']'$)；match (of)；

            type( )

        end

    other error( )

    end case

end；

在这段代码中，使用变量 lookahead 来存放向前查看的单词符号，根据该单词符号的不同而选择不同的动作。具体来说，如果 lookahead $\in$ FIRST(simple) = ｛integer，char，num｝，则转入 simple 子程序；如果当前单词符号为 $\uparrow$，则调用匹配函数 match，检查是否匹配，若匹配则读入下一个单词符号，存放到变量 lookahead 中，然后继续调用匹配函数 match，检查当前符号是否与 match 函数的参数 id 匹配，若匹配则意味着可以选取产生式 type $\to \uparrow$ id；如果当前单词为 array，则依次执行以下操作：匹配 array，匹配"["，调用 simple 子程序，匹配"]"，匹配 of，递归调用 type 子程序；如果 lookahead 中的单词符号不是上述符号，则调用出错处理函数 error。

我们用 nexttoken 作为读取下一个单词符号的函数，则 match 函数的设计如下：

procedure match（t：token）；

begin

    if lookahead ＝ t **then**

```
            lookahead : = nexttoken( )
        else error( )
        end if;
    end;
```

类似地,给出非终结符 simple 的子程序如下:

```
procedure simple;
begin
    case lookahead of
        integer: match (integer)
        char:   match (char)
        num:    begin
                    match (num); match (dotdot); match (num)
                end
        other error( )
    end case
end;
```

这样,我们得到了两个非终结符的子程序,递归下降分析的主程序设计就比较简单了。首先需要读入一个单词符号,然后调用开始符号的子程序,让其自动递归下降进行子过程调用。当所有调用结束,最终回到主程序时,判断是否到达输入串末尾,如果到达,则分析成功,否则出错。我们用函数 gettoken 读入输入串第一个单词符号,则主程序伪代码如下:

```
begin
    lookahead = gettoken();
    type( );
    if lookahead = $ then exit;
    else error( )
    end if;
end;
```

将上面的各程序组合起来,就得到了该类型定义文法的递归下降分析器。现在使用该分析器分析输入串 array [integer] of char,首先读入第一个单词 array,然后调用开始符号 type 的子程序,依次进行下面操作:匹配 array,读取下一符号"[";匹配"[",读取下一单词 integer;调用 simple 的子程序,匹配 integer,读取下一符号"]"。返回 type 过程,继续进行下面操作:匹配"]",读取下一单词 of;匹配 of,读取下一单词 char;递归调用 type 过程,因为 char 在{integer, char, num}中,所以调用 simple 过程,匹配 char,读取下一符号,即输入串的结束符 $。返回最近的 type 过程,结束操作,返回外层 type 过程,结束操作,返回主程序。此时变量 lookahead 中存放的是结束符 $,因此该分析过程结束。说明该输入串符合 Pascal 类型定义。图 4.2 给出了上述分析过程(括号中的数字表示分析树的构造顺序)。

例 4.12 为下列表达式文法 G4.8 [E]编写递归下降识别程序

$$E \rightarrow E+T \mid T \qquad T \rightarrow T*F \mid F \qquad F \rightarrow (E) \mid i$$

步骤 1 消除左递归: $E \rightarrow TE' \qquad E' \rightarrow +TE' \mid \varepsilon$

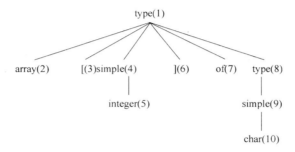

图 4.2　输入串 array ［integer］ of char 的分析过程

$$T \rightarrow FT' \qquad T' \rightarrow *FT' \mid \varepsilon$$

$$F \rightarrow （E） \mid i$$

步骤 2　编写递归下降识别子程序,这里使用 C 语言形式。

```
void match(token t)
{ if(lookahead = = t)}
    lookahead = nexttoken;
  else
    error( );
}
```

```
void F( )
{ if(lookahead = = 'i')
    match ('i');
  else if (lookahead = = '(')
  { match('(');
   E( );
   if (lookahead = = ')')
    match(')');
   else
     error( );
   }
  else
    error( );
  }
```

```
void E( )
{ T( );
  E'( );
}
```

```
void E'( )
{ if (lookahead = = '+')
  { match('+');
    T( );
    E'( );
  }
}
```

```
void T( )
{ F( );
  T'( );
}
```

```
void T'( )
{ if (lookahead = = '*')
  {match('*')
   F( );
   T'( );
  }
}
```

步骤3 编写递归下降识别主程序：

```
main( )
{    lookahead = getsymbol( );
     E( );
     if lookahead = = ' $ '
          exit;
      else
          error( );
      }
```

使用该识别程序识别输入串：i ＊ i ＋ i，首先读入符号 i，然后调用子程序 E，在 E 中调用子程序 T，在 T 中调用子程序 F，匹配 i，读入下一符号 ＊，子程序 F 调用完毕，回到 T。在 T 中继续调用子程序 T′，匹配 ＊，读入下一符号 i。在 T′中继续调用子程序 F，匹配 i，读入下一符号 ＋，回到子程序 T′。在 T′中递归调用子程序 T′，不执行任何操作返回 T′，进而返回 T，进而返回 E。在 E 中继续调用子程序 E′，匹配 ＋，读入下一符号 i，调用子程序 T。在 T 中调用子程序 F，匹配 i，读入下一符号，若为输入串结束符 ＄，返回 E′。在 E′中递归调用 E′，不执行任何操作返回 E′，进而返回 E。至此子程序 E 调用完毕，回到主程序，检查到达输入串末尾，从而识别成功。

由于递归下降分析对每个过程可能存在直接或间接递归调用，所以对某个过程在退出之前可能又被调用，因此有些信息需要保留，通常在入口时需保留某些信息，出口时需恢复。由于递归过程是遵循先进后出规律，所以通常开辟先进后出栈来处理。

4.3.2 从 EBNF 构造递归下降分析器

递归下降分析要求文法是 LL(1)文法，含左递归和左公共因子的文法必须经过等价变换消除左递归、提取左公共因子后，才能设计递归下降分析器。但是等价变换后引入了许多新的文法符号和产生式，使得递归子程序数量增多，分析过程比较复杂。为解决这一问题，可以使用 EBNF。

第 3 章中介绍过巴科斯范式 BNF 以及扩充的巴科斯范式 EBNF。EBNF 描述语言，直观易懂，便于表示左递归的消除和因子的提取，构造递归下降分析分析器时可采用这种定义系统描述的文法。

例 4.13 例 4.12 中的表达式文法用扩充的巴科斯范式表示为：

$$E→ T\{+T\} \qquad T→ F\{＊F\} \qquad F→ (E) | i$$

与每个非终结符相对应的递归子程序的伪代码如下：

使用该识别程序识别输入串：i ＊ i ＋ i。首先读入符号 i，然后调用子程序 E，在 E 中调用 T，在 T 中调用 F，匹配 i，读入下一符号 ＊，返回 T。在 T 中匹配 ＊，读入下一符号 i；调用 F，匹配 i，读入下一符号 ＋，返回 T，返回 E。在 E 中匹配 ＋，读入下一符号 i，调用 T。在 T 中调用 F，匹配 i，读入下一符号，为输入串结束符 ＄，返回 T，返回 E，返回主程序。检查到达输入串末尾，从而识别成功。

显然，使用 EBNF 编写的递归子程序数量较少，分析过程也比较简单。

```
void E( )
{ T( );
  While(lookahead = = ′+′)
  { match(′+′);
    T( );
  }
}
```

```
void T( )
{ F( );
  While(lookahead = = ′*′)
  { match(′*′);
    F( );
  }
}
```

```
void F( )
{ if(lookahead = = ′i′)
    match(′i′);
  else if (lookahead = = ′(′)
  { match(′(′);
    E( );
    if(lookahead = = ′)′)
      match(′)′);
    else
      error( );
  }
  else
    error( );
}
```

4.3.3　递归下降分析的特点

（1）递归下降分析的优点

递归下降分析的实现思想简单明了,程序结构和语法规则有直接的对应关系。由于每个过程表示一个非终结符号的处理,添加语义加工工作比较方便。另外,递归下降分析需要书写程序的语言支持递归调用,如果递归调用机制是高效的,那么分析程序也是高效的。

（2）递归下降分析的缺点

递归下降分析对文法要求比较高,必须满足 LL(1)文法。当然在某些语言中个别产生式的推导当不满足 LL(1)而满足 LL(2)时,也可以采用多向前扫描一个符号的办法。另外,由于递归调用多,所以速度慢,占用空间多。尽管如此,递归下降分析方法仍是许多程序语言(如 Pascal、C 和 Java)常常采用的语法分析方法。

4.4　预测分析技术

如果我们显式地维持一个状态栈,而不是隐式地通过递归调用,那么可以构造非递归的预测分析器。这种预测分析方法是一种比递归下降分析更为有效的自顶向下的语法分析方法。

4.4.1　预测分析程序的工作过程

一个预测分析器由预测分析程序(总控程序)、先进后出栈(STACK)、预测分析表三个部分组成,其中只有预测分析表与文法有关,它是一个二维矩阵,存放非终结符 X 面临输入符号 a 时应选择的产生式,一般用 M[X,a]表示,是预测分析程序分析时的主要依据。预测分析器的结构如图 4.3 所示。

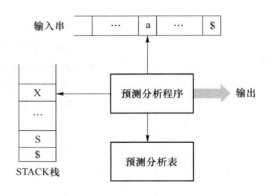

图 4.3 预测分析器模型

分析开始时,STACK 栈底先置边界符号 $,然后置入文法开始符号。预测分析程序的总控程序在任何时候都是按 STACK 栈顶符号 X 和当前输入符号 a 来进行的。具体过程如下。

(1) 准备工作:将 $ 置入 STACK 栈;将开始符号 S 置入 STACK 栈;将第一个输入符号读入 a;将栈顶符号读入 X。

(2) 总控程序执行下面四种动作之一:

① 推导 若 $X \in V_N$,并且 M[X,a]中存有产生式 $X \rightarrow X_1 X_2 \cdots X_k$,则 X 出栈,$X_1$,$X_2$,$\cdots$,$X_k$ 反序置入 STACK 栈($X \rightarrow \varepsilon$ 时直接将 X 出栈即可)。

② 匹配 若 $X = a \neq \$$,则 X 出栈,把下一输入符号读入 a。

③ 接受 若 $X = a = \$$,则分析成功,停止分析过程。

④ 出错 若 $X \in V_T$,但 $X \neq a$,或者若 $X \in V_N$,但 M[X,a]中存放出错标记 error,则报告出错,调用出错处理程序。

预测分析程序的算法描述如下。

```
算法 4.5  非递归的预测分析
输入      输入串 w 和文法 G[S]的分析表 M
输出      如果 w∈L(G),输出 w 的最左推导,否则报告错误。
把 S 放在栈顶,w$ 在输入缓冲区,ip 指向 w$ 的第一个符号;      //准备工作
flag = true;                    // flag 作为控制标记
while (flag){
    令 X 等于栈顶符号,a 是 ip 指向的符号;
    if (X∈V_N) {
        if (M[X, a] = = X→Y₁Y₂⋯Y_k){
            从栈中弹出 X;
            把 Y_k,Y_{k-1},⋯,Y₁ 依次压入栈,Y₁ 在栈顶;
        }else error ();                    // 报告错误
    }else if (X = = a) {
        if (X = = $ ) flag = false;        // 结束循环
        else {把 X 从栈顶弹出,ip 指向下一符号}
    }else error ();
} // end while;
```

4.4.2　预测分析表的构造

预测分析表是一个矩阵 M[P，a]，其中行标 P 是非终结符，列标 a 是终结符或串结束符；矩阵元素 M[P，a]存放 P 的一个产生式，指出当前栈顶符号为 P 且面临读入符号为 a 时应选的候选式；或者存放"出错标志"，指出 P 不该面临读入符号 a。需要注意的是，$ 不是文法的终结符，但是当它为输入串的右边界时可以把它当作输入串的结束符，利用它可以简化分析算法的描述。

给定文法，构造其预测分析表分为三步：

（1）计算该文法的 FIRST 集、FOLLOW 集或 SELECT 集；

（2）如果该文法是 LL(1)的，则转步骤（3），否则报错；

（3）执行预测分析表的构造算法。

下面给出预测分析表的两种构造算法。

方法 1：对每个产生式 P→α 讨论 SELECT(P→α)，将 P→α 放入预测分析表 M 中非终结符 P 所在的行，SELECT(P→α)中每个终结符 a 所在的列。所有产生式都讨论过之后，表中没有产生式的地方放入出错标记。构造算法如下：

```
算法 4.6　构造预测分析表 M
输入　　文法 G[S]所有产生式的 SELECT 集
输出　　　预测分析表 M
for（每一个产生式 P→α）{
    for（每个终结符 a∈SELECT(P→α)）{
        把 P→α 放入 M[P，a]
        } // end for；
} // end for；
把所有无定义的 M[P，a]标上出错标记 error。
```

方法 2：对每个产生式 P→α 先讨论 FIRST(α)，将 P→α 放入预测分析表 M 中非终结符 P 所在的行，FIRST(α)中每个终结符 a(不含 ε)所在的列。然后看 FIRST(α)中是否有空符 ε，若有，则讨论 FOLLOW(P)，将 P→ε 放入预测分析表 M 中非终结符 P 所在的行，FOLLOW(P)中每个终结符 b 所在的列。所有产生式都讨论过之后，表中没有产生式的地方放入出错标记。构造算法如下：

```
算法 4.7　构造预测分析表 M
输入　　　文法 G[S]所有非终结符的 FIRST 集和 FOLLOW 集
输出　　　预测分析表 M
for（每一个产生式 P→α）{
    for（每个终结符 a∈FIRST(α)）{
        把 P→α 放入 M[P，a]
    } // end for；
    if（ε∈FIRST(α)）{
        for（每个 b∈FOLLOW(P)）{
            把 P→α 放入 M[P，a]
        } // end for；
    } // end for；
} // end for；
把所有无定义的 M[P，a]标上出错标记 error。
```

构造出的分析表 M 中若没有多重入口定义,即对任何非终结符 P 和终结符 a(含句子结束标记$),M[P,a]最多只有一个定义,当且仅当该文法是 LL(1)的。

例 4.14 对文法 G4.10 [E]:

$$E \to TE' \qquad E' \to +TE' \mid e$$
$$T \to FT' \qquad T' \to *FT' \mid e$$
$$F \to (E) \mid i$$

求所有非终结符的 FIRST 和 FOLLOW,以及所有产生式的 SELECT,并判断是否是 LL(1)文法;若是,则构造其预测分析表。

(1)非终结符 FIRST 的计算过程如下:

表 4.3 例 4.14 中非终结符 FIRST 的计算过程

文法规则	第 1 遍	第 2 遍	第 3 遍
$E \to TE'$			$FIRST(E) = \{ (, i \}$
$E' \to +TE'$	$FIRST(E') = \{+\}$		
$E' \to \varepsilon$	$FIRST(E') = \{+, \varepsilon\}$		
$T \to FT'$		$FIRST(T) = \{ (, i \}$	
$T' \to *FT'$	$FIRST(T') = \{*\}$		
$T' \to \varepsilon$	$FIRST(T') = \{*, \varepsilon\}$		
$F \to (E)$	$FIRST(F) = \{(\}$		
$F \to i$	$FIRST(F) = \{ (, i \}$		

结果是:FIRST (E) = FIRST (T) = FIRST (F) = { (, i },FIRST (E') ={ +, e},FIRST (T') = { *, ε}。

(2)非终结符 FOLLOW 的计算过程如下:

表 4.4 例 4.14 中非终结符 FOLLOW 的计算过程

文法规则	第 1 遍	第 2 遍
$E \to TE'$	FOLLOW (E) = { $ }, FOLLOW (T) = FOLLOW (T) ∪ (FIRST(E') − {e}) ∪ FOLLOW(E) = {+, $}, FOLLOW (E') = FOLLOW (E') ∪ FOLLOW(E) = { $ }	FOLLOW (E) = {), $}, FOLLOW (T) = {+,), $}, FOLLOW (E') = {), $}
$E' \to +TE'$		
$E' \to \varepsilon$		
$T \to FT'$	FOLLOW (F) = FOLLOW (F) ∪ (FIRST(T') − {e}) ∪ FOLLOW(T) = {*, +, $}, FOLLOW (T') = FOLLOW (T') ∪ FOLLOW(T) = {+, $}	FOLLOW (F) = { *, +,), $ } FOLLOW (T') = {+,), $}
$T' \to *FT'$		
$T' \to \varepsilon$		
$F \to (E)$	FOLLOW (E) = FOLLOW (E) ∪ {)} = {), $}	FOLLOW (E) = {), $}
$F \to i$		

结果是:FOLLOW (E) = FOLLOW (E′) = {) , \$ },FOLLOW (T) = FOLLOW (T′) = { + ,) , \$ },FOLLOW (F) = { * , + ,) , \$ }

(3) 所有产生式的 SELECT 集为:

$$\text{SELECT}(\ E \rightarrow TE'\ ) = \{ (, i \}$$
$$\text{SELECT}(\ E' \rightarrow +TE'\ ) = \{ + \}$$
$$\text{SELECT}(\ E' \rightarrow \varepsilon\ ) = \{) , \$ \}$$
$$\text{SELECT}(\ T \rightarrow FT'\ ) = \{ (, i \}$$
$$\text{SELECT}(\ T' \rightarrow *FT'\ ) = \{ * \}$$
$$\text{SELECT}(\ T' \rightarrow \varepsilon\ ) = \{ + ,) , \$ \}$$
$$\text{SELECT}(\ F \rightarrow (E)\ ) = \{ (\}$$
$$\text{SELECT}(\ F \rightarrow i\ ) = \{ i \}$$

由上面讨论可知有相同左部产生式的 SELECT 集合的交集为空,所以文法是 LL(1) 文法。

或者根据定义 4.4 进行判断:首先该文法无左递归,其次,FIRST(+TE′)∩FIRST(ε) = {+}∩{ε} = ∅,FIRST(*FT′)∩FIRST(ε) = { * }∩{ε} = ∅,FIRST((E))∩FIRST(i) = {(}∩{i} = ∅,FIRST(E′)∩FOLLOW(E′) = { + ,ε }∩{) , \$ } = ∅,FIRST(T′)∩FOLLOW(T′) = { * ,ε }∩{ + ,) , \$ } = ∅,满足定义 4.4 的三个条件,因此是 LL(1) 文法。

按照算法 4.6 和算法 4.7 均可构造出文法 G4.10[E]的预测分析表,如表 4.5 所示,其空白处均为出错标记 error。

表 4.5　例 4.14 的预测分析表 M

	i	+	*	(	)	\$
E	E→TE′			E→TE′		
E′		E′→ +TE′			E′→ε	E′→ε
T	T→ FT′			T→ FT′		
T′		T′→ε	T′→ *FT′		T′→ε	T′→ε
F	F→i			F→ (E)		

利用该预测分析表分析输入串 i+i*i,其过程如表 4.6 所示。

表 4.6　对输入串 i+i*i 的预测分析过程

分析步骤	STACK 栈	剩余输入符号串	动作/使用的产生式
(1)	\$ E	i+i*i \$	推导/ E →TE′
(2)	\$ E′ T	i+i*i \$	推导/ T→ FT′
(3)	\$ E′ T′ F	i+i*i \$	推导/ F → i
(4)	\$ E′ T′ i	i+i*i \$	匹配
(5)	\$ E′T′	+i*i \$	推导/ T′→ε
(6)	\$ E′	+i*i \$	推导/E′→ +TE′

分析步骤	STACK 栈	剩余输入符号串	动作/使用的产生式
(7)	$ E' T +	+i*i $	匹配
(8)	$ E' T	i*i $	推导/ T→ FT′
(9)	$ E' T′ F	i*i $	推导/ F → i
(10)	$ E' T′ i	i*i $	匹配
(11)	$ E' T′	*i $	推导/ T′→ *FT′
(12)	$ E' T′ F *	*i $	匹配
(13)	$ E' T′ F	i $	推导/ F → i
(14)	$ E' T′ i	i $	匹配
(15)	$ E' T′	$	推导/ T′→ε
(16)	$ E'	$	推导/ E′→ε
(17)	$	$	分析成功

4.5　LL(1)分析中的错误处理

非递归预测分析器中,当栈顶的 X 是终结符,但它与当前输入符号 a 不匹配,或者栈顶 X 是非终结符,但 M[X, a]中没有产生式,这时预测分析器的总控程序就报告发现错误。

如果栈顶终结符不能被匹配,最简单的办法就是跳过该输入符号,让 a 指向下一符号,并给出提示的信息,说明输入中插入了该终结符,然后继续进行分析。否则,可以为非终结符定义同步符号集,当分析程序遇到错误时,让其跳过一些符号,直到遇到同步符号,然后继续分析。同步符号一般是界限符,如分号或 end。

这种方法可以称为紧急方式的错误恢复,是最简单的方法,适用于大多数分析方法。这种方法不会陷入死循环,其缺点是常常跳过一段输入符号而不检查其中是否有其他错误。但是在一个语句很少出现多个错误的情况下,它还是行之有效的。紧急方式错误恢复的效果依赖于同步记号集合的选择。这种集合的选择应该使得分析器能迅速地从实际可能发生的错误中恢复过来。

一般地,可以将 FOLLOW(P)中所有符号定义为非终结符 P 的同步符号。当出现错误时,可以跳过一些符号直到出现 FOLLOW(P)中的符号,则 P 出栈,继续分析。但是只用 FOLLOW(P)作为 P 的同步符号集是不够的。例如在 C 语言中,用分号作为语句的结束符,语句开始的关键字可能不出现在表达式非终结符的 FOLLOW(P)集中,这样当分号被遗漏时,下一语句的关键字就可能被跳过。

语言的结构往往是分层次的,如表达式出现在语句中,语句出现在程序块中等。可以把高层结构的开始符号加到低层结构的同步符号集中,例如可以把表示语句开始的关键字加入到表达式非终结符的同步符号集。

如果把 FIRST(P)中的终结符加入非终结符 P 的同步符号集,那么只要 FIRST(P)中的符号在输入中出现,就可以恢复关于 P 的分析。

如果出错时栈顶的非终结符能推出空串,则将产生空串的产生式作为默认选择,可以减少错误恢复时要考虑的非终结符数,这样会延迟发现某些错误,而不会漏掉错误。

例 4.15　将例 4.14 中构造的预测分析表加入同步符号后的预测分析表如表 4.7 所示(其中 synch 表示由 FOLLOW 集得到的同步符号):

表 4.7　加入同步符号的预测分析表

	i	+	*	(	)	$
E	E→TE′			E→TE′	synch	synch
E′		E′→ +TE′			E′→ε	E′→ε
T	T→ FT′	synch		T→ FT′	synch	synch
T′		T′→ε	T′→ *FT′		T′→ε	T′→ε
F	F→ i	synch	synch	F→ (E)	synch	synch

表 4.7 的使用如下:若分析器查找 M[P, a]发现它是空的,则跳过输入符号 a;若 M[P, a]是 synch,则调用同步过程并把栈顶的非终结符弹出,恢复分析;若栈顶不匹配输入符号,则从栈顶弹出该符号。

用这张预测分析表分析输入串 *i*＋i 的过程如表 4.8 所示。

表 4.8　对输入串 *i*＋i 的预测分析及错误恢复

分析步骤	STACK 栈	剩余输入符号串	动作/使用的产生式
(1)	$ E	*i*＋i $	出错,跳过
(2)	$ E	i*＋i $	推导/ E →TE′
(3)	$ E′T	i*＋i $	推导/ T→ FT′
(4)	$ E′T′F	i*＋i $	推导/ F → i
(5)	$ E′T′i	i*＋i $	匹配
(6)	$ E′T′	*＋i $	推导/ T′→ *FT′
(7)	$ E′T′F *	*＋i $	匹配
(8)	$ E′T′F	＋i $	出错,F 出栈
(9)	$ E′T′	＋i $	推导/ T′→ε
(10)	$ E′	＋i $	推导/ E′→ +TE′
(11)	$ E′T+	＋i $	匹配
(12)	$ E′T	i $	推导/ T→ FT′
(13)	$ E′T′F	i $	推导/ F → i
(14)	$ E′T′i	i $	匹配
(15)	$ E′T′	$	推导/ T′→ε
(16)	$ E′	$	推导/ E′→ε
(17)	$	$	停止分析

上面讨论的错误恢复没有涉及错误信息这个重要问题。一般来说,错误信息必须由编译器的设计者提供。

练 习 4

4.1 证明:含有左递归的文法不是 LL(1)文法。

4.2 对于文法 G4.11[S]

    S → uBDz

    B → Bv | w

    D → EF

    E → y | e

    F → x | e

(1) 计算文法 G4.11 各非终结符的 FIRST 集和 FOLLOW 集,以及各产生式的 SELECT 集。

(2) 判断该文法是否是 LL(1)文法。

(3) 若不是 LL(1)文法,则修改此文法,使其成为能产生相同语言的 LL(1) 文法。

4.3 已知布尔表达式文法 G4.12[bexpr]

    bexpr→ bexpr or bterm | bterm

    bterm→ bterm and bfactor | bfactor

    bfactor→ not bfactor | (bexpr) | true | false

改写文法 G4.12 为扩充的巴克斯范式,并为每个非终结符构造递归下降分析子程序。

4.4 已知用 EBNF 表示的文法 G4.13[A]

    A→ [B

    B→ X] {A}

    X→ (a | b) {a | b}

试用类 C 或类 Pascal 语言写出其递归下降子程序。

4.5 已知文法 G4.14[S]

    S→ (L) | a

    L→ L, S | S

(1) 消除文法 G4.14 的左递归,并为每个非终结符构造不带回溯的递归子程序。

(2) 经改写后的文法是否是 LL(1)文法?给出它的预测分析表。

(3) 给出输入串(a, a)$ 的分析过程,并说明该符号串是否为文法 G4.14 的句子。

4.6 对于文法 G4.15[R](其中′|′表示一个终结符,不是文法候选式的元符号)

    R → R′|′T | T

    T → TF | F

    F → F * | C

    C → (R) | a | b

(1) 消除文法的左递归。

（2）计算修改后文法的各非终结符的 FIRST 集和 FOLLOW 集。

（3）构造 LL(1)分析表。

4.7　已知文法 G4.16[A]

　　　A→ aABe | a

　　　B→ Bb | d

（1）判断该文法是否为 LL(1) 文法。

（2）如何将其改造成 LL(1) 文法？给出结果。

（2）分别用递归下降分析方法和预测分析方法，写出输入串 aade $ 的分析过程。

4.8　考虑简化的 C 语言声明的文法 G4.17[D]

　　　Decl→ Type ID-List

　　　Type→ int | float

　　　ID-List → id，ID-List | id

（1）在该文法中提取左公共因子，为所得文法 G'4.17 构造 FIRST 和 FOLLOW。

（2）说明文法 G'4.17 是 LL(1)文法。

（3）为文法 G'4.17 构造 LL(1)分析表。

（4）给出输入串 float x，y，z 的 LL(1)分析过程。

4.9　考虑简化的函数调用与赋值语句的文法 G4.18[D]

　　　Statement → Assignment | Invocation | other

　　　Assignment → id ：= Expression

　　　Invocation → id（Expression－List）

（1）该文法是否是 LL(1)文法，为什么？

（2）如何简单地变换，得到等价的文法？

（3）为等价改造后的文法计算 FIRST 和 FOLLOW。

（4）利用（3）的结果构造 LL(1)分析表。

（提示：把后面两个产生式的右部带入第一个产生式，然后提取左公共因子。）

第5章　自底向上的语法分析

本章介绍自底向上的语法分析及其相关的构造技术。所谓自底向上分析就是对输入串自左向右进行扫描,逐步地进行"归约",直至归约到文法的开始符号。一般而言,自底向上的分析算法要比自顶向下的分析算法更强,算法的构造因而也就更复杂。

自底向上分析的关键问题是,如何确定可以归约的字符串以及每个可归约的字符串用哪个文法产生式左端的非终结符来归约。根据对这些问题不同的解决,本章将描述两类自底向上的分析算法:算符优先分析方法和 LR 分析方法。其中 LR 分析方法在目前编译程序中应用得最为广泛,它包括一组分析能力不同的四个算法,按照分析能力从弱到强分别是:LR(0)、SLR(1)、LALR(1)和规范 LR(1)。本章同时还要介绍编译器构造的常用工具 YACC,一个 LALR(1)文法的自动生成器。

类似于 LL(k)分析器的术语,最普遍的自底向上的算法称作 LR(k)分析,其中 L 表示自左向右扫描输入串,R 表示产生最右推导,k 表示使用预测 k 个符号。

为了理解自底向上的分析方法,读者需要掌握前面章节的知识,包括有限状态自动机,上下文无关文法的概念、推导、分析树和文法的二义性,本章还用到 FOLLOW 集和构造方法。

5.1　自底向上语法分析概述

5.1.1　自底向上语法分析器的体系结构

类似于 LL(1)的预测分析方法,本书介绍的自底向上的语法分析器明显地使用一个分析栈结构来辅助语法分析。分析栈允许输入符号和文法的非终结符。自底向上语法分析器具有类似的体系结构(如图 5.1 所示),主要包括四个组成部分:记录语法分析信息和过程的分析栈、被分析的输入符号串、语法分析控制程序以及表达文法结构和存储控制信息的语法分析表。

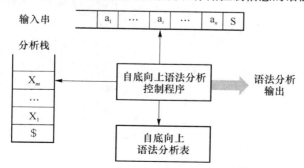

图 5.1　自底向上语法分析器的体系结构

分析栈在初始化时为空,在语法分析的过程中不断变化地存放输入符号和非终结符,在成功地结束语法分析时只包含文法的开始符号。控制程序自左向右地逐个扫描输入字符,对每一个分析栈元素和输入符号的二元组<X,a>,根据分析表中的不同,执行下列四个动作之一:

(1) 移进,把输入串的当前符号 a 读入栈顶,并把指针指向下一个输入符号;

(2) 归约,把自栈顶 X 向下的若干个符号用某个产生式左端的非终结符替换;

(3) 接受,宣布语法分析成功,此时栈指针指向栈内的唯一符号——文法开始符,输入串指针指向结束符号 $;

(4) 出错,发现源程序有错,调用出错处理程序。

由于自底向上语法分析的基本动作是移进输入字符或归约符号串,有时也称之为移进—归约分析。

5.1.2　规范归约和算符优先归约

下面通过一个例子来说明自底向上分析的过程和需要解决的问题。

例 5.1　对于文法 G5.1[E]:

$$E \rightarrow E+T \mid T$$
$$T \rightarrow T*F \mid F$$
$$F \rightarrow (E) \mid i$$

按照自底向上的分析方法分析输入符号串 i+i,就是把输入串 i+i 归约到文法的开始符号 E。

自底向上的一种分析过程如表 5.1 所示。

表 5.1　对输入串 i+i 的规范归约过程

分析步骤	分析栈	剩余输入符号串	动作/归约使用的产生式
(1)	$	i+i$	移进
(2)	$i	+i$	归约/F→i
(3)	$F	+i$	归约/T→F
(4)	$T	+i$	归约/E→T
(5)	$E	+i$	移进
(6)	$E+	i$	移进
(7)	$E+i	$	归约/F→i
(8)	$E+F	$	归约/T→F
(9)	$E+T	$	归约/E→E+T
(10)	$E	$	接受

分析栈要横向来看,栈顶在右端,栈底在左端。分析开始前把结束符号"$"放在栈底(此时也是栈顶)。分析开始时把输入符号 i 移入栈顶,接着进行一系列的归约,把 i 归约成 F。在第(2)、(3)和(4)行,i、F 和 T 对于特定的栈顶和输入符号对都是可归约字符串,分别用产生式 F→i、T→F 和 E→T 进行归约,即用产生式左端非终结符取代和产生式右端匹配的栈顶的符号串。在第(10)行,分析程序控制器面临的二元对是<E,$>,因此宣布分析

成功,表示输入符号串 i+i 的语法结构是正确的。

从表 5.1 可以看出,规范归约过程是最右推导过程的相反顺序,表中的六个归约正好对应了最右推导(规范推导)的六个步骤:

$$E \Rightarrow E + T \Rightarrow E + F \Rightarrow E + i \Rightarrow T + i \Rightarrow F + i \Rightarrow i + i$$

特别地,语法分析过程可以用一棵分析树表示出来。在自底向上的分析过程中,每一步归约都可以用一棵子树表示,随着归约的完成,这些子树被连成一棵完整的分析树,这个过程如图 5.2 所示。

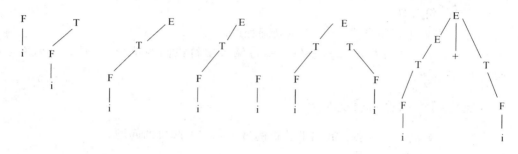

图 5.2 对输入串 i+i 构造分析树的过程

这个例子有以下两个基本问题值得探讨。

(1) 如何确定是执行移进还是归约操作?例如,当前输入符号同样是"+",第(5)行执行的是移入栈顶的操作,而第(2)、(3)和(4)行却要进行归约。

(2) 什么是可归约串?在什么条件下可以归约,哪个具体的产生式左部的非终结符可以替换(归约)该符号串?例如,第(8)行中的 E+F 不是可归约串,但 F 却是可归约串;在第(9)行中 E+T 是可归约串,而没有选择其中的 T 作为可归约串。

对于这些问题的不同回答,就导致另外一类不同的移进-归约算法。如果在归约时只需知道把当前的可归约串替换为某个非终结符,而不关心这个非终结符具体是什么,那么便可以加快语法分析的过程。例如,在上述例子中,可以把 i 归约为 F,而不必规范地归约到 T;同样,只要符号"+"的左右字符都是非终结符就可以把这三个符号唯一地归约成 E,而不必归约成第(9)行的 E+T。这种分析方法可以用算符优先分析算法实现,例 5.1 的算符优先分析过程如表 5.2 所示。和规范归约相比,算符优先分析方法节省了三个分析步骤。

表 5.2 对输入串 i+i 的算符优先归约过程

分析步骤	分析栈	剩余输入符号串	动作/归约使用的产生式
(1)	$	i+i$	移进
(2)	$i	+i$	归约/ F → i
(3)	$F	+i$	移进
(4)	$F+	i$	移进
(5)	$F+i	$	归约/ F → i
(6)	$F+F	$	归约/ E → E+T
(7)	$F	$	接受

本章将讨论两种自底向上的分析方法:算符优先分析方法和 LR 分析方法。它们对于上述两个问题分别提供了不同的解决办法,因而在自底向上的体系结构中使用了不同的分析表,在分析栈中存放了不同的信息,特别是在可使用的语言(文法)、分析的精确程度、分析的时空效率以及实现的难易方面有着显著的差异。为此,首先需要定义和引进一些基本概念,以便准确地解决什么是可归约符号串以及用什么来归约符号串。

5.1.3　短语、句柄和最左素短语

定义 5.1　令 S 是文法 G 的开始符号,$\alpha\beta\gamma$ 是文法的一个句型,若有 $S \overset{*}{\Rightarrow} \alpha P\gamma$ 并且 $P \Rightarrow \beta$,则称 β 是句型 $\alpha\beta\gamma$ 相对于非终结符 P 的短语,其中 α、β 和 γ 是文法的符号串,α 和 γ 可以为空,P 是非终结符。特别地,若有

$$P \rightarrow \beta$$

则称 β 是句型 $\alpha\beta\gamma$ 相对于非终结符 P 的直接短语。

定义 5.2　一个句型的最左直接短语称为该句型的句柄。

定义 5.3　素短语是一个包含至少一个终结符的短语,并且除自身之外不再有更小的素短语。

例 5.2　考虑文法 G5.2[E]:

　　　　$E \rightarrow E + T \mid T$

　　　　$T \rightarrow T * F \mid F$

　　　　$F \rightarrow F\uparrow P \mid P$

　　　　$P \rightarrow (E) \mid i$

句型 $i_1 * i_2 + i_3$ 的短语是:$i_1, i_2, i_3, i_1 * i_2$ 和 $i_1 * i_2 + i_3$,其中 i_1, i_2 和 i_3 是该句型的直接短语,i_1 在所有这些直接短语的最左边,即是句柄。尽管有 $E \overset{*}{\Rightarrow} i_2 + i_3$,但由于不存在从开始符号 E 到 $i_1 * E$ 的推导,所以 $i_2 + i_3$ 不是该句型的一个短语。

该文法的另一个句型 $E + T * F + i$ 的短语包括:$E + T * F + i$、$E + T * F$、$T * F$ 和 i,其中 $T * F$ 和 i 是直接短语,$T * F$ 是句柄;另外,$T * F$ 和 i 也是素短语,$T * F$ 是最左素短语。

图 5.3 给出了这些概念间的关系以及对应的分析方法。

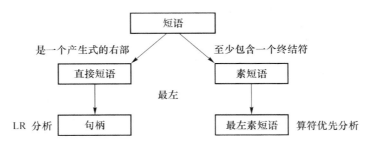

图 5.3　短语、句柄和最左素短语的关系

自底向上分析过程的每一步就是寻找句型的最左直接短语(句柄)或者最左素短语,并把它们作为可归约串进行归约的。例如,例 5.1 对输入串 i+i 的规范归约过程实际上就是逐步寻找句柄,用相应产生式的左部符号去替换,这个过程见表 5.3,每个句型中的斜体符

号串代表该句型的句柄。

显然,这个归约过程与5.1.2节中所讲述的移进—归约过程完全一致。观察表5.1可以发现,句柄总是在栈顶。实际上,规范归约过程不断检查栈顶的符号串是否形成了新的句柄,如果是,就把句柄用相应产生式的左部符号替换;如果栈顶没有形成句柄,就把输入符号压在栈顶,直到在栈顶形成句柄。规范归约过程就是不断地归约栈顶的句柄,或者把输入符号压入栈顶,直到把分析栈的符号替换成文法的开始符号。

同样,算符优先归约总是不断地把栈顶的最左素短语归约成相应产生式的左部符号,或者把输入符号压入栈顶,直到把分析栈的符号替换成文法的开始符号。表5.4是对例5.1输入串 i+i 依据最左素短语的归约过程,句型中的斜体符号串代表该句型的最左素短语。

表 5.3 对输入串 i＋i 按照句柄的归约过程

句型与句柄	归约规则
$i+i$	F→i
$F+i$	T→F
$T+i$	E→T
$E+i$	F→i
$E+F$	T→F
$E+T$	E→E+T
E	

表 5.4 对输入串 i＋i 按照最左素短语的归约过程

句型与最左素短语	归约规则
$i+i$	F→i
$F+i$	F→i
$F+F$	E→E+T
E	

无论是规范归约,还是算符优先归约,它们都是把归约过程中每个句型的最左短语进行归约。观察表5.3可以发现,在分析过程的六个句型中可以归约的句柄的右边的符号串中不含非终结符,只有终结符。类似的情况也出现在表5.4中。

下面分别详细地讨论规范归约和算符优先归约的各种构造方法。

5.2 算符优先分析方法

算符优先分析是一种分析过程比较迅速的自底向上的分析方法,特别适用于表达式的分析,易于手工实现。算符优先分析不是一种严格的最左归约,即不是一种规范归约方法。在算符优先分析方法中,可归约串就是最左素短语。

所谓算符优先就是借鉴了表达式运算不同优先顺序的概念,在终结符之间定义某种优先归约的关系,从而在句型中寻找可归约串。由于终结符关系的定义和普通算术表达式的算符(如加减乘除)运算的优先关系一致,所以得名算符优先分析方法。这种方法可以用于一大类上下文无关文法,GNU GCC 中的 Java 编译器 GCJ 就采用了算符优先分析方法。

在例5.3中,句型 E＋T＊F＋i 的最左素短语是 T＊F,而 E＋T 和 F＋i 都不是短语,这表明首先把 T＊F 归约,然后再归约符号"＋"和左右符号组成的符号串。这种优先分析过程正好表示了算术表达式中乘除运算比加减运算的优先级要高是相一致的。

5.2.1　算符优先文法

定义 5.4　若文法 G 中没有形如

$$U \rightarrow \cdots PR \cdots$$

的产生式,其中 P 和 R 都是非终结符,即任何产生式的右部都不含两个连续的非终结符,则称该文法为算符文法。

对于算符文法存在下列性质。

定理 5.1　在算符文法中不存在包含两个相邻非终结符的句型。

定理 5.2　若 aR(或者 Ra)出现在算符文法的句型 β 中,其中 a 是终结符,R 是非终结符,则 β 中任何包含 a 的短语必包含 R。

这个定理表明了算符文法的一个重要性质,即若某个终结符号 a 被包含在某个短语 α 中,则与 a 相邻的非终结符 R 也必定被包含在同一短语中,并且称 aR 中的 R 是短语 α 中的紧后,Ra 中的 R 是短语 α 的紧前。

定理 5.3　在算符文法的任何句型中,不存在紧前与紧后是非终结符的短语。

本书将不加证明地运用这些定理。根据这些性质可知,算符文法的句型的一般形式显然可写成:

$$[N_1]t_1[N_2]\,t_2\cdots[\,N_m]\;t_m[\,N_{m+1}]$$

其中 t_i 都是终结符,N_i 都是非终结符($i=1,2,\cdots,m+1$),可能出现也可能不出现。

定义 5.5　不含 ε 产生式的算符文法 G 中,对于任何两个终结符 a 和 b,最多存在下列三种优先关系之一:

(1) a≐b,当且仅当 G 中含有形如 P→⋯aRb⋯ 或 P→⋯ab⋯ 的产生式;

(2) a⋖b,当且仅当 G 中含有形如 P→⋯aR⋯ 的产生式,而 R⇒b⋯ 或 R⇒Qb⋯;

(3) a⋗b,当且仅当 G 中含有形如 P→⋯Rb⋯ 的产生式,而 R⇒⁺⋯a 或 R⇒⁺⋯aQ。

其中若 P、R 和 Q 都是非终结符,则称 G 为算符优先文法。

其中≐、⋖和⋗称为算符优先关系(简称优先关系),它们表示算符文法 G 中任意两个终结符之间的关系,与非终结符无关。优先关系 a≐b 表示 a 和 b 的归约优先关系相等,它们属于同一个可归约串,同时被一个产生式左部的非终结符替换掉。优先关系 a⋖b 表示 a 的归约优先级比 b 的要低,只有 b 所在的符号串归约完之后,才能归约包含 a 的符号串。而优先关系 a⋗b 则表示 a 的归约优先级比 b 的要高,在包含 a 的符号串归约完之后,才能归约包含 b 的符号串。

算符优先关系是有序的,不满足对称性和传递性,即对于文法 G 的终结符 a、b 和 c,如果 a⋖b,不一定有 b⋗a;如果存在 a≐b 和 b≐c,不能由此推出 b≐a 或 a≐c;同样,如果存在 a⋖b 和 b⋖c,也不能得出 a⋖c。

例 5.3　考虑文法 G5.2[E]:

(1) E→E＋T

(2) E→T

(3) T→T＊F

(4) T→F

(5) F→F↑P

（6）F→P

（7）P→(E)

（8）P→i

按照定义，根据规则（7）可得（≐）。根据规则 E→E+T 和 T$\xrightarrow{+}$T＊F，可得＋⋖＊，由 T$\xrightarrow{+}$T＊F⇒F↑P得到＋⋖↑，再由 T$\xrightarrow{+}$F↑P⇒P↑P⇒(E)↑P 得到＋⋖（，同样得到＋⋖i。类似地，从规则（3）到（8）可得出 ＊⋖↑，＊⋖（以及 ＊⋖i，从规则（5）到（8）可得出 ↑⋖（和 ↑⋖i。由 E→E+T 和 E$\xrightarrow{+}$E+T 得出 ＋⋗，再由一系列推导 E⇒E+T⇒T+T⇒F+T⇒P+T ⇒(E)+T，可得到 ＋⋗）。

为统一起见，把分析时用作结束标志的特殊符号"$"也当作终结符，并且定义 $≐$；对于开始符号为 S 的文法 G 中的任何终结符 a 和非终结符 P，若 S$\xrightarrow{+}$a…或 S$\xrightarrow{+}$Pa…，则定义 $⋖a；若 S$\xrightarrow{+}$…a 或若 S$\xrightarrow{+}$…aP，则定义 a⋗$。例如，由规则（1）可得 $⋖＋和 ＋⋗$，由推导 E⇒E+T⇒T+T⇒T＊F+T 得出 $⋖＊和 ＋⋗$。这样，按照定义可得到文法 G5.2 的所有算符优先关系，如表 5.5 所示。其中的空白格表示两个终结符不存在任何优先关系，例如表示运算数 i 之间没有优先关系。

表 5.5　文法 G5.2 的算符优先关系表

	＋	＊	↑	i	（	）	$
＋	⋗	⋖	⋖	⋖	⋖	⋗	⋗
＊	⋗	⋗	⋖	⋖	⋖	⋗	⋗
↑	⋗	⋗	⋖	⋖	⋖	⋗	⋗
i	⋗	⋗	⋗			⋗	⋗
（	⋖	⋖	⋖	⋖	⋖	≐	
）	⋗	⋗	⋗			⋗	⋗
$	⋖	⋖	⋖	⋖	⋖		≐

文法 G5.2 中没有连续的两个非终结符，是算符文法，而且其中每一对终结符之间最多只有一种优先关系，所以它是一个算符优先文法。

观察表 5.5 可以发现，算符优先关系与数学意义的算符运算的优先关系一致，例如 ↑⋗＊，↑⋗）。特别是⋗（表示若出现了…）（…的情形，则应该先把包括前面一对括号的符号串归约，再归约后面一对括号的符号串，这与数学表达式中括号的作用完全一致。

例 5.4　说明文法 G5.3[E]：E→E+E|E＊E|(E)|i 是不是算符优先文法。

由于文法的产生式中没有连续的两个非终结符 E 并列在一起或…EE…出现，所以 G5.3 是算符文法。

由 E→E+E 和 E$\xrightarrow{+}$E＊E 可得＋⋖＊，又由 E→E＊E 和 E$\xrightarrow{+}$E＋E 可得＋⋗＊。这样，对于终结符"＋"和"＊"存在两种优先关系，所以按照定义，G5.3 不是算符优先文法。

以上按照定义通过手工推导来构造算符文法优先关系的办法，由于缺乏系统性，容易遗漏，下面研究优先表的系统化构造算法。

5.2.2　算符优先关系的构造

算符优先关系$\doteq$容易构造。通过逐个检查文法产生式的每个候选式,看是否存在 ab 或 aRb(其中 a 和 b 是终结符,R 是非终结符)形式的子符号串,就可以找出所有满足 a$\doteq$b 的优先关系。为了构造优先关系$\lessdot$,必须设计一定的方法,对于每个非终结符 R 找出满足条件 R$\overset{+}{\Rightarrow}$b…或 R$\overset{+}{\Rightarrow}$Nb…的终结符 b 的集合,然后检查文法产生式的所有候选式,对每个具有 aR 形式的子符号串,终结符 a 和这个集合中的每个终结符都有关系$\lessdot$。优先关系$\gtrdot$的构造思路类似。

定义 5.6　对于算符文法 G,定义下面两个终结符的集合:

$$\text{FIRSTVT(P)} = \{a \mid P\overset{+}{\Rightarrow}a\cdots \text{ 或 } P\overset{+}{\Rightarrow}Ra\cdots, a \text{ 是终结符}, R \text{ 是非终结符}\}$$

$$\text{LASTVT(P)} = \{a \mid P\overset{+}{\Rightarrow}\cdots a \text{ 或 } P\overset{+}{\Rightarrow}\cdots aR, a \text{ 是终结符}, R \text{ 是非终结符}\}$$

直观地说,FIRSTVT 指出了每个产生式右部的第一个终结符,LASTVT 指出了每个产生式右部的最后一个终结符。

集合 FIRSTVT(P)的构造方法如下:

(1) 若有产生式 P → a … 或 P → Ra …,则把 a 加入到集合 FIRSTVT(P)中,即 a∈FIRSTVT(P);

(2) 若有产生式 P → R …,则把集合 FIRSTVT(R)并入到集合 FIRSTVT(P),即若 a∈FIRSTVT(R),则有 a ∈ FIRSTVT(P);

(3) 反复运用上述两条规则,直到 FIRSTVT(P)不再增大为止。

集合 LASTVT(P)的构造方法如下:

(1) 若有产生式 P → … a 或 P → … aR,则把 a 加入到集合 LASTVT(P),即 a∈LASTVT(P);

(2) 若有产生式 P → … R,则把集合 LASTVT(R)并入到集合 LASTVT(P),即若 a∈LASTVT(R),则有 a∈ LASTVT(P);

(3) 反复运用上述两条规则,直到 LASTVT(P)不再增大为止。

完成了集合 FIRSTVT 和 LASTVT 的计算以后,就可以系统地找到所有$\lessdot$和$\gtrdot$的优先关系:

(1) 对于每个形如 R → … aP … 的产生式,对每个 b∈FIRSTVT(P)都有 a$\lessdot$b。

(2) 对于每个形如 R → … Pa … 的产生式,对每个 b∈LASTVT(P)都有 b$\gtrdot$a。

算法 5.1　算符文法 G 的优先表的构造算法

输入　　　算符文法 G 以及每个非终结符 P 的 FIRSTVT(P)和 LASTVT(P)

输出　　　算符优先表

```
for (每个产生式 A → A₁ A₂…Aₙ){
    for (i = 1; i <= n−1){
        if (Aᵢ∈V_T && Aᵢ₊₁∈V_T) 置 Aᵢ≐Aᵢ₊₁;
        if ((i<n−2) && (Aᵢ∈V_T && Aᵢ₊₂∈V_T) && Aᵢ₊₁∈V_N) 置 Aᵢ≐Aᵢ₊₂;
```

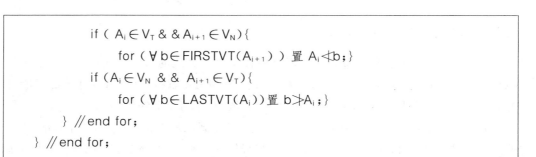

```
        if ( A_i ∈ V_T & & A_{i+1} ∈ V_N ){
            for ( ∀ b ∈ FIRSTVT(A_{i+1}) ) 置 A_i ⋖ b;}
        if ( A_i ∈ V_N & & A_{i+1} ∈ V_T){
            for ( ∀ b ∈ LASTVT(A_i))置 b ⋗ A_i ;}
    } // end for;
} // end for;
```

例 5.5　对文法 G5.2 按照算法 5.1 构造算符优先表。

首先,对每个非终结符 A 构造 FIRSTVT(A) 和 LASTVT(A)。

FIRSTVT(E):从产生式(1)得 FIRSTVT(E)={+},从(2)得 FIRSTVT(E)={+}∪FIRSTVT(T);

FIRSTVT(T):从产生式(3)得 FIRSTVT(T)={ * },从(4)得 FIRSTVT(T)={ * }∪FIRSTVT(F);

FIRSTVT(F):从产生式(5)得 FIRSTVT(F)={↑},从(6)得 FIRSTVT(F)={↑}∪FIRSTVT(P);

FIRSTVT(P):从产生式(7)和(8)得 FIRSTVT(P)={(,i}。

按照逆序把非终结符 P、F 和 T 的 FIRSTVT 的结果带回去,就得到 FIRSTVT(F)={(,i,↑},FIRSTVT(T) = {(,i,↑, * },FIRSTVT(E)={(,i,+, * ,↑}。

类似的可以计算出 LASTVT(P)={i,)},LASTVT(F)={i,),↑},LASTVT(T) = {i,),↑, * },LASTVT(E)={i,),↑, * ,+}。

然后按照算法 5.1 构造所有的优先关系。

对于产生式(1),可以得到 LASTVT(E)中每个终结符和“+”的优先关系 ⋗:即 i ⋗+,) ⋗+,↑ ⋗+, * ⋗+ 和 + ⋗+;同时可以得到“+”和 FIRSTVT(T)中每个终结符的优先关系 ⋖:即 + ⋖(,+ ⋖i,+ ⋖ * 和 + ⋖↑。最后,从产生式(7)可得(≐)。

再加上对特殊符号 $ 计算的优先关系,最终结果如表 5.5 所示。

5.2.3　算符优先分析算法

算符优先分析是自底向上的语法分析方法,它在当前的句型中不断地寻找最左素短语并进行归约,直至把输入串扫描完毕并把分析栈归约成文法的开始符号。那么,如何利用算符优先关系和分析栈来识别最左素短语并进行归约呢?

在 5.2.1 一节中,已经得出算符文法的一般句型为:

$$N_1 t_1 N_2\ t_2 \cdots N_m t_m\ N_{m+1}$$

其中 t_i 都是终结符,非终结符 N_i 可能出现也可能不出现($i=1,2,\cdots,m+1$)。

识别算符文法句型的最左素短语的条件由下面的定理给出。

定理 5.4　一个算符优先文法 G 的任何句型的最左素短语是满足下列条件的最左子符号串:

$N_i t_i N_{i+1} \cdots N_j t_j N_{j+1}:$

$t_{i-1} \lessdot t_i$

$t_i \cong t_{i+1} \cong \cdots \cong t_{j-1} \cong t_j$

$t_j \gtrdot t_{j+1}$

其中的 $N_k (k=1, 2, \cdots, m+1)$ 可有可无，t_i 是最左素短语的开始符号，t_j 是最左素短语的结束符号。

一个句型的最左素短语可以看作是包含在优先关系 $\lessdot$ 和 $\gtrdot$ 之间的符号串，其中任何两个终结符的优先级都相等。根据这个定理，可以构造算符优先分析算法。

算法 5.2　　　算符优先分析算法

输入　　　　待分析的输入符号串 γ，算符优先文法 G 及其算符优先表

输出　　　　γ 是句子或 γ 不是句子

声明　　　　(1) S 是以数组实现的符号栈，存放还不能归约的符号串；

　　　　　　(2) k 是整型下标变量，表示符号栈 S 的使用深度；

　　　　　　(3) r 存放当前输入符号。

在输入串 γ 的后面加上一个结束标志 \$；

k=1; S[k] = \$　　//S[j] 总存放一个终结符，而且对任何终结符 t 都有 \$ $\lessdot$ t 以及 t $\gtrdot$ \$

do {

　　r = getchar(γ);　　　　　　// 把输入符号串 γ 的下一个符号送入 r

　　if (S[k] ∈ V_N) j=k; else j=k−1;　　　　// 寻找一个终结符

　　while (S[j] $\gtrdot$ r) {　　　　　　// 栈顶符号和输入符号比较

　　// 　S[j] $\gtrdot$ r 表示 S[j] 是最左素短语的结尾符号

　　　　// 在分析栈中回溯地比较两个邻接的终结符来寻找最左素短语的开始符号

　　　　　　do {

　　　　　　　　t = S[j];

　　　　　　　　if (S[k] ∈ V_N) j−−; else j = j−2;　　// 寻找一个邻接的终结符

　　　　　　　} while(S[j] $\gtrdot$ t || S[j] $\cong$ t);　　//找到最左素短语开始符号的条件 S[j] $\lessdot$ t

　　　　把最左素短语 S[j+1] $\cdots$ S[k] 归约成 P：P 是文法 G 一个产生式 P→β 的左部，S[j+1] $\cdots$ S[k] 和产生式右部 β 中的符号一一对应：终结符对终结符而且相同，非终结符对非终结符。

　　　　k = j+1;　　//把最左素短语从栈顶删除，把归约的非终结符 P 放在栈顶

　　　　S[k] = P;

　　} // end while;

　　if(S[j] $\lessdot$ r || S[j] $\cong$ r)　　//此时，栈中的符号串和输入串 γ 的剩余部分构成一个句型

　　　　{ k=k+1; S[k]=r; }　　　　//最左素短语还没有形成，把当前输入符号压进栈

　　　else error;　　// 否则，不能构成最左素短语，调用错误处理程序

} while (r != \$);　　//扫描完输入串，而且分析栈 S 应该是 \$N，N 是一个非终结符

例 5.6 运用算法 5.2 检查(i+i)＊i 是不是文法 G5.2 的一个合法句子。

表 5.5 包含了文法 G5.2 的优先关系。表 5.6 表示了对输入串按照算符优先算法的分析过程,由此可知,(i+i)＊i 是文法 G5.2 的一个合法句子。

算符优先文法在归约过程中只根据终结符之间的关系来确定可归约串,与非终结符无关;只需要知道把当前最左素短语归约为某一个非终结符,而不必知道该非终结符的具体符号。因为没有对非终结符定义优先关系,所以也就无从发现由单个非终结符所组成的"可归约串"。也就是说,在算符优先分析的过程中,无法对形如 A→B 这样的单非产生式进行归约,从而省略了文法的所有单非产生式所对应的归约步骤。这既是算符优先分析算法的优点,同时也是缺点。因为,忽略非终结符在归约中的作用,可能导致把本来不成句子的输入串误认为是正确的句子。当然,这种缺陷是可以在技术上加以弥补的。

表 5.6　符号串(i+i)＊i 的算符优先分析过程

分析步骤	分析栈	关系	符号串	最左素短语	动作/归约使用的产生式
(1)	$	⋖	(i+i)＊i $		移进
(2)	$ (	⋖	i+i)＊i $		移进
(3)	$ i	⋗	+i)＊i $	i	归约/ P → i
(4)	$ (P	⋖	i)＊i $		移进
(5)	$ (P+	⋖	i)＊i $		移进
(6)	$ (P+i	⋗	)＊i $	i	归约/ P → i
(7)	$ (P+P	⋗	)＊i $	P+P	归约/ E → E+T
(8)	$ (E	≐	)＊i $		移进
(9)	$ (E)	⋗	＊i $	(E)	归约/ P → (E)
(10)	$ P	⋖	＊i $		移进
(11)	$ P ＊	⋖	i $		移进
(12)	$ P ＊i	⋗	$	i	归约/ P → i
(13)	$ P ＊P	⋗	$	P ＊P	归约/ T → T ＊F
(14)	$ T		$		接受

5.2.4　算符优先函数及其构造

对一个实际的程序语言,文法的终结符集合(即字母表中的符号)可能成百上千。算符优先关系如果用优先矩阵来表示,就会占用很大的存储空间。当字母表有 n 个符号时,就需要 $(n+1)^2$ 个存储单元。因此,实际应用算符优先文法及其分析方法时,需要寻求节省优先关系矩阵的存储方法。可以用优先函数代替优先矩阵来表示优先关系。对于有 n 个符号的字母表,只需 $2(n+1)$ 个存储单元存放优先函数,这样就大大地节省了存储空间。

定义 5.7 满足下列条件的两个函数 f 和 g 称为优先函数,其中 f 称为栈优先函数,g 称为比较优先函数:

若 a≐b,则令 $f(a) = g(b)$;

若 a⋗b,则令 $f(a) > g(b)$;

若 a⋖b,则令 $f(a) < g(b)$。

这样,优先函数就可以用数值表示。若已知文法 G 的优先关系,则可用下列方法构造其优先函数：

（1）对于每个终结符 a（包括 $）,令 f(a)＝g(a)＝1（也可以是其他整数）;

（2）若 a ⋗ b,而 f(a)≤g(b),则令 f(a)＝g(b)＋1;

（3）若 a ⋖ b,而 f(a)≥g(b),则令 g(b)＝f(a)＋1;

（4）若 a ≐ b,而 f(a)≠g(b),则令 g(a)＝f(a)＝max{f(a)，g(b)};

（5）重复上述步骤,直到过程收敛为止,此时得到的 f 和 g 就是所求的优先函数;若重复的过程中有一个函数值大于 2n,则该过程不会收敛,表明对应的优先函数不存在。

"过程收敛"的意思是得到 f 和 g 的所有值都符合优先函数的定义,即优先函数值与优先关系完全一致。

例 5.7　请说明文法 G5.2 是否存在优先函数。

根据文法 G5.2 的优先关系表 5.5,执行上述规则来构造优先函数的过程,如表 5.7 所示。

表 5.7　对文法 G5.2 构造优先函数的过程

迭代次数		＋	＊	↑	i	（	）	$
0	f	1	1	1	1	1	1	1
	g	1	1	1	1	1	1	1
1	f	2	2	2	2	1	2	1
	g	2	3	3	3	3	1	1
2	f	3	4	4	4	1	4	1
	g	2	4	5	5	5	1	1
3	f	3	5	6	6	1	6	1
	g	2	4	6	6	6	1	1
4	f	3	5	5	7	1	7	1
	g	2	4	6	6	6	1	1
5	f	同第 4 次迭代						
	g							

在第 5 次迭代计算时,f 和 g 的值不再改变,迭代计算过程收敛。为了说明优先函数的存在,还需要验证函数值符号优先函数的定义与优先关系的一致性:例如,＋⋗＋,要求有 f(＋)≥g(＋),查表可知不等式成立;再如 ↑⋖i,而 f(↑)＝5≤g(i)＝6。

找到了优先函数以后,就可以用它取代优先关系表,节省存储空间。同时,在优先分析中,不再需要比较符号之间的优先关系,只要比较符号的优先函数,这通常是整数值的比较,可加快分析速度。但是,使用算符优先函数也伴随着一些缺点,即信息有所丢失。十分明显,按算符优先文法的定义,两个符号间或者存在唯一的一种优先关系,或者不存在优先关系。当分析过程中出现不存在优先关系的两个符号相匹配时,表明输入串不是合法的句子,即程序有错。然而,优先函数的引进使得任何一对符号总可以进行比较,即使不存在优先关系也是如此,这样就使得错误不能及时察觉。

不难看出,若对优先函数每个元素的值都增加同一个常数,则优先关系不变。因而,同一个文法的优先关系矩阵对应的优先函数不唯一。然而,也有一些算符优先文法,优先关系矩阵中的关系唯一,却不存在优先函数。

例 5.8 假设优先关系矩阵为表 5.8,从中构造的优先函数如表 5.9,但是优先函数 f(a) 与优先关系矩阵的 a⋗b 却出现了矛盾。

表 5.8　优先关系矩阵

	a	b
a	≐	⋗
b	≐	≐

表 5.9　优先函数

	a	b
f	4	4
g	4	4

5.3　LR 分析方法

5.2 节讨论的算符优先分析可以适用的只限于算符优先文法,对于分析简单的语言和表达式十分简单而且有效,然而应用的范围显然有限。本节介绍的 LR 技术是更加实用有效的自底向上的分析方法,它适用于广泛的上下文无关文法,被大多数的计算机编程语言所采用。而且,针对这种技术开发的语法分析生成器 YACC 已经得到广泛的应用,大大地加快了编译程序的构造过程和质量。

5.3.1　LR 分析概述

LR 或 LR(k)的分析自左向右地扫描输入串,根据栈顶的符号串以及当前输入符号,至多向前查看 k 个输入符号,就能确定当前的动作是移进还是归约,而且面临归约动作时还能唯一地确定产生式去归约已经识别的句柄。LR 分析的归约是规范推导的逆过程,所以 LR 分析过程是一种规范归约过程。

LR(k)技术包含一组方法,常用的是 LR(0)、SLR(1)、LR(1)和 LALR(1)。LR(0)无须预测输入符号,实现最简单,局限性也最大,基本上无法使用,但它是 LR 分析的基础。第二种方法叫作简单的 LR,即 SLR(1),是一种比较容易实现而且具有使用价值的方法,但是不能分析一些常见程序语言的结构。第三种叫作规范的 LR 分析,能适用于很多种文法,分析能力最强,构造方法因而也最复杂。对 LR(1)的一种改进叫作向前 LR 分析(简称 LALR(1),其中 LR 是 look ahead 的缩写),它在分析能力和构造工作方面都介于 SLR(1)和 LR(1)之间,即 LALR(1)的使用范围比 SLR(1)广泛,实现的工作量也相应地较多。

1. LR 分析器的体系结构

和算符优先分析不同的是,为了便于分析,LR 把输入串的归约过程同时也当作状态的变换过程,从分析的起始状态不断地通过移进和归约动作,在改变符号栈内容的同时改变分析状态,直到扫描完输入串时,符号栈仅有文法起始符号所对应的分析结束状态。因此,LR 方法在分析栈中保存了分析过程中不同形式、相同含义的信息。此外,LR 分析表也不同于算符优先分析的优先关系表,LR 分析表直接存放分析的动作:移进、归约、接受和报错。上述一组 LR 分析器的模型完全一样,如图 5.4 所示,其差异主要在表示处理不同文法的分析表上。

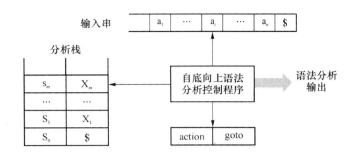

图 5.4 LR 分析器的体系结构

LR 的分析栈包括一个符号栈和一个状态栈,起始状态 s_0 对应结束标志符号 \$,在分析过程中,分析栈中的状态和符号栈中的符号是一一对应的。分析表由两个部分组成:一个是"动作"(action),一个是"状态转换"(goto)。$ACTION[s,a]=$"动作",定义当状态 s 面临输入符号 a 时应该采取的动作如移进、归约;$GOTO[s_i,X]=s_j$ 则表示当状态 s_i 面临分析栈顶符号 X(终结符或非终结符)时应该变换成状态 s_j。LR 分析表的例子见表 5.10,其中 ACTION 部分的记号的含义如下:

s_i 把下一个状态 s_i 和当前符号 a 分别移进状态栈和符号栈;

r_j 按照第 j 个产生式进行归约;

acc 接受输入串;

空白 出错标志,调用错误处理子程序。

GOTO 部分中的数字表示状态,空白表示出错。

表 5.10 文法 G5.4 的 LR 分析表

状态	ACTION						GOTO		
	a	b	c	d	e	\$	S	A	B
0	s₂						1		
1						acc			
2		s₄						3	
3		s₆	s₅						
4	r₂	r₂	r₂	r₂	r₂	r₂			
5				s₈					7
6	r₃	r₃	r₃	r₃	r₃	r₃			
7				s₉					
8	r₄	r₄	r₄	r₄	r₄	r₄			
9	r₁	r₁	r₁	r₁	r₁	r₁			

$ACTION[s_i,a]$ 在状态栈顶为 s_i、面临输入符号 a 时可以执行下列四个动作之一:

(1) 移进 把状态 s_j 移入状态栈顶,把符号 a 读入符号栈顶,并把指针指向下一个输入符号。

(2) 归约 当符号栈顶形成句柄 β 时,把它归约成产生式 $A \to \beta$ 的左部 A。设句柄 β 的长度为 k,归约动作就是首先把符号栈顶的 k 个符号删除,移进符号 A;然后把状态栈顶的 k

个状态删除，移进新的状态 $s_j = \mathrm{GOTO}[s_{i-k}, A]$。

（3）接受　宣布语法分析成功，符号栈只有唯一的符号——文法开始符，输入串指针指向结束符 $ ；

（4）出错　状态栈顶遇到了不该出现的符号，发现源程序有错，调用错误处理程序。

算法 5.3　LR 分析算法

输入　　　　待分析的输入符号串 γ，LR 分析表（起始符号是 S）

输出　　　　γ 是句子或 γ 不是句子

声明　（1）symbol-stack 是以数组实现的符号栈，存放还不能归约的符号串；

（2）state-stack 是以数组实现的状态栈，每个动作之后和 symbol-stack 的长度一样；

（3）k 是整型下标变量，表示符号栈和状态栈的使用深度；

（4）a 存放当前输入符号。

在输入串 γ 的后面加一个结束标志符 $ ；

k = 1；symbol-stack [k] = $ ；state-stack [k] = s_0；// 初始化

do {

    a = getchar(γ)；　　　　// 把输入符号串 γ 的下一个符号送入 a

    switch ACTION[state-stack [k], a]

        case s_i：{k = k + 1；

            symbol-stack [k] = a；

            state-stack [k] = i；

            }

        case r_j：{找到文法的第 j 个产生式 A→β；

            k = k − length(β) + 1；

            symbol-stack [k] = A；

            s = state-stack [k]；

            k = k + 1；

            state-stack [k] = GOTO[s, A]

            }

        case"acc"：　　　return

        default：　　　　　error()；

} while (! ((a = ' $ ') && (symbol-stack [k] = 'S')))；

例 5.9　文法 G5.4[S]：

（1）S → aAcBe

（2）A → b

（3）A → Ab

（4）B → d

的 LR 分析表见表 5.10,表 5.11 给出了对输入串 abbcde 按照算法 5.3 的分析过程。

表 5.11　对输入串 abbcde 的分析过程

步骤	状态栈	符号栈	输入串	ACTION	GOTO
1	0	$	abbcde $	s_2	
2	02	$ a	bbcde $	s_4	
3	024	$ ab	bcde $	r_2	3
4	023	$ aA	bcde $	s_6	
5	0236	$ aAb	cde $	r_3	3
6	023	$ aA	cde $	s_5	
7	0235	$ aAc	de $	s_8	
8	02358	$ aAcd	e $	r_4	7
9	02357	$ aAcB	e $	s_9	
10	023579	$ aAcBe	$	r_1	1
11	01	$ S	$	acc	

LR 的四种方法 LR(0)、SLR(1)、LR(1) 和 LALR(1) 的控制程序一样,都使用算法 5.3,它们的主要区别在于不同的分析表。下面分别讨论这些分析表的构造以及使用范围。

2. 前缀与活前缀

LR 方法的实际分析过程并不是去直接分析文法符号栈中的符号是否形成句柄。从寻找句柄的分析过程可以得到一个启示:可以把终结符和非终结符都看成一个有限状态机的输入符号,把每一个符号进栈看成已经识别过了该符号,在栈顶形成句柄时,则认为达到了识别句柄的终态。

LR 分析方法的基本原理是:把每个句柄(某个产生式的右部)的识别过程划分为若干状态,每个状态从左到右识别句柄中的一个符号,若干状态就可以识别句柄左端的一部分符号。识别了句柄的这一部分就相当于识别了当前规范句型的左部分,称为活前缀。因此,对句柄的识别就变成了对规范句型活前缀的识别。LR 分析程序实际上就是利用有限自动机来识别给定文法的所有规范句型的活前缀。

定义 5.8　一个符号串的前缀是指该串的任意部分。一个规范句型的前缀若不含句柄之后的任何符号就称为活前缀。

形式上说,若 $S \overset{*}{\Rightarrow} \alpha A \omega \Rightarrow \alpha \beta \omega$ 是文法 G 的一个规范推导,并且符号串 γ 是 αβ 的前缀,则称 γ 是 G 的一个活前缀,即 γ 是规范句型 αβω 的一个前缀,但它的右端不超过该句型句柄的末端。在 LR 分析中,实际上是把 αβ 的前缀放在符号栈中,一旦在栈中出现 αβ,即形成句柄,就用产生式 A→β 归约。

例如,例 5.9 的输入串 abbcde 的规范推导过程为

S ⇒aAcBe

　⇒aAcde

　⇒aAbcde

　⇒abbcde

每个句型都是规范句型。这个过程的逆过程就是归约过程,即从输入串 abbcde 归约到文法的开始符号 S。分析其中的一个规范句型 aAbcde,它的句柄是 Ab(最左直接短语),前缀有 aAbcde,aAbcd,aAbc,aAb,aA,a 以及空字符串 ε,活前缀是 aAb,在它后面添上终结符串 cde 就是规范句型。在表 5.10 中 LR 分析过程的第 5 步,符号栈的栈顶就是活前缀 aAb。归约句柄 Ab 后就得到另外一个规范句型 aAcde,它的活前缀是 aAcd。因此,在 LR 分析过程中,符号栈顶的符号串或者输入串的已扫描部分就是可归约的一个活前缀,这也同时意味着所扫描过的输入串部分没有语法错误。

对一个文法 G,可以构造一个识别所有活前缀的有限自动机,从自动机构造出 LR 分析表。

5.3.2　LR(0)分析表的构造

1. LR(0)项与识别活前缀的 DFA

定义 5.9　若 P→αβ 是文法 G 的一个规则,其中 α 或 β 可为空串,则称 P→α·β 是文法 G 的一个 **LR(0)项**,简称项。文法 G 的 LR(0)项的集合称为 **LR(0)项集**,简称项集。

空产生式 P→ε 只有一个 LR(0)项 P→·。

例如,对于产生式 E→E＋T,有四个 LR(0)项,即 E→·E＋T,E→E·＋T,E→E＋·T 以及 E→E＋T·。圆点在产生式最右端的项目称为归约项,如 E→E＋T·;圆点后面是终结符的项目称为移进项,如 E→E·＋T;圆点后面是非终结符的项目称为待约项,如 E→E＋·T。

LR(0)项表明了在识别过程中以某个非终结符为目标的时候,已进行归约到相应规则右部的多少部分。移进项目表示需要把当前符号,即圆点之后的终结符移进分析栈;归约项目表示需要把当前句柄,即圆点之前的符号串归约成产生式的左部符号,特别是对于起始符号的项,则表示句子分析成功;待约项目表示需要把当前符号,即圆点之后的非终结符首先归约之后,才能和圆点之前的符号串构成可以归约的句柄。

定义 5.10　若 P→α·Xβ 是文法 G 的一个 LR(0)项,其中 X 是 G 的任意符号,则称 P→αX·β 是其后继项,X 是其后继符号。

从直观上看,后继项是把项中圆点右移一个符号位置所得的项。从句型识别的角度看这是显然的:当扫描过的输入符号已与产生式右部的 α 匹配时,后继的输入符号应该期望与产生式右部后继的符号 X 项匹配。

为了构造识别文法 G 的所有活前缀的有限自动机,需要两个集合函数:项集 I 的闭包 CLOSURE(I)和状态转换函数 GO(I, X)。

项集 I 的闭包 CLOSURE(I)是一个项集,它的计算如下:

(1) I 中任何项也属于 CLOSURE(I);

(2) 若 A→α·Bβ 属于 CLOSURE(I),并且 B→γ 是 G 的一个产生式,则把项 B→·γ 加到 CLOSURE(I)中。

(3) 反复使用上述两条规则,直到 CLOSURE(I)不再变化为止。

直观上,CLOSURE(I)中的项 A→α·Bβ 是指:在分析过程的某一时刻,希望看到可从 Bβ 归约的符号;如果 B→γ 也是产生式,那么在同一时刻,当然也希望看到可以从 γ 归约的符号。因此,也把 B→·γ 加到 CLOSURE(I)中。

例如,计算文法 G5.4 中 I={S→a·AcBe }的闭包,即 CLOSURE({S→a·AcBe })。根据规则(1),CLOSURE({S→a·AcBe })={S→a·AcBe};然后根据规则(2),检查所有以 A 为左部的产生式,有 A→b 和 A→Ab,则把项目 A→·b 和 A→·Ab 加入到 CLOSURE({ S→a·AcBe })中,得到 CLOSURE({S→a·AcBe })={S→a·AcBe,A→·b,A→·Ab}。

状态转换函数 GO(I, X)的第一个参数 I 是一个 LR(0)项集,第二个参数 X 是后继符号,即紧接在圆点后面的任意一个文法符号。它的计算公式为:

GO(I, X)＝CLOSURE({所有形如 A→αX·β 的项 | 项 A→α·Xβ∈I})

直观上,若 I 是某个活前缀 γ 有效的项集,那么 GO(I, X)就是活前缀 γX 有效的项集。

例如,对于 5.9,如果 I={S→·aAcBe },则 GO(I, a) = {S→a·AcBe, A→·b, A→·Ab}。

定义 5.11　构成识别一个文法 G 活前缀的有限状态机项集的全体称为 G 的 **LR**(**0**)项集规范族。

定义 5.12　文法 G[S]的 LR(0)项 S→α·称为 G 的初始 **LR**(**0**)项,简称初始项。

如果文法有若干个以开始符号 S 在左部的产生式,那么初始项就不唯一。为此,引进增广文法 G′[S′],即增添一个 G 中没有出现过的非终结符 S′和一个新的产生式 S′→S,从而使得 G′[S′]只有一个唯一的初始项 S′→·S 。

如果把一个文法 G 的 LR(0)项集规范族的每个项集当作一个状态,把 GO 函数看作是状态之间的转换函数,那么就构成了可以识别文法 G 中所有活前缀的有限状态机,它的初始状态就是包含 G′中初始项的状态。

识别文法 G 活前缀的 DFA 的 LR(0)项集规范族按照下列规则构造:

(1) 令 C＝{CLOSURE({S′→·S})};

(2) 把 C 中每一个 LR(0)项集 I 应用转换函数 GO(I, X)得到新的项集 J,并把 J 加入到 C 中;

(3) 重复步骤(2)直到 C 不再增大为止。

如此就可得到一个识别文法 G 的活前缀的 DFA:状态就是 C 中的每个 LR(0)项集,状态转换函数就是 GO,包含唯一初始项 S′→·S 的 LR(0)项集就是初始状态。

例 5.10　构造识别文法 G5.5[S]所有活前缀的 DFA,文法 G5.5[S]为:

S → A | B

A → aAb | c

B → aBb | d

首先把它改造成等价的增广文法 G′5.5[S′],

(0) S′ → S

(1) S → A

(2) S → B

(3) A → aAb

(4) A → c

(5) B → aBb

(6) B → d

其次,按照 DFA 的构造方法计算 I_0＝CLOSURE($\{S'→ \cdot S\}$),得

I_0：　$S' → \cdot S$

　　　　$S → \cdot A$

　　　　$A → \cdot aAb$

　　　　$A → \cdot c$

　　　　$S → \cdot B$

　　　　$B → \cdot aBb$

　　　　$B → \cdot d$

通过考察 I_0 每个项中圆点后面的第一个符号 X 可知：X＝$\{S, A, B, a, c, d\}$。

利用 GO(I_0,X)可以求得 I_0 的后继项集如下：

I_1＝GO(I_0,S)＝CLOSURE($\{S'→S \cdot \}$)＝$\{S'→S \cdot \}$

I_2：　$S → A \cdot$

I_3：　$S → B \cdot$

I_4＝GO(I_0,a)＝CLOSURE($\{A→a \cdot Ab, B→a \cdot Bb\}$),计算可得

I_4：　$A → a \cdot Ab$

　　　　$A → \cdot aAb$

　　　　$A → \cdot c$

　　　　$B → a \cdot Bb$

　　　　$B → \cdot aBb$

　　　　$B → \cdot d$

I_5：　$A → c \cdot$

I_6：　$B → d \cdot$

新的项集中只有 I_4 有后继项集,而且 X＝$\{A, B, a, c, d\}$,于是

I_7＝GO(I_4,A)＝CLOSURE($\{A → aA \cdot b\}$)＝$\{A → aA \cdot b\}$

I_8＝GO(I_4,B)＝CLOSURE($\{B → aB \cdot b\}$)＝$\{A → aB \cdot b\}$

而 GO(I_4,a)＝CLOSURE($\{A →a \cdot Ab, B → a \cdot Bb\}$)＝$I_4$

GO(I_4,c)＝CLOSURE($\{A → c \cdot \}$)＝I_5

GO(I_4,d)＝CLOSURE($\{B → d \cdot \}$)＝I_6

最后,求 I_7 和 I_8 的后继项集,分别为

I_9＝GO(I_7,b)＝CLOSURE($\{A → aAb \cdot \}$)＝$\{A → aAb \cdot \}$

I_{10}＝GO(I_8,b)＝CLOSURE($\{A → aBb \cdot \}$)＝$\{A → aBb \cdot \}$

由于 I_9 和 I_{10} 没有后继项集,这样就结束了计算文法 G′5.4 项集规范族 C＝$\{I_0, I_1, \cdots,$ $I_{10}\}$。把项集规范族中的项集看作状态,根据 GO(I,X)就得到识别文法 G′5.5 所有活前缀的 DFA,如图 5.5 所示。其中的每一个状态都是终态,由于 I_0 包含了唯一的初始项,因而 I_0 也是这个 DFA 的初态。把从初态 I_0 出发,到达某一状态所经过的全部有向弧上的标记符号依次连接起来,就得到该 DFA 在到达该状态时所识别的某一个规范句型的一个活前缀。例如,状态 5 识别的活前缀是 c,状态 1 识别的活前缀是 S,状态 7 识别的活前缀是 aa* A。

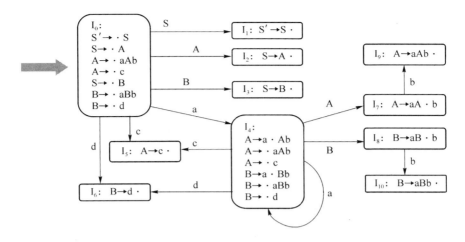

图 5.5　识别文法 G5.5 活前缀的 DFA

2. LR(0)文法与 LR(0)分析表

对于文法 G 的活前缀识别 DFA 中的一个项集,有以下结论:

(1) 若同时存在移进项和归约项,即有形如 $A \rightarrow \alpha \cdot a\beta$ 和 $B \rightarrow \gamma \cdot$ 的项,则称文法 G 含有移进—归约冲突。此时面临输入符号 a,分析程序的控制器不能确定是把 a 移进符号栈还是把 γ 归约成 B。

(2) 若同时存在一个以上的归约项,即有形如 $A \rightarrow \omega \cdot$ 和 $B \rightarrow \gamma \cdot$ 的项,则称文法 G 含有归约—归约冲突。此时不论面临什么输入符号,分析程序的控制器不能确定是把 ω 归约成 A,还是把 γ 归约成 B。

定义 5.13　若文法 G 的增广文法 G′ 的活前缀识别 DFA 中的每一个项集每个状态(项集)不存在任何冲突,则称 G 是一个 **LR(0)文法**。

对于 LR(0)文法 G,介绍两种方法来构造 LR(0)分析表。方法 1 是从 LR(0)文法 G 的识别活前缀的 DFA 构造 LR(0)分析表,方法 2 是从 LR(0)项集规范族和状态转换函数构造 LR(0)分析表。

设 LR(0)文法的项集规范族 C={ I_0 , I_1 ,…, I_m },令任意一个项集 I_k 的下标为分析表的状态。

算法 5.3A　从识别 G 活前缀的 DFA 构造分析表

输入　　　G 的 DFA

输出　　　文法 G 的 LR(0)分析表
```
    for ( k = 1; i <= m ) {
    if (Ik 包含归约项 A→ ω·) {
        if (A == S′ && ω == S) {ACTION[k, $] = acc};   // 表示分析成
功,接受输入串
        else for (每个 a∈VT) { ACTION[k, a] = rj}   // 按编号为 j 的产生
式 A→ω 归约
    }
```

```
        for(从项集 I_k 发出的每条弧){    //设弧上的标记为 X,所连接的项集是 I_j
          if(X∈V_T)ACTION[k, X] = s_j;       //表示把(k, α)分别移进状态栈和符号栈
          else GOTO[k, X] = j;        //表示从状态 k 转移到状态 j
        }
     }
```

算法 5.3B 从文法 G 的项集规范族和状态转换函数构造 LR(0)分析表

(1) 若移进项 A→α·aβ 属于 I_k 并且 GO(I_k, a)= I_j,a 是终结符,则置 ACTION[k, a]= s_j,表示把(k, a)分别移进状态栈和符号栈;

(2) 若归约项 A→α·属于 I_k,对于任何终结符 a(包括 $),置 ACTION[k, a]= r_j,表示按编号为 j 的产生式 A→α 进行归约;

(3) 若接受项 S′→S·属于 I_k,则置 ACTION[k, $]=acc,表示分析成功,接受输入串;

(4) 若 GO(I_k, A)=I_j,A 是非终结符,则置 GOTO[k, A]=j,表示从状态 k 转移到状态 j。

(5) 凡不能用规则(1)至(4)填入信息的表格置"报错标志",为清晰起见通常用空白表示。

如此构造的分析表叫作 LR(0)分析表,使用 LR(0)分析表的语法分析器叫作 **LR(0)**分析器。

这两种方法完全等价。方法一从图形化的 DFA 构造分析表,比较直观,而且省去了在状态中寻找移进项;方法二无须画出 DFA 就可以构造分析表,直截了当,但是需要寻找归约项。由于假定 LR(0)文法规范族的每个项集不含冲突,因此,构造出分析表的每个表格不含多个动作,都有唯一的入口。表 5.12 是按照上述算法构造出的文法 G5.4 的 LR(0)分析表。

表 5.12 文法 G5.4 的 LR(0)分析表

状态	ACTION					GOTO		
	a	b	c	d	$	S	A	B
0	s_4		s_5	s_6		1	2	3
1					acc			
2	r_1	r_1	r_1	r_1	r_1			
3	r_4	r_4	r_4	r_4	r_4			
4	s_4		s_5	s_6			7	8
5	r_3	r_3	r_3	r_3	r_3			
6	r_6	r_6	r_6	r_6	r_6			
7		s_9						
8		s_{10}						
9	r_2	r_2	r_2	r_2	r_2			
10	r_5	r_5	r_5	r_5	r_5			

总结 LR(0)分析表的构造步骤如下：

（1）必要时，构造给定文法 G 的增广文法 G′；

（2）构造 G′的 LR(0)项集，根据 CLOSURE 和 GO 函数构造 G′的项集规范族；

（3）构造识别 G′的活前缀的 DFA；

（4）按照算法 5.3 完成 G′的 LR(0)分析表。

实际上，可以无须先构造文法 G 的项集规范族，再构造出识别其活前缀的 DFA，而可以从 CLOSURE 和 GO 函数递增地直接构造出 DFA。如果把 DFA 看作一个有向图，那么，项集就可以看作该图的结点，有向边就是一个状态转移，即从状态 I_i 经过文法的一个符号 X 到达状态 I_j，其中，X 是状态 I_i 表示的项集中的项的一个后继符号，而 $I_j = GO(I_i, X)$。只要有一个起始结点，就可以递增地通过 GO 与 CLOSURE 函数增加新的状态（结点）和有向边，直到不再增加结点或边为止，这样就完成了 DFA 的构造。DFA 的这种构造方式可以用图的深度优先搜索实现，也可以用图的广度优先搜索实现。算法 5.4 是按照图的广度优先搜索策略，动态、递增地构造出识别文法活前缀的有限状态机的算法。

算法 5.4　识别文法活前缀的 DFA 的递增构造算法

输入　　　文法 G[S]

输出　　　识别文法 G 活前缀的 DFA

声明　V 是 G 的 LR(0)项集规范族，也是 DFA 的结点集合，是用数组实现的队列，函数 exist(d, V)判断结点 d 是否存在，first 和 last 分别指向 V 的下一个新结点和队尾；E 是带标记的有向边集，每条边记做<I, X, J>，其中 I 和 J 是结点，X 是标记。

构造文法 G[S]的增广文法 G′[S′]：

```
first = last = 1;E = {};
V[1] = CLOSURE({S′→S});      //计算出初始化状态
while (first > last) {
    I = V[first ++];      // first 的递增移动表示状态结点已经访问过
    for (I 中的每个项 item ) {
        if (item 的形式为 A → α·Xβ ) {
            J = GO(I,X);      //通过 GO 得到边，通过隐含的 CLOSURE 得到结点
            if (exist(J, V)) V[ ++last] = J;
            E = E∪{<I, X, J>};      // 把边<I, X, J>加入到 E
        }
    }
} // end while;
```

在后面的章节中，将用算法 5.4 构造 LR 分析表。

5.3.3 SLR 分析表的构造

LR(0)文法是一类非常简单的文法,无法满足多数程序设计语言,即使描述一个变量说明的简单文法也不能使用 LR(0)文法。因此,本节将介绍一种对于 LR(0)规范族中有冲突的项集,采用预测一个符号的办法解决冲突,称为简单 **LR(0)**分析法,简称 **SLR(1)**分析。

下面以一个简单的变量声明作为例子来分析冲突问题和解决方法。设整型变量声明的文法 G5.6 为:

<整型变量声明>→ integer <标识符表>

<标识符表> →<标识符表>,v|v

将它缩写后并增广如下:

(0) $D' \rightarrow D$

(1) $D \rightarrow i\,L$

(2) $L \rightarrow L, v$

(3) $L \rightarrow v$

从 $I_0 =$ CLOSURE($\{D' \rightarrow \cdot D\}$)出发构造 DFA,结果如图 5.6 所示。

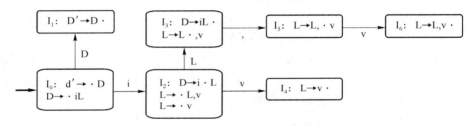

图 5.6   识别文法 G5.6 活前缀的 DFA

分析状态 I_3 可以发现,它包含了归约项 $D \rightarrow iL \cdot$ 和移进项 $L \rightarrow L \cdot , v$。依据 LR(0)的分析方式,在该状态,不论面临什么输入符号,特别是包括符号逗号",",都要把 iL 归约成 D;但是,按照移进项 $L \rightarrow L \cdot , v$ 则在面临符号","时,应该把它移入符号栈,同时转到状态 5。这样,对于 ACTION[3, ,]就会有 r_1 和 s_5 两个动作,出现移进一归约冲突,控制程序将无以应对。

对动作冲突有两种解决途径:修改文法,或者对分析方法加以改进。显然,修改文法 G5.6 以适应 LR(0)分析并不可取,更好的措施是改善分析技术,以适应更广泛、实用的文法。

在这种情况下,只需考察把句柄 iL 归约成 D 时,D 之后的跟随符号集是否包含当前所有移进项中的移进符号",",如果不包含,这样就可以解决这种移进一归约冲突。本例中 FOLLOW(D)={ $ },而状态 3 中移进符号的集合是{,},所以,在面临输入符号是" $ "时,就执行归约,即 ACTION[3, $]= r_1,在面临输入符号是","时,就执行移进动作,即 AC-TION[3, ,]= s_5。这种处理冲突的方法只需要对 LR(0)分析表简单地进行改动,称作简单 **LR(0)**分析,简称 **SLR(1)**。

一般地,设 LR(0)项集规范族的某个项集 I 含有 m 个移进项:

$A_1 \rightarrow \alpha \cdot a_1 \beta_1$

…

$$A_m \to \alpha \cdot a_m \beta_m$$

和 n 个归约项

$$B_1 \to \gamma_1 \cdot$$
$$\cdots$$
$$B_n \to \gamma_n \cdot$$

如果集合 $\{a_1,\cdots,a_m\}$ 和 $FOLLOW(B_1),\cdots,FOLLOW(B_n)$ 两两不相交,那么,隐含在项集 I 中的冲突可以根据当前输入符号 a 唯一地确定动作,解决冲突,方法如下:

(1) 若 $a \in \{a_1,\cdots,a_i\}$,则移进;

(2) 若 $a \in FOLLOW(B_i),i=1,2,\cdots,m$,则用 $B_i \to \gamma_i$ 进行归约;

(3) 否则,报错。

如果一个文法项集中的所有冲突性动作的都可以按这种方法解决,这样的文法称作 **SLR(1)** 文法,由此构造的分析表叫作 **SLR(1)** 分析表,使用 SLR(1) 分析表的分析器叫作 **SLR(1)** 分析器。

SLR(1) 分析表的构造和 LR(0) 分析表的构造类似,只需在完成 DFA 以后按照 SLR(1) 方法解决可能的冲突。类似地,构造 SLR(1) 分析表的算法也有两种,而且只需对算法 5.3A 和 5.3B 做简单修改即可。

从 DFA 构造 SLR(1) 分析表的算法 5.5A:

(1) 把算法 5.3A 第(4)句中"for 每个 $a \in V_T$ do { ACTION[k, a] = r_j}"改为"for 每个 $a \in FOLLOW(A)$ do { ACTION[k, a] = r_j}"。

(2) 其他不变。

从文法 G 的项集规范族和状态转换函数构造 SLR(1) 分析表的算法 5.5B:

(1) 把算法 5.3B 第(2)条规则"对于任何终结符 a(包括 $),置 ACTION[k, a] = r_j"修改为"对任何属于 FOLLOW(A) 的 a,置 ACTION[k, a] = r_j"。

(2) 其他不变。

按照上述算法构造出文法 G5.6 的 SLR(1) 分析表见表 5.13,其中 $FOLLOW(D) = FOLLOW(D') = \{ \$ \}$,$FOLLOW(L) = \{ , , \$ \}$。

表 5.13　文法 G5.6 的 SLR(1) 分析表

状态	ACTION				GOTO	
	i	,	v	$	D	L
0	s_2				1	
1				acc		
2			s_4			3
3		s_5		r_1		
4		r_3		r_3		
5			s_6			
6		r_2		r_2		

例 5.11 构造 G5.1[E] 的 SLR(1) 分析表, G5.1[E] 为:

E→E+T | T

T→T*F | F

F→(E) | i

首先把它改造为等价的增广文法 G'5.1[E']

(0) E' → E

(1) E → E+T

(2) E → T

(3) T → T*F

(4) T → F

(5) F → (E)

(6) F → i

然后, 构造初始项集 I₀ = CLOSURE({E' → · E}), 结果是

{ E' → · E , E → · E+T , E → · T , T → · T*F , T → · F , F → · (E) , F → · i }

以此为基础按照算法 5.4, 递增地构造出识别 G'5.1[E'] 活前缀的 DFA: 在每个状态 I_k, 对每个移进项和待归项 A→α·Xβ, 以圆点后的符号 X 为标记画出转移弧线, 连接 GO(I_k, X), 直到完成所有状态 I_k 的全部转移弧线。

例如, 计算 I₀ 中每个项目的圆点后续符号集, 结果是 {E, T, F, (, i}, 首先画出标记为 E 的转移弧线, 另外一端项集是 GO(I₀, E) = CLOSURE({E'→E· , E →E· +T }) = {E'→E· , E→E· +T }, 结果如图 5.7(a) 所示。按广度优先的顺序最终构成的识别该文法活前缀的 DFA 如图 5.7(b) 所示。

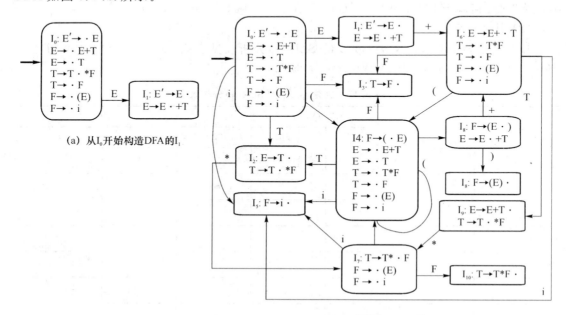

(a) 从 I₀ 开始构造 DFA 的 I₁

(b) 识别文法 G5.1 活前缀的 DFA

图 5.7 识别文法 G5.1 活前缀 DFA 的构造过程

不难看出,在状态 I_1,I_2 和 I_9 中存在移进—归约冲突,因而文法 G5.1 不是 LR(0)文法。分别考察这三个状态,看是否能使用 SLR(1)的方法解决冲突。

状态 1:包含移进项 E→E·+T 和归约项 E'→E·,由于 FOLLOW(E')={ $ }不包含移进符号"+",所以可以解决冲突,置符号表的 ACTION[1, $]=acc,ACTION[1, +]=$s_6$。

状态 2:包含移进项 T→T·*F 和归约项 E→T·,由于 FOLLOW(E)={+,), $ }不包含移进符号"*",因而可以解决冲突,置符号表 ACTION[2,+]= ACTION[2,)]= ACTION[2, $]=$r_2$,ACTION[2, *]=$s_7$。

状态 9:包含移进项 T →T·*F 和归约项 E→E+T·,情况和状态 2 的类似,解决方法也类似。

SLR(1)分析表的构造实质上是在 LR(0)分析表的基础上,用 SLR(1)方法解决冲突。这样,由于以上对包含的冲突都可以解决,因此该文法是 SLR(1)文法,构造的 SLR(1)分析表见表5.14。

表 5.14　文法 G5.1 的 SLR(1)分析表

状态	ACTION						GOTO		
	i	+	*	(	)	$	E	T	F
0	s_5			s_4			1	2	3
1		s_6				acc			
2		r_2	s_7		r_2	r_2			
3		r_4	r_4		r_4	r_4			
4	s_5			s_4			8	2	3
5		r_6	r_6		r_6	r_6			
6	s_5			s_4				9	3
7	s_5			s_4					10
8		s_6			s_{11}				
9		r_1	s_7		r_1	r_1			
10		r_3	r_3		r_3	r_3			
11		r_5	r_5		r_5	r_5			

现在利用表 5.14 对表达式的输入串(i+i)*i 进行分析,过程见表 5.15。

表 5.15　用 SLR(1)分析表对符号串(i+i)*i 的分析过程

步骤	状态栈	符号栈	输入串	ACTION	GOTO
1	0	$	(i+i)*i $	s_4	
2	04	$(	i+i)*i $	s_5	
3	045	$(i	+i)*i $	r_6	3
4	043	$(F	+i)*i $	r_4	2
5	042	$(T	+i)*i $	r_2	8
6	048	$(E	+i)*i $	s_6	

步骤	状态栈	符号栈	输入串	ACTION	GOTO
7	0486	$(E+	i) * i $	s_5	
8	04865	$(E+i	) * i $	r_6	3
9	04863	$(E+F	) * i $	r_4	9
10	04869	$(E+T	) * i $	r_1	8
11	048	$(E	) * i $	s_{11}	
12	048 11	$(E)	* i $	r_5	3
13	03	$F	* i $	r_4	2
14	02	$T	* i $	s_7	
15	027	$T *	i $	s_5	
16	0275	$T * i	$	r_6	3
17	027 10	$T * F	$	r_3	1
18	02	$T	$	r_2	1
19	01	$E	$	acc	

尽管用 SLR(1) 方法可以通过预测一个输入符号来解决某些 LR(0) 项集规范族中存在的动作冲突,但是,仍然存在许多文法的 LR(0) 项集规范族的动作冲突不能用 SLR(1) 方法解决。例如,考虑下面普通程序语言(如 C、Pascal)中语句的文法:

    <语句>→<调用语句> | <赋值语句>

    <调用语句>→identifier

    <调用语句>→<变量> := <表达式>

    <变量>→<变量>[<表达式>] | identifier

    <表达式>→<变量> | number

这个文法描述的是赋值语句和无参数的过程调用,它们都是以标识符开始。编译需要看到赋值号":="或者语句结束才能确定这条语句是赋值句还是调用句。将它简化、缩写成文法 G5.7:

    $S \to id$ | $V := E$

    $V \to id$

    $E \to V | n$

为了说明用 SLR(0) 解决文法 G5.7 的分析冲突,把该文法改造如下:

    (0) $S' \to S$

    (1) $S \to id$

    (2) $S \to V := E$

    (3) $V \to id$

    (4) $E \to V$

    (5) $E \to n$

考虑识别文法 G5.7 活前缀的 DFA 的初始状态:

    $S' \to \cdot S$

　　　　　S→ · id
　　　　　S→ · V : = E
　　　　　V→ · id
这个状态经过 id 以后转移到状态
　　　　　S→id ·
　　　　　V→id ·

由于 FOLLOW(S) ＝{ $ },FOLLOW(V)＝{ : ＝, $},所以,在面临输入符号"$"时 SLR(1)方法将按照两个产生式 S → id 和 V → id 归约,导致归约－归约冲突。实际上,在这个状态下,如果输入符号是"$",决不能按 V → id 归约,因为一个变量决不会出现在一个语句的末尾,除非已经看到赋值号":＝"会移入栈内。

下面将介绍功能更强的 LR 分析方法,通过超前搜索输入符号来解决这类文法的归约-归约冲突。

5.3.4　规范 LR 分析表的构造

SLR(1)分析方法是在构造完 DFA 的 LR(0)项集以后才应用预测符号的,而 LR(0)本身的构造没有考虑预测。LR(1)方法强大的识别能力在于从构造 DFA 的开始就用预测符,让每个状态含有更多的"未来"信息,以解决上面提到的归约-归约冲突。对于含有归约 A→β · 的状态,可以把它细化,分割成若干个状态,使得每个状态都能确切地指出:在 β 后跟哪些终结符才允许把 β 归约成 A。

为此,需要定义新的项,使得每个项都附带有 k 个终结符,代表预测符号。这里只讨论预测一个符号,即 $k=1$ 的情况,这已经可以满足大多数的计算机程序语言的要求。

定义 5.14　若 P→αβ 是文法 G 的一个规则,其中 α 或 β 可为空串,则称[P → α · β, a]是文法 G 的一个 **LR(1)项**,其中 a 是终结符,表示预测。

可以看出,LR(1)项由两部分组成:LR(0)项和一个预测符号。因此,对于一个文法 G,构造 LR(1)项集规范族的方法与构造 LR(0)项集规范族的方法类似,下面讨论一下它们主要的不同之处。

首先,文法 G[S]的 LR(1)的初始项是[S'→ · S, $],S'是增广文法 G′的开始符号。

其次,LR(1)项集 I 的闭包 CLOSURE(I)的计算规则如下:

(1) I 中的任何项都属于 CLOSURE(I)。

(2) 若[A→α · Bβ, a]∈CLOSURE(I),B→γ 是文法 G 的一个产生式,则对于每个 b∈FIRST(βa),项[B→ · γ, b]也加入到 CLOSURE(I)中。

(3) 反复使用上述两条规则,直到 CLOSURE(I)不再变化为止。

LR(1)项集的闭包运算和 LR(0)项集闭包运算的差别在规则(2)。项[A→α · Bβ, a]的含义是,分析器此时要识别 B,条件是 B 的后面是一个可以从 βa 推导出的符号串,而且开始的符号必须在 FIRST(βa)中。既然符号串 β 在产生式 A→αBβ 中 B 之后,如果 a∈FOLLOW(A),那么,FIRST(βa)⊂FOLLOW(B),并且[B→ · γ, b]中的预测符号 b 总在 FOLLOW(B)中。LR(1)方法的强大之处就在于集合 FIRST(βa)可能是 FOLLOW(B)的真子集,而 SLR(1)分析的核心就是从 FOLLOW 取出了预测符 b,因而不如 LR(1)分析更细致地解决冲突问题。

规则(2)同时也说明了决定预测符号的简单规则:已存在项的预测符集不需要改变,此

时 $\beta \overset{*}{\Rightarrow} \varepsilon$；仅当建立一个新的项时，才必须确定一个新的预测符集。

转移函数 GO 的计算也和 LR(1) 的 GO 有差别，它的计算公式为

GO(I，X)=CLOSURE({所有形如[A →αX・β,a]的项 ｜[A→α・Xβ,a]∈I})

最后，应用修改的 CLOSURE 和 GO 函数，就可用 5.3.2 节的方法构造文法 G 的 LR(1) 项集规范族。

例 5.12 文法 G5.7 的 LR(1) 项集规范族和 GO 函数的构造过程如图 5.8 所示。初始项集是

I_0=CLOSURE({[S′→ ・ S，$]})={[S′→ ・ S，$]，[S → ・id，$]，[S → ・ V:= E，$]，[V→ ・ id，:=]}

考虑状态 2：它包含两个归约项[S→id・，$]和[V→id・，:=]，用 SLR(1) 方法不能解决这个归约-归约冲突。但是，LR(1) 项却可以根据它们的预测符区分两个归约：当未来是"$"时就按照 S→id 归约，如果未来是":="时就按照 V→id 归约。所以，文法 G5.7 是 LR(1) 文法。类似于 5.3.2 节介绍的 LR(0) 分析表的构造，构造 LR(1) 分析表也有两种方法，下面是其中的一个算法。

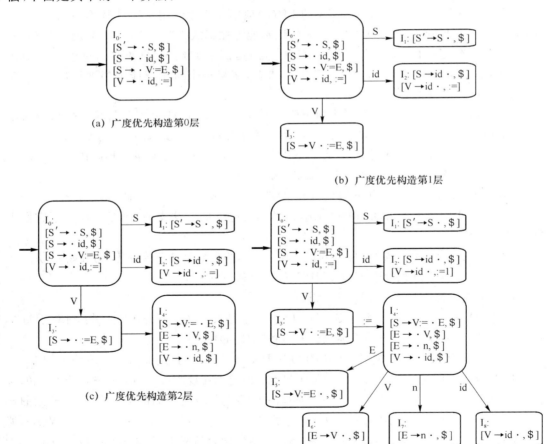

图 5.8　识别文法 G5.7 活前缀的 DFA 的构造过程

算法 5.6B：从文法 G 的项集规范族和状态转换函数构造 LR(1)分析表

（1）若移进项[A→α•aβ，b]属于 I_k 并且 $GO(I_k，a)=I_j$，b 是终结符，则置 AC-TION[k，a]＝s_j，表示把(k，a)分别移进状态栈和符号栈；

（2）若归约项[A→α•，a]属于 I_k，对于任何终结符 a(包括＄)，置 ACTION[k，a]＝r_j，表示按编号为 j 的产生式 A→α 进行归约；

（3）若接受项[S′→S•，＄]属于 I_k，则置 ACTION[k，＄]＝acc，表示分析成功，接受输入串；

（4）若 $GO(I_k，A)=I_j$，A 是非终结符，则置 GOTO[k，A]＝j，表示从状态 k 转移到状态 j。

（5）凡不能用规则(1)至(4)填入信息的表格置"报错标志"，为了清晰起见通常用空白表示之。

如此构造的分析表叫作 **LR(1)分析表**，使用 LR(1)分析表的语法分析器叫作 **LR(1)分析器**。表 5.16 就是按照图 5.8 直接构造的 LR(1)分析表。

表 5.16 文法 G5.7 的 LR(1)分析表

状态	ACTION				GOTO		
	id	:=	n	＄	S	V	E
0	s2				1		3
1				acc			
2		r_3		r_1			
3		s_4					
4	s_8		s_7			6	5
5				r_2			
6				r_4			
7				r_5			
8				r_3			

例 5.13 用文法 G5.8[S]：

S→A | ub

A→aAb | B

B→u

说明 LR(1)强大的表达能力和细致的分析，同时也说明构造 LR(1)分析表的复杂程度。这个文法产生的语言是$\{ub，a^n ub^n | \geqslant n0\}$。

首先，证明这个文法不是 LL(1)文法：由于 u 在 FIRST(B)中，所以 u 也在 FIRST(A)

中,这就导致 FIRST(A)∩FIRST{ub}={u}不为空,在 S 上对符号 u 就出现了选择冲突,即不能唯一地确定 S 的候选式。

其次,说明文法 G5.8 也不是 SLR(1)文法。

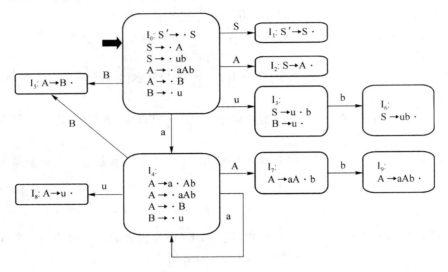

图 5.9　文法 G5.8 的 SLR(1)的 DFA

从初始状态 0 的项集 CLOSURE({S′→ · S })={S′→ · S,S→ · A, S→ · ub,A→ · aAb, A→ · B,B→ · u }出发,构造的 SLR(1)的 DFA 如图 5.9。状态 3 的项集是{S→u · b, B→u · },同时包含了移进项和归约项。计算归约符 B 的随集,得 FOLLOW(B)=FOL-LOW(A)={b}∪FOLLOW(S)={b, $},而移进项 S →u · b 的后继符号是 b,这样,按 SLR(1)的方法就不能解决这个状态所包含的移进-归约冲突。

最后,看文法 G5.8 是否是 LR(1)文法。按照 LR(1)方法构造的 LR(1)自动机见图 5.10。作为一个完整的例子,这里还构造了文法 G5.8 的 LR(1)分析表(如表 5.17 所示)。

初始项集 I₀ 只包含了一个预测符 $,在 I_4 的项集中第一次出现了不同的预测符 b。I₀ 的第一个项关于 A 的预测规则产生了[A→ · aAb,b]和[A→ · B,b],它们都有一个预测符 b,这是由于 FIRST(b $)={b}。从表 5.17 可以看到在状态 3 中的冲突不存在了:移进项在输入为 b 时起了作用,当面临 $ 时才执行归约。

比较图 5.10 和图 5.9 可以看到,LR(1)的 DFA 比 SLR(1)的 DFA 具备更强的识别能力。实际上,如果可以在线性时间用一个预测符号自左至右分析任何一个语言,那么,也能用 LR(1)来分析任何语言。也就是说,LR(1)是最强的自左至右的线性分析方法。

然而,LR(1)的强大分析能力也不是没有代价:本例中 LR(1)的状态数比 SLR(1)的要多出大约 30%。一般来说,LR(1)的状态及其分析表比 SLR(1)的要大一个数量级。SLR(1)的 DFA 需要数十个 KB 的存储空间,LR(1)的 DFA 则可能会需要若干 MB 的存储容量,而构造 LR(1)表可能还会需要十倍于这个数量的存储空间。这对现代的计算机不是一个大问题,但是,传统的编译程序设计者不能也不允许为了提高分析能力而占用那么大的存储空间。人们在寻找削弱 LR(1)存储量的途径。这就产生了 LALR(1)的分析方法。

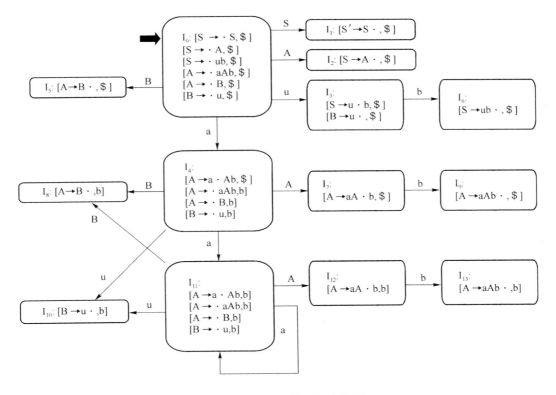

图 5.10　文法 G5.8 的 LR(1)的 DFA

表 5.17　文法 G5.8 的 LR(1)分析表

状态	ACTION				GOTO		
	u	a	b	$	S	A	B
0	s_3	s_4			1	2	5
1				acc			
2				r_1			
3		s_6					
4	s_{10}	s_{11}				7	8
5				r_1			
6				r_2			
7			s_9				
8			r_1				
9				r_3			
10			r_5				
11	s_{10}	s_{11}				12	8
12			s_{13}				
13			r_3				

5.3.5 LALR 分析表的构造

仔细观察图 5.10 所示的 DFA 时可以发现,有些项集和另外的项集十分相似。例如,I_5 和 I_8,如果忽略了预测符号,它们就是相等的;同样的情况还有 I_7 和 I_{12},I_9 和 I_{13},以及 I_4 和 I_{11}。LR(1)项集中没有预测符号的部分称为 LR(1)项集的核心。例如,项集 I_3 的核是 S → u•b 和 B → u•。两个 LR(1)项集具有相同的心,如果除去预测符号之后,这两个集合是相同的。

所有 LR(1)的核都与 LR(0)状态相对应。形成这种情况的原因是核的内容仅仅是由其他状态经过所允许的移动所产生的。这些移动由 GO 函数确定,不受预测符号的影响。所以,若不考虑预测符号,则一个 LR(1)状态的核就是一个 LR(0)状态。LR(1)状态实际上是 LR(0)状态经过分裂所得,这正是 LR(1)方法比 LR(0)和 SLR(1)方法功能更强的根源所在。但是,并非每个状态都需要这种分裂。例如,合并具有相同核的 I_7 和 I_{12} 将形成一个新的状态 I_{7-12},它只有一个项[A→aA•b, b/$],其中 b/$ 表示合并原来的预测符号。用新状态 I_{7-12} 取代 I_7 和 I_{12} 丝毫没有改变这个 DFA 的能力,但是却减少了 DFA 中的状态数目。

这就提出了一个问题:把 LR(0)状态按照预测符进行分裂得到的具有同心的 LR(1)状态还能够再合并吗? 由于并非每个 LR(0)状态都需要这种分裂,所以合并 LR(1)是有条件的,即合并后不能产生新的分析动作冲突。但是这种冲突不会是移进-归约冲突。因为,如果在合并后的 LR(1)项集中存在这种冲突,那么,当面临输入符号 a 时,就有一个归约项[A → u•, a]和一个要求把 a 移进的项[A →α•aβ, b]。既然这两个项在合并后的一个项集中,那就意味着在合并前,必有某个符号 c 使得[A → u•, a]和[A →α•aβ, c]同处于合并前的某一项集中。这又意味着,合并前的 LR(1)项集中已经存在移进-归约冲突,从而不是 LR(1)文法。因此,同心集的合并不会产生新的移进-归约冲突。但是,同心集的合并却可能导致产生新的移进—移进冲突,这样合并后新的 DFA 就必然会有冲突,合并也就没有意义了。

如果 LR(1)的同心集合并以后不产生新的动作冲突,这样得到的项集称为 **LALR(1)项集**。

状态的合并也导致状态转移函数的合并。由于 GO(I,X)函数只依赖于项集的核心,因此,LR(1)项集合并后的 GO 可以通过 GO(I, X)自身的合并而获得。

下面给出构造 LALR 分析表的一个算法,其基本思想是:首先构造 LR(1)项集规范族,若不存在冲突,就合并其中的同心集;若合并后的项集规范族中不存在归约-归约冲突,就按照合并后的项集规范族构造 LALR 分析表。

算法 5.7　　LALR 分析表构造算法

输入　　　文法 G

输出　　　　G 不是 LALR 文法,或者 G 的 LALR 分析表

(1) 构造 LR(1) 项集规范族 C＝{I_0, I_1,…,I_n},如果其中包含冲突项集,返回"G 不是 LR(1)文法"。

(2) 合并 C 中的所有同心集得到 C'＝{J_0, J_1,…,J_m},如果其中包含冲突项集,返回"G 不是 LALR 文法"。

(3) 从 C'构造分析表 ACTION 部分的方法同 5.3.4 节的算法 3.6B。

(4) GOTO 部分的构造:假设 J_k 是从 I_i, I_{i+1},…,I_j 合并后得到的新项集。由于 I_i, I_{i+1},…,I_j 同心,所以,GO(I_i, X),GO(I_{i+1}, X),…,GO(I_j, X)也同心,令 J_p 是所有这些 GO 合并后的项集。那么,就有 GO(J_k, X)＝J_p。于是,可以填写 GOTO[k, X]＝p。

(5) 凡是不能用规则(3)和(4)填入信息的空格都添上"出错标志"。

例 5.14　试构造例 5.13 中文法 G5.8 的 LALR 分析表。

例 5.13 中已经说明 G5.8 是 LR(1)文法,故可合并同心集:

I_{4-11}：　　$[A \to a \cdot Ab, b/\$]$,$[A \to \cdot aAb, b]$,$[A \to \cdot B, b]$,$[B \to \cdot u, b]$

I_{5-8}：　　$[A \to B \cdot, b/\$]$

I_{7-12}：　　$[A \to aA \cdot b, b/\$]$

I_{9-13}：　　$[A \to aAb \cdot, b/\$]$

其中只有 I_{4-11} 含有两个移进项$[A \to \cdot aAb, b]$和$[B \to \cdot u, b]$,但是它们不产生分析动作的冲突,因此文法 G5.8 是 LALR(1)文法,其项集规范族如表 5.18 的第一列所示。现在来看如何计算转换函数 GO。

首先考虑 $GO(I_{4-11}, A)$：在合并前,$GO(I_4, A) = I_7$,$GO(I_{11}, A) = I_{12}$,而 I_7 和 I_{12} 合并为 I_{7-12},所以得出 $GO(I_{4-11}, A) = I_{7-12}$;再看 $GO(I_{4-11}, a)$：在合并前,$GO(I_4, a) = I_{11}$,$GO(I_{11}, a) = I_{11}$,原来的 I_{11} 在合并后成为 I_{4-11} 的一部分,所以 $GO(I_{4-11}, a) = I_{4-11}$。在分析表的 $\text{ACTION}[I_{4-11}, a]$ 为"s_{4-11}",它表示把符号 a 和状态 s_{4-11} 分别移进符号栈和状态栈。最后的结果见表 5.18,LALR(1)包含的状态数目和 SLR(1)的相等,都是 10,比 LR(1)少了四个。

类似地,可以把同心集的合并看作是有向图 DFA 中结点的合并;相应的有向边合并,即完成了 GO 函数的计算。图 5.11 是从图 5.10 的 DFA 采用图合并的方法得到的 LALR(1)的 DFA。同样,可以按照 5.3.2 节中的算法 5.3.A 从这个 DFA 直接构造出分析表 5.18。

表 5.18　文法 G5.8 的 LALR(1)分析表

状态	ACTION				GOTO		
	u	a	b	$	S	A	B
0	s_3	s_{4-11}			1	2	5
1				acc			
2				r_1			
3		s_6					
4—11	s_{10}	s_{4-11}				I_{7-12}	I_{5-8}
5—8			r_1	r_1			
6				r_2			
7—12			s_{9-13}				
9—13			r_3	r_3			
10			r_5				

LALR(1)分析方法兼具了 LR(0)较好的存储效率和 LR(1)较强的分析能力(实际上比LR(1)略弱),成为目前使用最为广泛的分析方法。

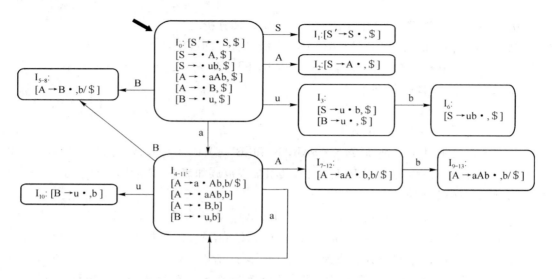

图 5.11　文法 G5.8 的 LALR(1)的 DFA

5.3.6　LR 分析方法小结

LR 分析是目前应用最广泛的语法分析技术,具有下列显著的优点。

(1) 能够构造出 LR 分析器来识别所有能用上下文无关文法描述的语言。

(2) LR 方法是已知最普遍的无回溯的移进-归约技术,而且能和其他移进-归约方法一样有效地实现,这要归功于 20 世纪 70 年代开发的 LALR 文法自动生成器 YACC。

(3) LR 方法所能分析的文法类是预测分析方法的语法类的真超集。对于 LR(k)文法,分析程序只要求在看见了产生式右部推出的所有符号以及从输入串中预测 k 个符号后,就能识别产生式的右部。这个要求比 LL(k)的要弱,LL(k)方法要求看见了右部推出的前 k 个符号后才识别所使用的产生式。所以,LR 文法比 LL 文法能够描述、识别更多的语言。

(4) LR 分析能及时发现语法错误,在自左向右扫描输入的条件下,它快到几乎不能再快的程度。

最后,给出与 LR 分析有关的一些结论,有兴趣的读者可以自行证明。

(1) LR(k)文法是无二义性的,而且满足 LR(0) $\subset$ SLR(1) $\subset$ LALR(1) $\subset$ LR(1);

(2) 对于所有自然数 k,都有 LR(k) $\subset$ LR($k+1$);

(3) 给定文法 G 和特定的自然数 k,G 是不是 LR(k)文法的问题是可判定的;

(4) 给定文法 G,是否存在一个自然数 k 使得 G 是一个 LR(k)文法的问题是不可判定的。

1. 二义文法的应用

前面已经知道,任何二义性文法既不是 LR 类文法,也不是算符优先文法或者 LL 类文法,也就不存在相应的确定的语法分析器。但是,很多二义性文法由于表达简单、自然和清晰,在说明和实现程序语言时非常有用。如果把二义性文法改造成非二义性文法,就可以应用 LR 等分析技术。但是,文法改造一方面增加了工作量;另一方面,改造后的文法可能会面目全非,不容易理解和实现。实际上,对于有些二义性文法,只要增加足够的无二义性规则,即消除动作冲突的规则,就可以构造出 LR 分析器,而这些冲突一般不能由前述的方法(如预测更多的符号)解决。下面是三个常见但非常有效的无二义性规则。

（1）遇到移进-归约冲突时，采取移进动作，这实际上就是按照最长匹配的原则，即给较长的产生式以较高的优先权。

（2）遇到归约-归约冲突时，优先使用排在前面的产生式进行归约，即排在文法中前面的产生式具有较高的优先权。

（3）根据不同的数学运算符号，采用相应的左结合或右结合运算规律，例如算术运算通常符合左结合律，幂运算服从右结合律。

下面的两个例子说明在不改变文法的情况下，如何利用这些优先权规则，使用 LR 分析技术。

例 5.15　下面是算术表达式文法 G5.3[E]：

（1）E→E＋E

（2）E→E＊E

（3）E→(E)

（4）E→i

文法 G5.1[E]是它的一个非二义性文法：

$$E→E＋T|T$$
$$T→T＊F|F$$
$$F→(E)|i$$

这个文法实际上就是对算符"＋"和"＊"赋予了优先级和左结合规则，解决了文法 G5.3 的二义性，因而成为 SLR(1)文法（详见例 5.11）。文法 G5.3 与 G5.1 相比有两个优点：（1）若需要改变算符的优先级或结合规则，文法 G5.3 无须改变自身；（2）文法 G5.3 的分析表所包含的状态比文法 G5.1 所包含的状态要少得多。因为后者包含了两个单一产生式，这些在定义算符优先级和结合规则的产生式时要占用不少的资源。

下面来看如何利用这些优先规则，用 LR 技术分析文法 G5.3。增广文法的 LR(0)项集如下：

I_0：

$E'→ \cdot E$

$E→ \cdot E+E$

$E→ \cdot E^* E$

$E→ \cdot (E)|i$

$E→ \cdot i$

I_1：

$E'→E \cdot$

$E→E \cdot +E$

$E→E \cdot {}^* E$

I_2：

$E→(\cdot E)|i$

$E→ \cdot E+E$

$E→ \cdot E^* E$

$E→ \cdot (E)|i$

$E→ \cdot i$

I_3：

$E→i \cdot$

I_4：

$E→E+ \cdot E$

$E→ \cdot E+E$

$E→ \cdot E^* E$

$E→ \cdot (E)|i$

$E→ \cdot i$

I_5：

$E→E^* \cdot E$

$E→ \cdot E+E$

$E→ \cdot E^* E$

$E→ \cdot (E)|i$

$E→ \cdot i$

I_6：

$E→(E \cdot)$

$E→E \cdot +E$

$E→E \cdot {}^* E$

I_7：

$E→E+E \cdot$

$E→E \cdot +E$

$E→E \cdot {}^* E$

I_8：

$E→E^* E \cdot$

$E→E \cdot +E$

$E→E \cdot {}^* E$

I_9：

$E→(E) \cdot$

可能引起移进-归约冲突的状态有 I_1、I_7 和 I_8,计算得到 FOLLOW(E) = { +,*,,&} 以及 FOLLOW(E') = { \$ }。这样,状态 I_1 可以运用 SLR(1) 方法解决冲突:当面临输入符号是 \$ 的时候,"接受"是唯一的动作;在面临"+"和"*"符号时,采取"移进"动作。

但是,状态 I_7 在面临"+"和"*"符号时就不能用 SLR(1) 方法解决冲突,因为这两个符号都在 FOLLOW(E) 中。类似地,状态 I_8 在面临"+"和"*"符号时也不能用 SLR(1) 方法解决冲突。事实上,这两个冲突状态也不能用 LR(1) 方法解决,因为 G5.3 是一个二义性文法(读者可以自己构造 LR(1) 项集来分析)。然而,使用算符的优先关系和结合关系可以解决这类冲突:按照算术优先规则,乘号"*"的优先级高于加号"+",而且它们都符合左结合律。因此,在状态 I_7 面临输入符号"+"的时候,按照"+"的左结合律就应采用 $E \rightarrow E+E$ 归约;而面临"*"符号时就对项 $E \rightarrow E \cdot * E$ 采取移进动作。同理,在状态 I_8,无论输入符是"+"还是"*"都采用 $E \rightarrow E * E$ 归约。

采用上述解决冲突的方法得到的 LR(0) 分析表如表 5.19 所示。

表 5.19　二义性文法 G5.3 的 LR(0) 分析表

状态	ACTION						GOTO
	i	+	*	(	)	\$	E
0	s_3			s_2			1
1		s_4	s_5			acc	
2	s_3			s_2			6
3		r_4	r_4		r_4	r_4	
4	s_3			s_2			7
5	s_3			s_2			8
6		s_4	s_5		s_9		
7		r_1	s_5		r_1	r_1	
8		r_2	r_2		r_2	r_2	
9		r_3	r_3		r_3	r_3	

现在利用表 5.19 对表达式的输入串 $(i+i)*i$ 进行分析,过程见表 5.20。

表 5.20　用二义性文法 G5.3 对符号串 $(i+i)*i$ 的分析过程

步骤	状态栈	符号栈	输入串	ACTION	GOTO
1	0	\$	$(i+i)*i$ \$	s_2	
2	02	\$ (	$i+i)*i$ \$	s_3	
3	023	\$ (i	$+i)*i$ \$	r_4	6
4	026	\$ (E	$+i)*i$ \$	s_6	
5	0234	\$ (E+	$i)*i$ \$	s_3	
6	02343	\$ (E+i	$)*i$ \$	r_4	6
7	02346	\$ (E+E	$)*i$ \$	s_9	
8	023469	\$ (E+E)	$*i$ \$	r_3	1
9	01	\$ E	$*i$ \$	s_5	
10	015	\$ E*	i \$	s_3	
11	0153	\$ E*i	\$	r_4	8
12	0158	\$ E*E	\$	r_2	1
13	01	\$ E	\$	acc	

对比 5.3.3 节用 SLR(1)技术对相同符号串(i＋i)＊i 的分析过程表 5.15,可以发现,二义文法在规定了优先关系和结合性后,用 LR 分析的速度比相应的非二义性文法的 LR 分析速度要快,表 5.20 比表 5.15 的分析要少六个步骤,主要是跳过了一些单一产生式。

例 5.16　考虑抽象了大多数程序语言中 if—then—else 的文法 G5.9:

(1) $S' \rightarrow S$

(2) $S \rightarrow iSeS$

(3) $S \rightarrow iS$

(4) $S \rightarrow a$

它的 LR(0)项集规范族如图 5.12 所示。可以看出,由于 FOLLOW(S)＝{e, $}, 状态 I_4 存在移进-归约冲突:当面临输入符号 e 的时候,分析器不知是按照 $S \rightarrow iS$ 归约,还是移进符号 e。用分支语句 if—then—else 来说,就是当栈顶出现 if Boolean then S1 而又面临符号 else 时,是否要归约呢? 按照程序语言的普遍习惯,通常让 else 分支与最近的一个 then 分支语句匹配,即此时应该执行移进动作。这也是最长匹配原则的一个例子。利用这个优先规则就可以构造出没有冲突的 LR(0)分析表,如表 5.21 所示。

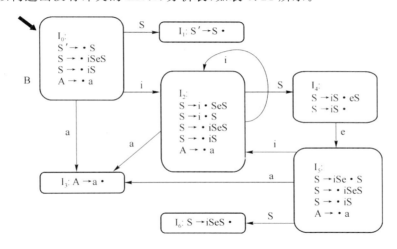

图 5.12　文法 G5.9 的 LR(0)项集规范族

表 5.21　文法 G5.9 的 LR(0)分析表

状态	ACTION				GOTO
	i	e	a	$	S
0	s2		s3		1
1				acc	
2	s2		s3		4
3		r3		r3	
4		s5		r2	
5	s2		s3		6
6		r1		r1	

2. LR 分析的错误恢复

自底向上的语法分析器在访问动作表时遇到了空表条目的情况就意味着发现了错误。这时,输入符号不能移入栈顶,栈顶元素也不能归约。显然,分析器应该尽早地发现错误,因为错误信息更有意义和针对性。LR 分析器只要扫描到的输入出现一个不正确的后继,便立即报告错误,决不会把不正确的后继移进栈。规范的 LR 分析器甚至在报告错误之前决不做任何无效的归约,但 SLR 和 LALR 分析器在报告错误前有可能执行几步无效的归约。LR 分析器有两种处理错误的策略:紧急方式的错误恢复和短语级恢复。

在 LR 分析中,可以采用如下实现紧急方式的错误恢复:从栈顶开始退栈,直到退到状态 s,它有预先确定的非终结符 A 的转移;然后抛弃若干个(也可能没有)输入符号,直到找到符号 a,它能合法地跟随 A;分析器再把 A 和状态 goto[s, A]压进栈,恢复正常分析。A 的选择可能不唯一。一般而言 A 应该代表较大程序结构的非终结符,如表达式、语句或过程。

这种错误恢复方法的实质是企图分离包含语法错误的短语。LR 分析器认为由 A 推出的串含有一个错误,该串的一部分已经处理。处理的结果就是把若干个状态推入栈顶,整个串的其余部分仍在剩余的输入串中。分析器试图跳过这个串的其余部分,在剩余输入串中找到一个能合法地跟随 A 的符号。通过从栈中移出一些状态,跳过若干输入符号,把 goto[s, A]压进栈,分析器假定已经发现了 A 的一个实例,并恢复正常分析。

在短语级恢复方式下,当发现错误时,分析器对剩余输入做局部纠正,用分析器可以继续分析的串来代替剩余输入的前缀。典型的局部纠正是用分号代替逗号,删除多余的分号,或插入遗漏的分号等。LR 分析器实现短语级错误恢复就是检查分析表中每一个错误条目,根据语言的使用情况,决定最有可能进入该条目的输入错误,然后为该条目设计一个适当的错误恢复过程。假设已经完成了对栈顶符号和当前输入符号的修改,使之适合每个错误恢复条目。

可以在 LR 分析表动作域的空表条目上填一个指向错误恢复的动作序列,动作包括插入或删除栈顶的元素或者输入串中的元素。要注意,所做的选择不应引起 LR 分析器进入无限循环。为此,保证应至少有一个符号被删除或最终被移进,在达到输入的末尾时保证栈最终会缩短,这些策略足以防止 LR 分析进入无限循环。

例 5.17 再考虑表达式文法 G5.3[E]:E → E＋E ｜ E ＊ E ｜ (E) ｜ i。

表 5.22 显示了这个文法的 LR 分析表,它在表 5.19 的基础上增加了错误诊断或恢复。把某些错误条目改成了归约,这样就会推迟错误的发现,多执行了一步或几步归约,但仍在移进下一个符号前发现错误。增加的错误处理过程在表中无法用 LR 规则填写的空表单元,用 e 表示错误处理过程,含义如下。

(1) e1:调用的条件是分析器处于状态 0、2、4 或 5,输入符号是"＋"、"＊"或输入串终结标志"＄"的时候。因为此时期望的正确输入符号是运算符的起始符号如 i 或左括号。执行的动作是把假想的 i 压入栈顶,上面盖上状态 3(状态 0、2、4 或 5 面临 i 时所转移的状态),给出诊断信息"缺少运算对象"。

(2) e2:调用的条件是分析器处于状态 0、1、2、4 或 5,面临的输入符号为右括号。执行的动作是删除右括弧,给出诊断信息"不匹配的右括弧"。

(3) e3:调用的条件是分析器处于状态 1 或 6,输入符号是 i 或左括号(期望运算符)。执行的动作是把"＋"压入栈顶,上面盖上状态 4,给出诊断信息"缺少运算符"。

(4) e4:调用的条件是分析器处于状态 6,面临的输入符号是 ＄(期望运算符或右括弧)。

执行的动作是把右括弧压入栈顶,上面盖上状态 9,给出诊断信息"缺少右括弧"。假设有一个错误的输入串 i+),采用表 5.22 所示的分析表的分析过程如表 5.23 所示。

表 5.22 具有错误处理的 LR 分析表

状态	ACTION						GOTO
	i	+	*	(	)	$	E
0	s_3	e_1	e_1	s_2	e_2	e_1	1
1	e_3	s_4	s_5	e_3	e_2	acc	
2	s_3	e_1	e_1	s_2	e_2	e_1	6
3	e_3	r_4	r_4	r_4	r_4	r_4	
4	s_3	e_1	e_1	s_2	e_2	e_1	7
5	s_3	e_1	e_1	s_2	e_2	e_1	8
6	e_3	s_4	s_5	e_3	s_9	e_4	
7	r_1	r_1	s_5	r_1	r_1	r_1	
8	r_2	r_2	r_2	r_2	r_2	r_2	
9	r_3	r_3	r_3	r_3	r_3	r_3	

表 5.23 对输入符号串 i+)的处理

步骤	状态栈	符号栈	输入串	注释
1	0	$	i+i) $	
2	03	$ i	+i) $	
3	01	$ E	+i) $	
4	014	$ E+	) $	
5	014	$ E+	$	右括弧右过程 e2 删除
6	0143	$ E+i	$	过程 e1 把 i 压入栈顶
7	0147	$ E+E	$	
8	01	$ E	$	分析完毕

在 LR 的分析方法中,算法的能力也表现在对错误发现的早晚。例如,LR(1)分析器发现错误的时间比 LALR(1)或 SLR(1)分析器要早,而 SLR(1)比 LR(0)发现错误要早。

5.4 LALR 分析器的生成工具 YACC

本节简单介绍一个分析程序生成器 YACC(Yet Another Compiler Compiler),它可以处理能用 LALR(1)文法表示的上下文无关语言,并产生它的生成器。学习完第 8 章属性文法之后更容易理解 YACC 中的语义动作部分。

5.4.1 YACC 概述

YACC 的用途很广,但主要用于程序设计语言的编译程序的自动构造上,例如可移植的 C 语言的编译程序就是用 YACC 来写的,许多数据库查询语言也是用 YACC 实现的。YACC 的工作示意图如图 5.13 所示。

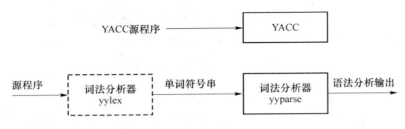

图 5.13　YACC 程序的示意图

其中"YACC 源程序"是用户使用 YACC 提供的一种类似 BNF 的语言要处理的语言的语法描述,YACC 会自动将这个源程序转换成用 LR 方法进行语法分析的语法分析程序 yyparse。同 Lex 一样,YACC 的宿主语言也是 C,因此 yyparse 是一个 C 语言的程序,用户在主程序中通过调用 yyparse 进行语法分析。

语法分析必须建立在词法分析的基础之上,所以生成的语法分析程序还需要有一个词法分析程序与它配合工作。yyparse 要求这个词法分析程序的名字为 yylex。用户写 yylex 时可以借助于 Lex。不仅 Lex 产生的词法分析程序的名字正好是 yylex,而且值得注意的是,Lex 已经在 2.5 节中简单介绍过,其词法分析程序是可以包含在 YACC 源程序中的,所以 Lex 与 YACC 配合使用是很方便的。在 YACC 源程序中除了语法规则外,还要包括当这些语法规则被识别出来时,用它们进行归约要完成的语义动作,语义动作是用 C 语言写的程序段。

yycc 生成的语法分析程序 yyparse 用的是 LR 分析方法,yyparse 在进行语法分析时除了有一个状态栈外,还有一个语义值栈,存放它所分析到的非终结符和终结符的语义值,这些语义值有的是从词法分析程序传回的,有的是在语义动作中赋予的。

5.4.2　YACC 源程序

一个 YACC 源程序或规格说明文件一般包括三部分:说明部分、语法规则部分和辅助程序段部分,这三部分内容依次按下面的格式组织在一起:

说明部分
％％
语义规则部分
％％
辅助部分

上述三部分中说明部分和程序段部分不必要时可省去,当没有程序段部分时,第二个％％也可以省去。但是第一个％％是必须有的。

当语法分析程序识别出某个句型时,它即用相应的语法规则进行归约,YACC 在进行归约之前,先完成用户提供的语义动作,这些语义动作可以是返回语法符号的语义值,也可以是求某些语法符号的语义值,或者是其他适当的动作如建立语法树,产生目标代码,打印有关信息等。语义动作是用 C 语言的语句写成的,跟在相应的语法规则后面,用花括号括起来。语义规则的概念和设计请参见第 8 章。

下面用一个简单的例子更详细地说明 YACC 源程序。这个例子是算术表达式的计算器,它读入一个算术表达式,求值,然后打印出结果。该整数算术表达式的文法如下:

exp → exp addop term | term
addop → ＋ | －

term → term mulop factor | factor

addop → ∗

factor → (exp) | number

其中 times 是数。这个文法的 YACC 源程序如下：

```
%{
# include <stdio. h>
# include <ctype. h>
%}

% token NUMBER

%
command : exp      { printf("%d\n", $1);}
          ; / * 允许打印结果 */
exp       : exp '+' term { $$ = $1 + $3;}
          | exp '-' term { $$ = $1 - $3;}
          | term { $$ = $1;}
          ;
term      : exp '*' factor { $$ = $1 * $3;}
          | factor { $$ = $1;}
          ;
factor    : NUMBER { $$ = $1; }
          | '(' exp ')' { $$ = $2; }
          ;
% %

main()
{ return yyparse();}

int yylex(void) {
          int c;
          while (( c = getchar())) == ' ');    / * 删除空格 */
          if ( isdigit(c) ) {
              ungetc(c, stdin);
              scanf ("%d", & yylval);
              return (NUMBER);
          }
          if ( c == '\') return 0;    / * 停止语法分析 */
          return (c);
}

int yyerror(char * s) {
          fprintf(stderr, "%s\n", s);
          return 0;
}
```

定义部分包含了两个组成：一个是插入在 YACC 输入开始的代码，就是在％｛和｝％之间的两条♯include指令；另一个是代表了数字序列单词记号 NUMBER 的声明。YACC 有两种方式识别单词：首先，在语法规则单引号内的任何符号都代表了终结符，可以识别为自身，例如运算符"＋"，"－"和"＊"以及括弧；其次，符号单词可以在 YACC 的％token 说明中声明，例如 BUMBER。YACC 赋予这些单词记号一个唯一的数值。一般而言，YACC 用258 开始给记号赋值，把这些记号的定义作为♯define子句插入到输出文件。所以，对应YACC 的％token NUMBER 的声明可能在输出文件中产生下面的一行：

♯define NUMBER 258

在规则部分可以看到非终结符 exp、term 和 factor 的规则。由于希望打印表达式的值，所以增加了一条称为 command 的规则，并给它定义了打印动作。因为这条规则列在首位，command 也就当作文法的起始符号。

YACC 说明中的动作是用花括号括起来的 C 代码，通常放在每条候选式的末尾、分号或"|"的前面。在编写语义动作的时候，应该充分利用 YACC 的伪变量。若识别了一条语法规则，规则中的每个非终结符都拥有属性值，它们保存在 YACC 的值栈。栈中每个非终结符的属性值可以通过以＄打头的伪变量访问。其中＄＄表示语法规则左部非终结符的值，＄1，＄2 和＄3 等分别代表产生式右部第一个、第二个和第三个等的非终结符的属性值。所以，在上述 YACC 说明中，语法规则和语义动作

exp ：exp ′＋′ term ｛＄＄ ＝ ＄1 ＋ ＄3；｝

表示在识别了规则 exp → exp ＋ term 之后，把规则右部 exp 与 term 属性之和赋予规则左部 exp 的属性值。所有的非终结符都通过这种用户提供的动作获得属性值。终结符则通常在扫描阶段获得其属性值。YACC 约定，在识别了一个终结符的时候，其属性值必须赋给YACC 内部定义的变量 yylval。所以，在文法规则和动作

factor ：NUMBER ｛＄＄ ＝ ＄1；｝

中，＄1 表示终结符 NUMBER 的值。

这个 YACC 源程序的辅助部分包含了三个子程序的说明。第一个是 main 的定义，把它包括进来可以使 YACC 的输出直接编译成可执行代码。过程 main 调用 yyparse，它是YACC 产生的语法分析的过程名。Yyparse 又调用名字为 yylex 的词法扫描器，以便与 Lex扫描器生成器（见第 2 章）保持一致。所以，YACC 文件里也包含了 yylex 的定义。本例的yylex 只需返回下一个非空的字符，除非这个字符是数字，在这种情况下，它必须识别出构成 NUMBER 的数字串并且返回在 yylval 中的数值。最后，YACC 定义了一个打印错误信息的过程 yyerror，以便在语法分析出现错误时调用。当然，用户可以重新定义这个错误处理的功能。

5.4.3 YACC 解决二义性和冲突的方法

对于二义性的算术表达式文法

E → E＋E | E＊E | E/E | －E | (E) | i

YACC 允许用户规定运算符的优先级和结合性，就可以消除上述文法的二义性。用 YACC表示如下：

％ token NAME

```
% left ´＋´´－´
% left ´＊´
% %
exp ：exp ´＋´ exp
    | exp ´－´ exp
    | exp ´＊´ exp
    | exp ´/´ exp
    | ´－´ exp % prec ´＊´
    | NAME
    ;
```

在说明部分中以％left 开头的行就是定义算符的结合性的行：％left 表示其后的算符是遵循左结合的；％right 表示右结合性。优先级是隐含的，在说明部分中，排在前面行的算符较后面行的算符的优先级低；排在同一行的算符优先级相同，因此在上述文法中，"＋"和"－"优先级相同，而它们的优先级都小于"＊"，三个算符都是左结合的。

在表达式中有时要用到一元运算符，而且它可能与某个二元运算符使用同一个符号，例如一元运算符负号"－"就与减号"－"相同。显然一元运算符的优先级应该比相应的二元运算符的优先级高，至少应该与"＊"的优先级相同，这可以用 YACC 的％prec 子句来定义。在上述文法中，使用了子句％prec´＊´，说明它所在的语法规则中最右边的运算符或终结符的优先级与％prec 后面的符号的优先级相同。

但是有一些由二义性造成的冲突不易通过优先级方法解决，典型的例子如上节提到的if—then—else 的文法 G5.9。

对于这种二义性造成的冲突和一些不是由二义性造成的冲突，YACC 提供了下面两条消除二义性的规则：

（1）出现移进-归约冲突时，进行移进；

（2）出现归约-归约冲突时，按照产生式在 YACC 源程序中出现的次序，用先出现的产生式归约。

可以看出用这两条规则解决上面的 if 语句的二义性问题是合理的，所以用户不必将上述文法改造成无二义性的。根据终结符和产生式的优先级和结合性，YACC 又有两个解决冲突的规则：

（1）当出现移进-归约冲突或归约-归约冲突，而且当时输入符号和语法规则均没有优先级和结合性，就用上面两条消除二义性的规则来解决这些冲突。

（2）当出现移进-归约冲突时，如果输入符号与语法规则都有优先级和结合性，那么，如果输入符号的优先级大于产生式的优先级，就移进；如果输入符号的优先级小于产生式的优先级，就归约；如果二者优先级相等，则由结合性决定动作：左结合则归约，右结合则移进，无结合性则出错。

5.4.4　YACC 对语法分析中的错误处理

YACC 处理错误的方法是：当发现语法错误时，YACC 丢掉那些导致错误的符号适当调整状态栈；然后从出错处的后一个符号或跳过若干符号直到遇有用户指定的某个符号时开始继续分析。

YACC 内部有一个保留的终结符 error,把它写在某个产生式的右部,则 YACC 就认为这个地方可能发生错误,当语法分析的确在这里发生错误时,YACC 就用上面介绍的方法处理,如果没有用到 error 的产生式,则 YACC 打印出"Syntax error",就终止语法分析。

练 习 5

5.1 设文法 G5.10[E]为

$$E \rightarrow E+T \mid E-T \mid T$$
$$T \rightarrow T*F \mid T/F \mid F$$
$$F \rightarrow F \uparrow P \mid P$$
$$P \rightarrow (E) \mid i$$

求以下句型的短语、直接短语、素短语、句柄和最左素短语:

(1) E−T/F+i

(2) E+F/T−P↑i

(3) T*(T−i)+P

(4) (i+i)/i−i

5.2 根据表 5.24 所示的优先关系矩阵计算其优先函数,并说明优先函数是否存在。

表 5.24

	S	A	B	a	b	c
S						⋗
A	⋖	⋖	≐	⋖	⋖	
B						≐
a	≐	⋖			⋖	⋗
b	⋗	⋗	⋗	⋗	⋗	≐
c						⋗

5.3 对于文法 G5.11[S]:

$$S \rightarrow (R) \mid a \mid b$$
$$R \rightarrow T$$
$$T \rightarrow S;T \mid S$$

(1) 计算 G5.11 [S]的 FIRSTVT 和 LASTVT;

(2) 构造 G5.11 [S]的优先关系表,并说明 G5.11 [S]是否为算符优先文法;

(3) 计算 G5.11 [S]的优先函数。

5.4 对于文法 G5.12 [S]:

$$S \rightarrow S;G \mid G$$
$$G \rightarrow G(T) \mid H$$
$$H \rightarrow a \mid (S)$$

$$T \rightarrow T+S \mid S$$

（1）构造 G5.12 [S] 的算符优先关系表，并判断 G5.12 [S] 是否为算符优先文法；

（2）给出句型 a(T+S)；H；(S) 的短语、直接短语、句柄、素短语和最左素短语；

（3）分别给出 (a+a) 和 a；(a+a) 的分析过程，并说明它们是否为 G5.12 [S] 的句子；

（4）给出（3）中输入串的最右推导，分别说明它们是否为 G5.12 [S] 的句子；

（5）从（3）和（4）说明算符优先分析的优缺点。

5.5　对于文法 G5.13[P]：

$$P \rightarrow aPd \mid A$$

$$A \rightarrow dAc \mid dBc$$

$$B \rightarrow Ba \mid a$$

请证明它不是算符优先文法。

5.6　给定文法 G5.14 [S]：

$$S \rightarrow AS \mid b$$

$$A \rightarrow SA \mid a$$

（1）构造它的 LR(0) 的项集；

（2）构造识别该文法所有活前缀的 DFA；

（3）这个文法是 SLR(1) 吗？ 若是，构造出它的 SLR(1) 分析表。

5.7　给定文法 G5.15[S]：

$$S \rightarrow AS \mid \varepsilon$$

$$A \rightarrow aA \mid b$$

（1）证明它是 LR(1) 文法；

（2）构造识别该文法所有活前缀的 DFA；

（3）构造出它的 LR(1) 分析表；

（4）给出字符串 abab $ 的分析过程。

5.8　若有定义二进制数的文法 G5.16[D]：

$$D \rightarrow L \cdot L \mid L$$

$$L \rightarrow LB \mid B$$

$$B \rightarrow 0 \mid 1$$

（1）通过构造该文法的无冲突的分析表来说明它是哪类 LR 文法；

（2）给出输入串 101.010 的分析过程。

5.9　给定文法 G5.17[S]：

$$S \rightarrow L = R \mid R$$

$$L \rightarrow *R \mid id$$

$$R \rightarrow L$$

（1）构造它的 LR(0) 的项集；

（2）构造它的 LR(0) 项集规范族；

（3）构造识别该文法所有活前缀的 DFA；

(4) 该文法是 SLR(1)、LR(1)还是 LALR(1)？构造相应的分析表。

5.10 对于文法 G5.18[S]：

    S → A

    A → Ab | bBa

    B → aAc | aAb | a

(1) 证明它是 SLR(1)文法,但不是 LR(0)文法;

(2) 证明所有 SLR(1)文法都是 LR(1)文法。

5.11 证明文法 G5.19[M]：

    M → N

    N → Qa | bQc | dc | bda

    Q → d

是 LALR(1)文法,但不是 SLR(1)文法。

5.12 证明文法 G5.20[S]：

    S → aAa | aBb | bAb | bBa

    A → c

    B → c

是 LR(1)文法,但不是 LALR(1)文法。

5.13 对于文法 G5.21[S]：

    S → AaAb | BbBa

    A → ε

    B → ε

(1) 证明它是 LL(1)文法,但不是 SLR(1)文法;

(2) 证明所有 LL(1)文法都是 LR(1)文法。

5.14 对于下列各个文法,判断它是哪类最简单的 LR 文法,并构造相应的分析表。

(1) A → AA + | AA * | a

(2) S → AB

    A → aBa | ε

    B → bAb | ε

(3) S → D; B | B

    D → d | ε

    B → B; a | a | ε

(4) S → (SR | a

    R → · SR |)

(5) S → UTa | Tb

    T → S | Sc | d

    U → US | e

5.15　已知命题演算的文法 G5.22[B]：

B → B and B | B or B | not B | (B) | true | false | b

是二义性文法。

（1）为句子 b and b or true 构造两个不同的最右推导,以此说明该文法是二义的。

（2）为它写一个等价的非二义性文法。

（3）给出无二义性规则,构造出 LR(0)分析表,并给出句子 b and b or true 的分析过程。

第6章 符号表的组织和管理

编译程序在编译过程中需要不断地搜集和查询在源程序中出现的各种名字的含义和信息，这些信息连同名字一起放在一种叫作符号表的数据结构当中。语法分析、语义分析和词法分析经常要用到符号表，或者需要直接在符号表中填信息，或者需要在符号表中查询有关的信息。然而，也有一些精心设计的语言如 Ada 和 Pascal，要等完成了语法分析，直到被翻译程序确定语法正确无误之后才能执行符号表的一些操作。

本章首先介绍符号表的作用及包含的主要信息，然后讨论方便访问的符号表的组织结构，最后讨论一些特殊的语言特性及其对符号表操作的影响。

6.1 符号表的作用

符号表是编译程序中一个重要的数据结构，它像源程序的一个数据字典，存储了源程序中每个名字及其属性，使用在编译的各个阶段，以至在程序的调试和运行的过程中。符号表的作用主要如下。

（1）登记符号属性值。在源程序的各个分析阶段，编译程序根据标识符的声明信息收集有关的属性值，并把它们存放在符号表中。

每种语言规则定义了不同的符号属性，即使是同一个语言，不同的编译程序也可能会定义和收集不同属性的信息。现代编程语言中一般包括常数声明、变量声明、类型声明和过程/函数声明四类声明。对于每类声明，编译程序要收集、存储和应用的属性完全不同。

例 6.1 C 语言的变量声明

```
short int a；
float b = 0.0；
```

把标识符 a 声明为短整数型，把 b 声明为浮点类型，而且初始化为 0。那么，编译程序对每个变量要记录它的类型，以便执行类型检查和分配存储，比如短整型变量 i 占 2 个字节，要记录它在存储器中的位置（相对偏移量或绝对地址），以便目标程序运行时访问；若像 b 有初始值，则还需要记录这个初始值。

例 6.2 下面是计算阶乘 n! 的 C 语言的函数声明：

```
int factorial ( int n) {
    int t；
    if (n == 0 || n == 1) t = 1；
    else t = n * factorial (n-1)；
    return t；
}
```

对于函数 factorial 要记录的属性包括：函数的名称，各种变量如参数、返回值、局部变量及其类型，同时还要记录函数的调用信息，以便在函数执行完毕以后返回到调用点，特别是对这种允许递归调用的函数，要为每次调用保留上面提到的所有信息。

需要说明的是，编译的符号表是一个动态的数据结构，仅仅是符号属性的收集，也不是一遍扫描就能完成的。标识符的属性信息主要在词法分析、语法分析和语义分析阶段得到，也可以在后面的其他的编译阶段收集。

（2）查找符号的属性、检查其合法性。符号表存放了源程序中的各种类型的信息，比如数值、变量类型、参数传递的地址等，在分析和翻译源程序的过程中会不断地被查询。

例如，对于上述的变量声明，如果源程序有代码 a + b 时，就需要查找、计算表达式中运算数的类型和值，以便计算出表达式。

又如，在源程序中如果出现了函数调用 factorial(6)，编译程序就需要查找到 factorial 的声明，找到实参 6 的地址并传给形参 n，执行函数 factorial，并返回值。

同一个标识符可以在源程序的不同地方出现，同一个标识符的每一个出现（引用）都必须符合语言的语法和意义规则，这种语言的合法性检查通常需要查询符号表中的信息。

例如，对于上述声明，代码 a = a + b，C 语言的编译将检查变量 a 和 b 的类型，把表达式 a + b 的结果转换成短整型，仅取整数部分进行赋值。在其他强类型语言，如 Pascal 和 Ada，表达式运算数的类型必须一致，不能进行隐式类型转换，对于表达式 a + b，编译程序在语义分析的过程中将发现并报告类型错误的信息。

又如，面向对象语言的继承性和多态性允许同一个消息在不同的环境中调用不同的方法（函数），即调用同名但在不同的类中实现的方法。这就需要在编译或者运行时到方法的符号表中查询参数、返回数以及方法名字一致的实现。

（3）作为目标代码生成阶段地址分配的依据。除了语言的关键字等外，每个标识符在目标代码生成时都需要确定其在存储器中的位置（主要是相对位置），由源程序中的标识符定义的存储类型和它在程序中的位置来确定。

首先，要确定变量存储的区域，例如，C++ 和 Java 中变量的存储类型包括：自动变量、寄存器变量、静态变量以及外部变量，编译为它们分配存储空间的方式和保留的时间有很大的差异。又如，对寄存器变量，编译将尽可能地把它们保留在机器的寄存器当中，以提高运行速度；而对在一个文件中定义的外部变量，它们要在不同的源程序文件之间访问，需要编译程序把它们放在所有源程序文件都可以方便寻找到的存储器的位置。

其次，要根据标识符出现的顺序，确定标识符在某个存储区域中的具体位置，而有关区域的标志及其相对位置都是作为该标识符的语义信息存放在它的符号表中的。

6.2　符号表的主要属性及其作用

不同类别的符号包含了不同的属性，由于它们的信息不同，也就导致了符号表的组织有较大的差别。例如，数量类型的变量名字和过程名字的属性就不一样，对于一个变量名要记录其类型（如整型、实型、布尔型等）、占用的存储字节以及与某个基准位置的相对位置，而对一个过程名要记录的属性包括参数的个数及其类型，该过程是否有返回值，过程中的变量声明,以及过程声明(如果像 Pascal 语言允许嵌套过程声明)等信息。不同的程序语言规定了符号的不同性质以及语法、语义规则,下面是几种基本的符号属性。

1. 符号名

符号名可以是变量名、函数名、类型名、类名等。每个符号名通常由若干个字符组成的字符串来表达,在符号表中的符号名作为表项的唯一区别是一般不允许重名。符号名与其在符号表中的位置建立起一一对应的关系,这使得可以用一个符号在表中的位置来代替该符号名、访问其信息。通常把一个符号名在符号表中的位置值称为该符号名的内部代码。在经过分析处理的源程序中,符号名不再是一个字符串而是一个表示内部代码的整数值,这不但便于识别,而且也可以压缩存储和表达的长度。

语言中的符号名通常用标识符来表示。根据语言的定义,程序中出现的重名标识符将按照该标识符在程序中的作用域和可视规则进行相应的处理。而在程序的运行过程中,符号表中的符号名始终是唯一的标志。更详细的解释在见 7.3 节。

在一些允许操作重载、类继承的语言中,函数名、操作名允许重名,可以通过参数的个数与类型以及返回值的类型来区别;而对于操作的继承,编译器可以构造继承图,同时保存类结构,这样就可以为每个操作和属性找到唯一的定义。

例如,对应不同的参数类型,可以定义几个求和的重载函数:

```
int sum(int a, int b)
double sum(double a, double b)
float sum(float a, float b, float c)
```

当调用重载函数时,编译器根据实参的类型和个数去调用相应的函数。一般匹配过程的步骤如下:

(1) 如果有严格匹配的函数,就调用该函数;

(2) 参数内部转换后如果匹配,就调用该函数;

(3) 通过用户定义的转换寻求匹配。

2. 符号种属

语言中每个符号所拥有的属性可能不同,可以用符号的种属来区别每个符号的基本划分。根据不同的语言,符号的种属可以包括:简单变量、结构型变量、数组、过程、类型和类等。可以依据符号种属的划分来组织符号表,一种方式是为每个种属的符号建立一张表,由于它们具有相同的属性,这样就可以对符号表类似地安排组织结构、进行同样的操作;另一种方式把程序中所有种属的符号安排在统一的一张表中。需要存储和操作时,根据符号的种属进行条件判断,对不同种属的特殊属性执行不同的处理。

3. 符号类型

现代程序语言中的一个重要构造就是数据类型(简称类型),它是变量标识符的重要属性。函数的类型指的是该函数返回值的类型。不同的程序语言定义了不同的数据类型与规则。现代语言通常都有如下的基本类型:整型、实型、字符型、布尔型和逻辑型等,符号的类型属性是从源程序中该符号的定义中得到的。变量标识符的类型属性不但决定了该变量的数据在存储器中的存储格式,也规定了可以对该变量施加的操作运算。

目前的大多数语言都在基本类型的基础上定义复合数据类型,如数组、集合、记录以及对象类。而且,许多语言还允许程序员定义数据类型。这些复合类型的基本元素可以是基本类型,也可以是复合类型。存储变量的地址的类型是指针类型,它指向的变量可以是基本的数据类型,也可以是任何一种复合数据类型。记录每一个变量的类型是符号表中表示标识符属性的重要信息。

4. 符号的存储类别

大多数程序语言对变量的存储类别采用两种方式。一种是用关键字指定,例如,在 Fortran 语言中用 COMMON 来定义公共存储区域,允许不同程序段都可以访问这些数据;又如,C 和 C++语言规定 static 定义的变量属于文件的静态存储变量或属于函数内部的静态存储变量,这些变量在编译时分配存储空间,如果定义时没有初值,编译器还需要将它们初始化为 0。

另一种方式是根据定义变量的声明在程序中的位置来决定。例如,C++规定在一个文件中定义的变量默认为外部的,即程序的公共存储变量;而在函数体内默认存储类别的关键字所定义的变量是内部变量,是属于该函数体所独有的私有存储变量,因而是动态地分配存储空间。

区别符号存储类型的属性是编译过程中语义处理、检查和存储分配的重要依据,符号的存储类别同时还决定了符号变量的作用域、可见性及其生命周期等。

5. 符号的作用域及可见域

一个标识符在程序中起作用的范围称为其作用域。一般来说,定义一个标识符的位置及存储类型就决定了该符号的作用域,也就是它可以出现并起作用的场合。C 语言中外部变量的作用域是整个程序,而 Fortran 语言中的 COMMON 变量的作用域则不是整个程序,只能在定义这个 COMMON 块的函数或过程中引用。面向对象语言(如 Java)的每个类都引入了一个独立的类域,类的每个成员仅在该类的类域中有效。类成员也可以在类定义之外引用,但是,必须加上"类名::"作为限定修饰。

可见性从另外一个角度说明标识符的有效性,可见性与作用域有一定的一致性。标识符的作用域包含可见范围,但是,可见范围不会超过作用域。可见性在理解同名是不是合法的作用域嵌套时比较直观。对于外层块和内层块定义的同名标识符,在外层作用域中,内层所定义的标识符是不可见的,即外层所引用的是外层所定义的标识符;同样,在内层作用域中,外层的标识符将被内层的同名标识符所屏蔽,变得不可见,即外层定义的标识符的可见范围是在外层作用域中挖去内层块的范围,在内存中形成了作用域洞。

例 6.3 图 6.1 显示了下列程序段中变量的作用域与可见性,其中 int m 的作用域在括号中不可见,即这个程序块在 int m 的作用域中挖了一个洞。

```
int m = 1;
float n;
{
    float m = 3.14;
    n = 5.5;
    ...
}
m ++ ;
...
```

图 6.1　变量的作用域与可见性

如何在符号表中记录标识符的作用域和可见性并进行各种操作,6.4 节对此进行了更深入的讨论。

6. 符号的存储分配信息

编译程序需要根据符号的存储类别以及它们在程序中出现的位置和顺序来确定每一个符号应该分配的存储区域及其具体位置。通常情况下,编译为每个符号分配一个相对于某个基址的相对偏移量,而不是绝对的内存地址。编译程序中有关源程序的存储组织和分配的问题将在第 7 章中详细讨论。

7. 符号的其他信息

符号表作为编译程序的一个重要的数据结构,还可以记录下面的重要信息。

(1) 数组内情向量表:数组是大多数程序语言中一种不可缺少的数据类型。编译程序需要把描述数组属性的信息诸如数组类型、维数、每个维的上下界、数组元素的首地址等登录在符号表中,以便确定数组在存储器内占用的空间,访问数组元素,完成对数组的翻译等。

(2) 记录结构型的成员信息:一个记录结构型的变量包含若干成员,每个成员的数据类型可以彼此不同,因此,一个记录结构型变量在存储分配时所占空间的大小由其成员的数据类型来确定,而且,对每个成员的访问还需要所属成员排列次序的信息。

(3) 函数或过程的形参:函数或过程的形参作为其局部变量,同时又是对外部调用的接口。每个函数或过程的形参的个数、类型、排列顺序都体现了调用函数或过程的属性,它们都应该反映在符号表中,以便在过程调用的时候进行参数传递,并且执行语义检查(如处理函数名的重载)。

(4) 面向对象的方法表:在面向对象语言中,还必须把一个类或其超类所定义的同名方法存放在一个方法表中,用指针指向每个方法的具体操作,便于实现面向对象的继承性质。

此外,在程序的数据流分析和代码生成的过程中,还可以利用符号表存储特殊的信息,如变量的待用信息(参见本书 10.3.3 节),以方便代码的生成。

6.3　符号表的组织结构

一个编译程序从词法分析、语法分析、语义分析到代码生成的整个过程中,都要不断地访问和管理符号表。因此,符号表的组织直接关系到编译程序的效率。关于符号表的组织,可以从符号表的整体组织结构和表项的属性信息组织来分别讨论。

6.3.1　符号表的整体组织结构

符号表的一般结构如图 6.2 所示。

符号名	信息栏			
	属性值 1	属性值 2	⋯	属性值 m

表项 1(入口 1)
表项 2(入口 2)
⋮
表项 n(入口 n)
⋮

图 6.2　符号表的一般结构

符号表由若干表项组成,每个表项(也称为符号表的入口)一般分为两个栏目:符号名栏目和信息栏目。符号名栏目也叫主栏,其内容是源程序中出现的标识符,它是区分每个表项的关键码。对于保留字、类型、函数而言,它们的名字就是符号表的关键码(即符号);对于语言中的保留字,其本身就是表项中的关键码;对于语言中的操作符,如乘幂"＊＊"、赋值号":="、"＋="或者 Fortran 中的拼写操作".GT.",其字符或字符串就作为该操作符表项的关键码。

信息栏目是对符号的说明,包含若干不同的属性,上节说明了一些主要属性,如符号的种属、类型、存储方式、作用域等。

语言中不同类型的符号具有不同的属性,例如,变量符号的属性信息和关键字的属性信息差异很大,与函数/过程的信息也有较大的差异。因此,编译程序对符号表的总体组织具有不同的形式。可以假设有如图 6.3 所示的三种类型的符号及属性。

| 第一类符号 | 符号种属 | 名字 | 类型 | 值 | 地址 |

| 第二类符号 | 符号种属 | 名字 | 字节数 |

| 第三类符号 | 符号种属 | 名字 | 值 | 嵌套数 | 地址 |

图 6.3　三种类型的符号及属性

第一种组织结构(如图 6.4 所示):根据符号类型进行分类,把属性完全相同的那些符号安排在一张表中。这就构造出许多不同的符号表,每个表的信息栏目中属性个数和结构完全一样,而且每个表项的属性栏目都是等长、实用的。这种单个符号表的管理和操作都比较方便,空间使用效率也高。缺点是一个编译程序要同时管理若干个不同类型的符号表,符号表分得太散,对不同类型符号表中的共同属性必须设置重复的管理机制,增加了符号表管理的工作量和复杂度。

第二种组织结构(如图 6.5 所示):把语言中的所有符号都组织在一张符号表中。这种组织的最大优点是符号表集中,不同类型符号中的相同属性得到了一致的管理和处理。然而,不同类型的符号具有不同的属性,如果完整地存放所有属性、保持所有的表项等长,把所有符号的全部属性都当作为符号表的属性,这种组织结构有助于减少符号表的管理和处理的复杂性；但是对于不同类型的符号，这种组织结构增加了无用的属性，降低了编译程序的空间使用效率。例如，对于第二类符号，单一组织的符号表中就有超过一半的属性是不需要的，极大地浪费存储空间。另一方面，如果只把每类符号的属性记录在符号表中，这就使得每个表项包含的属性个数不一样，出现不等长的表项，从而增加了符号表的管理和处理的复杂性。

符号表1	符号种属	名字	类型	值	地址

符号表2	符号种属	名字	字节数

符号表3	符号种属	名字	值	嵌套数	地址

图 6.4　按照属性分类的符号表

符号种属	名字	类型	值	字节数	地址1	地址2

图 6.5　单一组织的符号表

第三种组织结构：实际的编译程序很少采用上述两种组织方式，而是采用它们的折中形式，根据属性的相似程度把符号表分成若干类型，每个类型组织成一张表，每张表中记录的符号都有很多相同的属性。显然，这种组织方式在管理的复杂程度和空间的使用效率方面兼顾了上述两种组织方式，取得了较为理想的效果。而且，可以根据目标系统的体系结构和编译程序设计者的经验，对符号表的分类进行选择和调整。例如，可以将上面的类型一和类型三的符号合成一张表，类型二构成一个单独的符号表，如图 6.6 所示。

符号种属	名字	类型	值	嵌套数	地址

符号种属	名字	字节数

（a）第一类和第三类符号共同的符号表　　　　（b）第二类符号的符号表

图 6.6　一个折中方式的符号表

6.3.2　关键码域的组织

在编译程序中，符号表的关键码域就是符号本身，它可以是语言的保留字、操作符，也可以是标识符，包括变量名、常数名、函数名、类型名、类名等。语言文法中的词法对各种符号都有严格的定义。保留字和操作符的名字一般只有唯一的拼写方法，而且不能作为用户定义的名字来使用。标识符通常是以字母开头的、长度确定或不限长度的字母和数字组成的字符串。有些语言允许一些特殊字符开头，这样的标识符通常具有特殊的用途。例如，以下画线开头的标识符代表库函数。

如果语言对标识符的长度有限制，那么就可以让符号表中关键码域具有标识符允许的最大长度，以容纳语言的整个标识符单词。但是，如果语言对标识符的长度不加限制，那么，为了避免最大标识符长度过大而浪费存储空间,通常的做法是另外设立一个存放标识符的字符数组,在符号表的名字栏目中仅给出标识符在这个数组中的首地址和符号长度的二元组<序号,长度>。这样,符号表的关键码域就可以有一致的大小,从而可以节省存储空间。

例 6.4　假定有标识符 student、name、birthday、code、p,它们依次存放在上述的标识符数组中,每个标识符之间没有间隔标志,这样的符号表结构如图 6.7 所示。

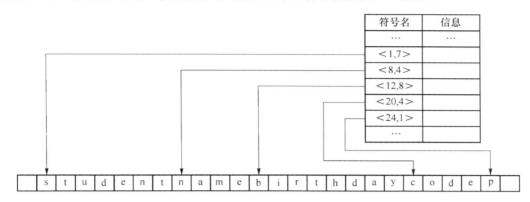

图 6.7　不限长度符号名的一种间接组织方式

6.3.3　不等长域的组织

实际上,上述的对标识符不限长度的处理是组织符号名的一种间接方式,这种方式可以推广到属性域不相等的情形。可以把一些共同属性直接保存在符号表的信息栏中,把某些特殊的属性记录在其他的数据结构中,并且在符号表的信息栏中增设一个指针,指向那个存放特殊属性值的位置。

例如,对于数组标识符,需要存储的信息有维数、每个维数的上界和下界等。如果把这些信息与其名字全部都记录在一张符号表,由于每个数组的维数可能不同,所需的属性栏目数也会不同,符号表的管理和操作就很不方便。因此,通常采用一种间接组织方式:为每个数组专门开辟一个内情向量表的数据结构,存储数组的有关信息;同时,在符号表设立一个数组地址属性域,其值就是指向各自数组内情向量表的指针。

例 6.5　图 6.8 表示了通过符号表访问内情向量的组织结构,符号表有两个数组 array1 和 array2,它们分别有 n 维和 1 维。

符号名	信息栏				内情向量表	
	类型	...	地址		基址	n
					上界1	下界1
array1	数组	...			...	...
...					上界n	下界n
array2	数组				基址	1
					上界1	下界1
					...	...

图 6.8　通过符号表访问数组内情向量

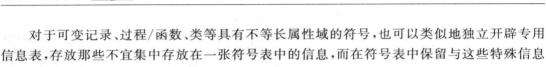

对于可变记录、过程/函数、类等具有不等长属性域的符号,也可以类似地独立开辟专用信息表,存放那些不宜集中存放在一张符号表中的信息,而在符号表中保留与这些特殊信息表联系的地址信息。

6.3.4　符号表的操作与符号表项的组织

在源程序的整个编译过程中,符号表被频繁地操作和管理。编译程序对符号表的操作大致可以划分为以下五类:

(1) 对于给定符号,查询此名字是否在符号表中;

(2) 对于给定符号,在符号表中访问它的属性信息;

(3) 对于给定符号,在符号表中更新它的属性信息;

(4) 在符号表中插入一个新的符号及其相关信息;

(5) 删除一个或一组无用的表项。

其中的查找、插入、更新和删除是几个主要操作,它们的函数或过程可以说明如下:

procedure insert (token. entry：Address; type：Typekind);

把入口是 entry 的符号 token 的类型 type 插入符号表。类似地也可以插入其他信息,如变量的值,例如:

procedure setvalue (variable. entry：Address; value：Valuetype);

对在符号表入口的变量 variable 设置值 value。

function lookup (entry：Address)：Typekind;

查找符号表中入口是 entry 的标识符,返回它的类型。类似地,可以写出得到变量的值的函数,例如:

function getvalue (entry：Address)：Valuekind;

得到符号表中入口是 entry 的标识符的数值。

function delete (entry：Address)：Boolean;

把入口是 entry 的表项从符号表中删除,如果成功则返回真值 true,不成功则为假值 false。

对于不同的符号表,实现这些操作的效率完全不同。因此,符号表的数据结构对于编译程序运行的时空效率极其重要。编译中的符号表的典型实现包括线性表、各种各样的搜索树(二叉搜索树、VAL 树、B 树)以及散列表。有关的数据结构及其各种算法在相应的课程中有详细的论述,下面仅从编译程序的实际需要出发,简单地讨论三种常见的符号表的结构:线性表、搜索树和散列表,重点介绍编译程序对散列表的实现技术。

线性表是按照符号被扫描的先后顺序组织各个表项,可以用一个多维数组或多个一维数组来存放符号的信息。线性表需要两个指针来方便管理和操作:一个指针指向该符号表的开始位置,另外一个指针总是指向符号表的下一个可用位置。线性表是最基本的数据结构,可以方便、直接地实现上述的插入、查找和删除三种基本操作,而且每种的操作时间都是符号表大小的线性函数。对于有 N 个表项的符号表,这些操作的平均时间都是 $N/2$ 左右。由于线性表无须附加空间,比较节省存储。如果编译器对处理时间要求不高,或者符号个数不多(如关键字),符号表就可以采用线性表结构。

为了提高符号表查找操作的速度,可以在构造符号表的同时,按照符号名的字典顺序把表项排序,用搜索树来实现。这样就可以采用折半查找的方式,加快搜索的速度。对于用搜索树实现的具有 N 个表项的符号表,每次查找一个表现最多只需要做 logN 次比较(因此这种查找法也叫对数查找法)。但是,由于符号表在编译过程中是边填写边引用,动态地建立、更新以及删除任意的表项,这样,每增加和删除一个表项都需要对符号表进行重新排序,这同样浪费时间。构造搜索树除了需要额外的空间以外,就整体而言,它在实现插入、查找和删除这三类操作中效率都不是最优的,而且删除操作的实现过于复杂。因此,搜索树结构不适用于构造符号表。

编译程序中符号表处理的关键问题是如何保证查询与插入表项这两个基本操作都能高效地完成。线性表结构填表快,查询慢;搜索树结构查询快,填表慢。散列表统一了查询与插入操作技术,相对来说具有较高的时空效率,为插入、查找和删除这三种操作提供的时间基本上是常数。特别是散列表适合编译过程边填写边引用符号表的特性,是实现符号表的最佳数据结构,在实践中使用得最多。

如前所述,符号表可以看作是一个字典数据结构,每个字典条目是一个由关键码和一组属性组成的二元组<关键码,属性组>。对符号表的插入、查找和删除等操作都需要索引关键码,然后对属性值进行相应的操作。因此,符号表组织的关键问题就是高效地查找和插入关键码。

散列方法在表项的存储位置与表项的关键码之间建立一个确定的散列函数 hash(也称为哈希函数,杂凑函数),使得每个关键码 symbol 经散列函数运算后得到的散列值与散列表(也称为哈希表,杂凑表)中的唯一的存储位置相对应,即 hash(symbol)把关键码是 symbol 的符号指向散列表的入口。当搜索一个表项时,首先对表项的关键码用散列函数计算所对应的表项的存储位置,然后在散列表中按此位置取出表项的关键码进行比较,若关键码相等,则搜索成功。在填入表项时,用同样的散列函数计算存储位置,并按此位置存放表项。由于使用这种方法进行搜索时不必多次比较关键码,因此搜索速度比较快,可以逼近具有此关键码表项的实际存放地址。

使用散列技术的关键问题是设计一个散列函数。假定编译程序为符号表提供了 N 个表项的存储空间,对散列函数的基本要求是:(1) 计算简单、高效;(2) 函数值能均匀地分布在 1 和 N 之间;(3) 对不同的关键码都分别返回一个代表存储位置的不同散列值。构造散列函数的算法有许多,例如,若取 N 为素数,就可以定义散列函数为 symbol/N 的余数,其中 symbol 是某个符号的代码。由于语言中的标识符可以相互区别,因而它们的代码值都是不同的。

但是,程序设计语言的标识符是随机的,而且总的标识符的个数也是无限的,不同的标识符作为关键码经过散列运算以后,就有可能得到相同的散列值,这种现象称为散列冲突。

解决散列冲突是使用散列方法不可避免的问题。一种常用的解决散列冲突的方法是链地址法。把有 N 个地址的散列表改为 N 个桶,桶号与散列地址一一对应,第 $i(1 \leqslant i \leqslant N)$ 个桶号即为第 i 个散列地址,每个桶则是一个线性链表(称为同义词表),表中的表项具有相同的散列值。若出现了冲突,即一个表项的散列值所对应的地址已经被占据,则需把这个表项放到该桶的链尾或链首。这种方法的关键问题是,设计的散列函数使得每个同义词表的长度尽可能地均匀,避免某一个同义词表过长。

例 6.6 假设已经在散列表中插入了五个单词符号 student、name、birthday、code 和 p,其中 name 和 code 具有相同的散列值。解决散列冲突的方法是为具有相同散列值的单词符号建立一个同义词表,总是把一个新的符号插入到同义词表的起始位置。图 6.9 表示了这种散列表结构。

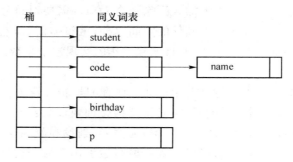

图 6.9　用链地址法解决冲突的散列表结构

下面完整地说明如何在符号表中使用散列表技术(参考图 6.10)。

对于每个符号表增加一个地址链项(初始化为 null),再建立一个散列表(桶),它是一个含 n 个符号表入口地址的一维数组,每个散列表的表项初始化为 null,表示散列值所对应的符号表的表项没有占用。对符号表的操作实际上就是通过散列函数间接地操作符号表。

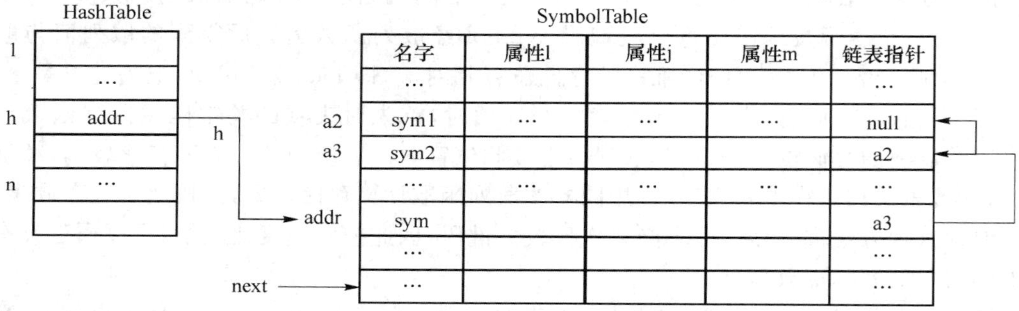

HashTable		SymbolTable				
		名字	属性l	属性j	属性m	链表指针
l	...					...
	...					
h	addr	a2　sym1	...	...	...	null
		a3　sym2				a2
n	...	...	...	...	...	...
		addr　sym				a3
		...				...
next		...				

图 6.10　通过散列表对符号表的操作

下面以在符号表中填入一个新的符号 sym 为例,说明如何使用散列技术,假设采用了散列函数 hash:

(1) 对符号 sym 用散列函数 hash 在散列表 HashTable 中找出它在符号表 SymbolTable 中的位置 h:hash(sym)返回的值在 $1\sim n$ 之间,令指针 ptr := HashTable[h];否则 p := null。

(2) 如果 ptr 为 null,则把 sym 的信息填在 SymbolTable[ptr]所对应的一个符号表的表项中;如果 ptr 不等于 null,则表示出现了冲突。首先在符号表中得到下一个新的可用的项(地址用 next 表示),接着在散列表中把同义词表的表头改为 next,然后填写这个新得到符号表的表项内容:把链表指针由 null 改成 SymbolTable[ptr]的值,填写 sym 的其他属性值。

影响散列效果的关键因素除了散列函数的设计之外,还要依赖于符号构造的特征因素。例如,对于保留字或操作符,由于它们可以事先确定符号代码,而且对整个语言都是不变的,因此可以设计一个散列函数,使得对每个符号都对应唯一的一个函数值。对于变量名、过程名等用户定义的标识符,要取得较好的散列效果,需要编译程序设计人员的经验、对语言的深入研究和实验。目前的编译程序中,常用的散列函数设计技术包括对符号码的字段叠加、加权叠加、折叠等位操作。

6.4　名字的作用范围

符号表的组织和操作十分依赖于源语言的声明特性。例如,对于符号表的插入和删除操作,何时把哪些属性插入到符号表,这些都随着语言的不同而有巨大的差异。甚至在翻译和执行的过程中是否需要建立符号表,以及符号表需要保存多久,不同的语言也会有完全不同的要求。下面就讨论一些影响符号表实现的有关问题。

6.4.1　名字的声明

程序语言中的声明是定义标识符含义的一种语法结构。一般包括五类声明:常量声明、变量声明、类型声明、过程/函数声明以及类声明。

C 语言中的常量声明使用 const,例如,const int SIZE ＝ 199。

变量声明的例子如整数 a 和含有 100 个整数的数组 b,Fortran 和 C 语言的声明分别如下:

```
Integer a，b(100)
int a，b[100]；
```

下面的 Java 程序段声明了类 Point 及其子类 ThreePoint:

```
class Point extends Object {
    protected double x；
    protected double y；
    Point() {
        x ＝ 0.0；
        y ＝ 0.0；
    }
}
class ThreePoint extends Point {
    protected double z；
    ThreePoint() {
        x ＝ 0.0；
        y ＝ 0.0；
        z ＝ 0.0；
    }
    …
}
```

这些都是显式声明,因为这些声明使用了特殊的语言构造,如 C 语言类型声明的 struct 以及 Java 类声明的 class。声明也可以无须这些显示结构,直接在运行指令中使用,因而称为隐式声明。例如,在 Fortran 语言中,以字母 I 到 N 开头的变量,若没有显示声明,则都默认地作为整数类型使用,而其他的则当作实数类型。

每个名字的属性随着不同的声明而有差异。常数声明把值绑定到一个名字,在编译时就可以把常数名字用它们的值来取代。

类型声明把名字绑定到新构造的类型或者为已经存在的类型名创建一个别名。类型名通常和一个类型等价算法相联系,这个算法根据语言的类型规则执行类型检查(是语义分析的一种,见 8.4 节)。

变量声明通常把名字绑定到一个类型,同时还隐式地绑定了取值范围、存储形式等其他属性。

先声明后使用是一条在大多数程序语言中普遍采用的规则,它要求一个名字的声明在程序出现在该名字被引用之前。这条规则允许编译器一边分析程序一边建立符号表。编译器一旦在程序中遇到了名字引用才执行符号表的查找操作;如果查找失败,就出现了违反了先声明后使用的规则,编译器就能发出一个适当的错误消息。所以,这条规则允许一遍扫描的编译构造。

编译器对名字声明的处理就是把名字的有关信息填入符号表,第 9 章的中间代码翻译将详细讨论。

6.4.2 块结构与符号表的分层次管理

块结构是现代程序语言的基本构造,可以包含声明和执行语句的程序构造。例如,在 Pascal 语言中,主程序和过程/函数声明是块结构;C 语言中,过程/函数声明以及花括号内的复合语句表示块结构;Java 语言中的包 package 把一组相关的类封装在一起,也构成块结构。一个语言具有块结构,如果它允许程序块嵌套在其他块内,而且名字的作用域服从最近嵌套规则:同一名字的若干不同声明,使用引用的声明是包含了这个引用的最近的块。具体规则如下:

(1) 程序块 B 中声明的作用域包括 b 自身;

(2) 如果出现在程序块 B 中的名字 x 没有在 B 中声明,那么,这个 x 是在外围程序块 B′中声明的,而且 B′比其他任何包含 x 声明的程序块在程序正文中更接近被嵌套的程序块 B。

例 6.7 考察下列 C 代码。它有五个块:第一个块是整个代码,包含整数 i 和 j 以及函数 f 的声明;第二个块是函数 f 自身,包含一个参数 size;第三个块是函数 f 体,有两个变量 i 和 temp 的声明;第四个块是函数 f 内的复合语句 A,声明了实数 j;第五个块也在函数 f 内,复合语句 B 包含了声明语句 char ＊j。

```
int i,j;
int f(int size)
{    char i,temp;
     A:{
          double j;
          ...
     }
     ...
     B:{
          char* j;
          ...
     }
}
```

　　函数 f 的变量 size 和 temp 在符号表中只有唯一的声明,对这些名字的所有引用都参考这一声明。名字 i 在函数 f 内声明为字符类型,按照最近嵌套规则,这个声明覆盖了函数 f 以外的把 i 声明为 int 的声明。(称非局部声明 int i 在函数 f 内有一个洞)。同样,函数 f 内的两个声明也覆盖了函数 f 以外的声明 int j。在这个例子中,直到退出局部声明的块程序才恢复 i 和 j 的最初声明。

　　要实现嵌套作用域和最近嵌套规则,符号表的插入操作不能覆盖以前的声明,但是,必须暂时隐藏它们,以便查找操作只能找到一个最近插入名字的声明。同样,删除操作不能删除对应名字的所有声明,而是删除最近插入的那个符号,恢复任何先前的同名声明。符号表可以这样构造:在每个程序块的入口处对所有声明的名字执行插入操作;在块的出口处对同样的名字执行删除操作。换言之,符号表的行为在处理嵌套作用域时就像一个栈结构。

　　为了说明这个结构如何使用,考虑一下在前一节描述的符号表的散列组织。在处理完过程 f 的声明之后、进入复合语句 A 之前,符号表的内容如图 6.11(a)所示。处理完 f 体内的复合语句 B 之后的符号表的内容如图 6.11(b)所示。最后,推出函数 f 以后的符号表的内容如图 6.11(c)所示。

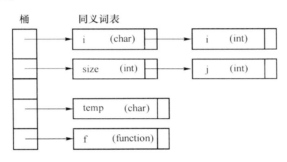

(a)　处理完函数f体的声明

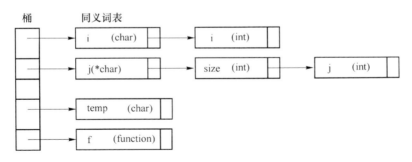

(b)　处理完函数f体内复合语句B的声明

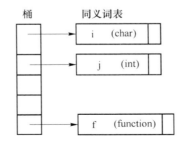

(c)　退出函数f体（删除其声明）

图 6.11　含块结构的程序段的符号表

还有其他的方式可以实现嵌套的作用域。其中的一种策略是对每个作用域建立一张新的符号表,把它们按照作用域自里向外连接起来,这样,查找操作如果不能在当前表中找到一个名字,就自动在外面包含它的表中继续查找。当退出一个作用域时,删除操作就非常简单,只需删除对应作用域的整个表。图 6.12 表示了对应图 6.11(b)的情形。

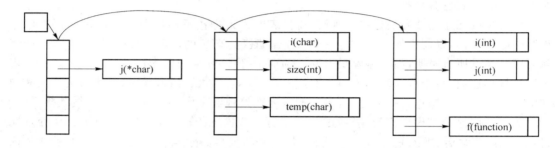

图 6.12　对应图 6.11(b)的符号表结构——每个作用域使用独立的表

对于不同的语言及其编译器,构造符号表的过程中可能还需要其他的处理和计算。一种情况是,如果非局部名字在一个作用域的洞中仍要可见,就可以使用一个类似于记录域的选择符来引用它。例如,C++中的作用域解析操作"::",它允许一个类声明的作用域在声明以外访问。这就允许在类声明之外定义成员函数:

```
class A
{…int f ();…};       // f 是一个成员函数
A::f ()               // 这是 A 中 f 的定义
{…}
```

类、过程和记录结构可以看作是一个命名作用域,包含了一组属性的局部声明。当这些作用域需要在声明之外引用的话,为每个作用域单独建立一个符号表(见图 6.12)的组织结构就有优势。

第 7 章的运行时环境和第 9 章的中间代码翻译还要对块结构中的符号处理进行深入的讨论。

6.4.3　静态作用域和动态作用域

语言的作用域规则规定了如何处理非局部名字的访问。截至目前,所讨论的作用域规则都是遵循程序的正文结构静态地确定用于名字的声明,这样的规则叫作词法作用域或静态作用域规则。许多语言,如 Pascal、C、Ada 和 Java,都使用静态作用域规则。动态作用域的规则要求嵌套作用域的确定遵循程序运行的路径,这种规则通常在动态语言中实现,如 Lisp、SNOBOL 或一些数据库查询语言。

下面的代码用 C 语言编写,可以显示出这两种作用域规则的差别。

```
#include <stdio.h>
int i = 1;
void f (void)
{ printf ("%d\n", i); }
```

```
void main(void)
{
    int i = 2；
    f（）；
}
```

按照 C 语言的标准作用域规则,在文件中的变量 i 的作用域包括过程 f,程序的执行结果是打印 1。如果使用了动态作用域,程序将打印 2,这是因为 main 调用了过程 f,而且 main 包含的 i 的声明(值等于 2)如果按照调用序列来解析非局部引用,将延伸到过程 f。

动态作用域要求在程序运行期间,每当进入和退出作用域而且执行插入和删除操作的时候建立符号表。因此,如果语言使用动态作用域,其符号表就成为运行时环境(见第 7 章)的一部分,编译器必须产生维护符号表的代码,而不仅仅静态地构造符号表。而且,动态作用域也降低了程序的可读性,因为非局部引用必须模拟程序的运行才能解析。所以,动态作用域很少在程序语言中采用。

练 习 6

6.1 符号表的作用有哪些?

6.2 符号表的表项通常包括哪些属性,主要描述的内容是什么?

6.3 符号表组织的数据结构有哪些? 每种组织结构选取的主要依据是什么?

6.4 程序块是程序语言的主要构造元素,它允许以嵌套的方式确定局部声明。大多数语言规定,程序块结构的声明作用域是最近嵌套规则,请按照这个规则写出下列声明的作用域。

```
main()
{    /＊开始块 B0 ＊/
    int a = 0；
    int b = 0；
    {    /＊开始块 B1 ＊/
        int b = 1；
        {    /＊开始块 B2 ＊/
            int a = 2；
            ...
        }    /＊结束块 B2 ＊/

        {    /＊开始块 B3 ＊/
            int b = 3；
            ...
```

```
        }     /* 结束块 B3 */
    }     /* 结束块 B1 */
}
```

6.5　C语言中规定变量标识符可以定义为：extern、static、auto、local static 和 register，请对这五种变量分别说明其作用域。

6.6　设散列表为 HT[13]，散列函数定义为 hash(key)＝key％13（整数除法取余运算），用链地址法解决冲突对下列关键码 12,23,45,57,20,3,31,15,56,78 造表。

第7章 运行时环境

编译在完成了源程序的语法分析之后,通常还要进行语义分析,生成中间代码,才能产生最终的目标代码。这些阶段的大多数任务需要了解程序的动态特性,即如何使用存储器,过程是如何实现的,如何寻找变量的地址等。尽管每个语言的实现方式、目标机器的细节不同,但是很多特性在体系结构方面,特别是运行时环境是一样的。所谓运行时环境就是目标计算机的寄存器和存储器的结构,用以管理和组织存储,维护指导运行过程所需要的信息。为了让目标程序运行,编译程序要从操作系统中得到一块存储区域,载入目标程序及其运行时需要和产生的数据。也就是需要把静态的目标程序正文和实现这个程序的运行活动联系起来,明确将来代码运行时源程序中的各个变量、常量、类型、类等程序定义的量是如何存放,到哪里去访问。

不同的程序语言实现规定了不同的存储空间使用和管理规则。目前,大多数程序语言都使用三种不同运行时环境中的一种或数种,这些运行时环境的核心都具有独立于目标机器的特性。这三种运行时环境是 Fortran 采用的完全静态的运行时环境,C、C++、Java、Pascal 和 Ada 等过程式面向对象语言普遍使用的是基于栈的运行时环境,以及以函数式语言如 Lisp 为主的堆式动态运行时环境,C、C++、Java、Pascal 和 Ada 等语言也采用堆式动态运行时环境。

本章主要讨论目标程序运行时的活动以及存储空间的组织和管理,首先介绍程序运行的一些基本概念,然后描述四种常见的参数传递方式,接着讨论存储空间的一般组织、分配策略、三种基本的运行时环境以及现代语言的内存自动管理——垃圾收集。

7.1 程序运行的基本概念

7.1.1 过程及其活动

过程定义是把一个名字和若干语句联系起来的一个声明。这个名字是过程名,而这些语句就是过程体。返回值的过程通常称为函数,完整的程序也可以看作一个过程。在面向对象技术中,过程称为方法或操作。本章把过程、函数、方法这样的程序单元统称为过程。例如,在以下的 Pascal 主程序 sort 中定义了过程 readarray、partition 和 quicksort,其中 partition 是函数。

当过程名在程序中作为一个语句或表达式使用时,就称这个过程在程序点被调用。过程调用就是执行被调用过程的过程体。出现在过程定义中的参数叫作形式参数(形参),在过程调用点取代形参的称为实在参数(实参)。在过程调用时需要把实参传递给形参,不同的语言对于参数的传递采用了不同的策略,建立形参和实参对应关系的不同机制将在 7.2 节讨论。以下的 Pascal 主程序 sort 分别调用了过程 readarray 和 quicksort,而 quicksort 又调用了自身(递归调用)和 partition。

```
program sort(input, output)
var a: array [0..10] of integer;
procedure readarray;
    var i: integer;
    begin
      for i := 1 to 9 do read (a[i])
    end;
function partition (y, z: integer): integer
    var i, j, x, y: integer;
    begin
      ...
    end;
procrdure quicksort (m, n: integer);
    var i: integer;
    begin
    if ( n > m ) then
      begin
        i = partition (m, n);
        quicksort (m, i−1);
        quicksort (i+1, n);
      end;
    end;
begin
    a[0] := −9999;
    a[10] := 9999;
    readarray;
    quicksort(1, 9);
end;
```

过程体的执行产生了过程的动态特性。过程的每次调用就引起过程体的一次执行,称为过程的一次活动。过程 p 的一个活动的生存期就是从过程体开始执行到执行结束的时间,包括执行被 p 调用的其他所有过程所耗费的时间。一般而言,术语"生存期"指的是程序执行过程中若干步骤的一个连续序列。

任何两个过程的活动 p 和 q 只能存在下列关系的一种:不重叠或者嵌套。过程的活动 p 和 q 不重叠,指的是它们的执行时间(生存期)没有重叠,活动 p 嵌套在活动 q 中,指的是活动 q 的生存期包括了活动 p 的生存期。两个过程活动 p 和 q 的关系表明,如果程序的执行控制在退出 q 之前进入 p,那么也必须在退出 q 之前退出 p。

同一个过程的两个不同活动 p 和 q 重叠,即在该过程的活动 p 没有退出之前又重新进入另外一个活动 q,这样的过程称为递归过程。

同一个过程的不同调用产生不同的活动。

7.1.2　活动记录

过程的一次执行要用一块连续的存储区来管理过程执行所需要的信息,这块存储区称为活动记录或帧。不同的语言,或者同一语言的不同编译器所定义的记录域可能不同,域的排列顺序也可能不一样。图 7.1 所示的是一个活动记录的结构。

返回值
形式单元
(可选)控制链
(可选)访问链
机器状态
局部数据
临时数据

图 7.1　活动记录结构

活动记录中各个域的用途如下。

- 返回值域:用于存放被调用过程返回给调用过程的值,根据不同的形参和实参的传递机制,返回值可以是数值,也可以是指向返回值地址的指针。

- 形式单元域:用于存放调用过程提供的实在参数,根据不同的形参和实参的传递机制,形式单元可以是数值或指向实参地址的指针。参数传输机制将在 7.2 节讨论。

- 控制链域:指向调用者活动记录的指针,也称为动态链,将在 7.4 节讨论。

- 访问链域:对于像 Pascal 这样的语言,需要访问链来访问非局部数据;对于 Fortran 和 C 则不需要。访问链又称静态链,将在 7.5 节讨论。

- 机器状态域:保存该过程调用前的机器状态信息,包括程序计数器的值以及控制从该过程返回时必须恢复的机器寄存器的值。

- 局部数据域:存储该过程执行时的局部数据。

- 临时数据域:保存该过程执行时的临时数据,如表达式的中间结果等。

几乎所有活动记录的域的长度都可以在编译时确定,不能确定的通常是动态的局部数据,包括在过程运行时才激活的局部数组、集合等可变长数据。

7.1.3　调用序列和返回序列

当出现过程调用的时候,编译程序必须决定操作的序列。这些操作包括为活动记录分配存储空间,计算并存储参数值,为调用分配并存储影响调用的存储器等。通常把这些在被调用过程体执行以前的操作序列称为调用序列。过程调用返回时还需要其他的操作,例如,把返回值放到调用者可以访问到的位置,恢复机器状态,调整寄存器,释放活动记录的存储空间等,这些使调用能够继续执行的操作系列称为返回序列。如果不作严格区分,它们统称为调用序列。

即使是同一种语言,过程调用序列、过程返回序列以及活动记录中域的排列次序,也会因不同的实现而有差异。设计调用序列主要有以下两个重要问题:

(1)如何在调用者和被调用者之间划分调用序列,也就是说,调用序列的多少代码放在调用点,多少代码放在每个被调用过程的开始之处;

(2)要在多大程度上依赖处理器的支持,才无须对调用序列的每一步都产生显示代码。

一般的原则是:调用者计算实参值,并把它们放到被调用者可以找到的位置。此外,调用点的机器状态、使用的寄存器以及返回地址,必须由调用者、被调用者或者双方保留。

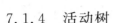

7.1.4 活动树

过程调用的动态控制结构可能非常复杂,为了分析程序中复杂的调用序列结构,可以使用一种树状的结构——活动树,来描述控制进入和离开活动的方式。在活动树中:

(1) 每个结点代表过程的一个活动记录(调用);

(2) 根结点代表主程序;

(3) 结点 p 是结点 q 的父结点,当且仅当表示控制流从 p 的活动进入 q 的活动;

(4) 在同一层中,结点 p 在结点 q 的左边,当且仅当表示 p 的生存欺先于 q 的生存期。

由于每个结点代表唯一的活动记录,每个活动记录也只有一个结点表示,所以很方便地说明控制是在哪个代表活动记录的结点。

例 7.1 假如执行以上的 Pascal 主程序 sort,则可以构造出程序执行期间所有过程的活动记录,从而来表示整个程序运行的踪迹,如图 7.2 所示。图中用过程调用表示活动记录,为了节省空间,过程名使用了缩写。树根是主程序 sort 的活动记录,它首先调用了 readarray 和 quicksort(1, 9),按照程序的执行顺序,readarray 在 quicksort(1, 9)之前,即 readarray 的生存期先于 quicksort(1, 9),所以,结点 ra 在 qs(1, 9)的左边。qs(1, 9)又调用了一次partition和两次 quicksort,图中所示的结点分别是 pt(1, 9),qs(1, 3)和 qs(5, 9)。注意,qs(1, 3)和 qs(5, 9)都是递归调用,它们在 quicksort(1, 9)结束之前结束。

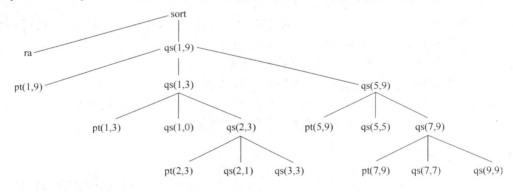

图 7.2 程序运行所对应的活动树

7.1.5 环境和名字的绑定

按照程序设计语言的语义,环境表示把一个名字映射到一个存储单元位置的函数,状态表示把存储单元映射到所保存的值的函数,如图 7.3 所示。我们可以说,环境把名字映射到左值,状态把左值映射到右值。环境和状态是有区别的:赋值改变状态,但不改变环境。例如,假设和存储单元 100 关联的变量 pi 记录的值是 0,在赋值语句 pi := 3.14 之后,同样是关联 pi 的存储单元的值就变成了 3.14。

图 7.3 从名字到值的两步映射

如果环境把名字 x 映射到存储单元 s,就说 x 被绑定到 s。术语存储单元是象征性的,因为如果 x 不是一个基本类型,那么 x 的存储单元 s 就可能是一组存储单元。学习本章以后,要注意理解程序的静态概念和其动态概念的对应体(如表 7.1 所示)。例如,绑定是声明的动态对应体。通过前面可以看到,在同一时刻可以存在递归过程的多个活动,在某些语言如 Pascal 中,该过程的一个局部变量名字可以绑定到每个活动的不同的存储单元中。

表 7.1　静态概念和动态概念的对应

静态概念	动态概念
过程的定义	过程的活动
名字的定义	名字的绑定
声明的作用域	绑定的生命期

7.2　参数传递机制

通过前面已经看到,在一个过程调用中,活动记录中形式参数所对应的位置,由调用程序在进入被调用体之前用实参或参数值填充。建立形参值的过程称为形参到实参的绑定。被调用过程的代码如何解释实参的值取决于源语言规定的参数传输机制。程序的运行结果依赖于参数的传输机制,所以,了解语言及其编译程序的参数传输方式十分重要。本节讨论常见的四种参数传输机制,包括按值调用、引用调用、值-结果调用和换名调用。

7.2.1　按值调用

在按值调用的机制中,在调用时计算实参所代表的表达式,其值就是被调用过程运行时形参的值。它的最简单形式可以解释成实参在过程的执行中作为常数值,取代了过程体中所对应的形参。C 语言和 Java 语言使用按值调用,按值调用也是 Pascal 和 Ada 的默认参数传递方法。按值调用可以按如下方式实现(见图 7.4):

（1）把形参当作所在过程的局部变量名看待,把形参的存储单元保存在该过程的活动记录中;

（2）调用过程计算每个实参,并把值分别放入形参对应的存储单元中。

按值调用的显著特征是:对形参的任何运算都不会影响调用者的实参值。由于 C 语言仅仅提供按值调用,所以,下列程序 inc1 不会达到它所期望的效果:

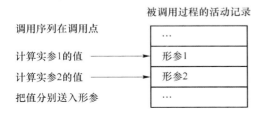

图 7.4　按值调用示意图

```
void inc1 (int x)
/ *  不正确的程序  */
{  ++ x; return x; }
```

在 C 语言中,需要传递参数的地址而不是值来实现上述预想的效果。

```
void inc1 (int *  x)
/ *  正确的程序  */
{  ++ ( * x); return * x; }
```

若希望增加变量 y 的值,这个函数的调用形式为 inc1(&y),因为要求的是 y 的地址而不是其值。

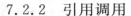

7.2.2 引用调用

在引用调用中,实参必须是分配了存储单元的变量,调用过程把实参的地址传递给被调用过程,使得形参成为实参的别名,因而对形参的任何改变也同时体现在实参中。引用调用要求编译程序计算实参的地址,然后存入活动记录。同时还要求编译程序能够把对形参的局部访问转换成为对实参的间接访问,因为局部"值"其实就是程序运行中实参的地址(所以引用调用又称按地址调用)。引用调用可以按如下方式实现(参考图 7.5,假如实参 1 是变量或具有左值的表达式,实参 2 没有左值)。

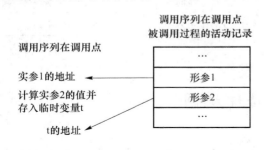

图 7.5 引用调用示意图

(1) ①若实参是变量或具有左值的表达式,则把该左值放入形参的存储单元;②若实参是 3 或 3+a 这样没有左值的表达式,则首先把它的计算结果存入到一个新的临时变量 t 中,然后把 t 的地址传递给形参。

(2) 在被调用过程的目标代码中,对形参的任何引用都是通过形参存储的地址来间接引用实参的。

引用调用的显著特征是:对形参的任何运算都直接影响调用者的实参。引用调用在 Fortran77 语言中是唯一的参数传输形式。在 Pascal 中,引用调用是通过在过程声明中使用关键字"**var**"来实现的;C 和 C++在过程声明中使用地址符号"**&**"来实现对参数的引用调用,例如:

```
void inc1 (int & x)
/* 正确的程序 */
{ ++ x; return x; }
```

这个函数可以被直接调用,不必使用地址操作符,inc1(y)就可以增加变量 y。

7.2.3 值-结果调用

按值调用和引用调用的混合形式叫作值-结果调用,也称为复写-恢复或复写入-复写出。这种调用的实现方式如下(参考图7.6):

(1) 调用过程把实参的值和实参的地址同时传给被调用过程;

(2) 被调用过程像按值调用那样使用传递给形参的值;

(3) 被调用过程结束时,把形参在被调用过程中的最后的值复制到实参的存储单元中。

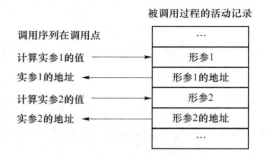

图 7.6 值-结果调用示意图

这种参数传输方式对应 Ada 语言中的 in out 参数。Fortran 的某些实现也采用值-结果调用。

值-结果调用和引用调用的唯一区别就在于别名。例如,对下列(按照 C 的语法格式)

代码：

```
void p( int x, int y)
{ ++x；++y；}
main ()
{ int a = 1；p(a，a)；return a；}
```

使用引用调用的参数传递方式,调用 p 之后 a 的值是 3;使用值-结果调用的方式,调用 p 之后 a 的值则是 2。

从编译程序的角度看,值-结果调用要求改变运行栈和调用序列的基本结构。首先,由于调用者必须能够访问到要复制出去的局部值,所以,活动记录不能由被调用者释放。其次,调用者必须在构造新的活动记录前把实参的地址作为临时变量推入栈顶,或者从被调用过程返回的时候重新计算实参的地址。

7.2.4 换名调用

换名调用是最复杂的参数传输机制。换名调用的思路是:直到在被调用的过程中作为形参实际使用的时候才计算实参(换名调用因此也叫延迟计算)。换名调用可以按如下方式实现。

(1) 在调用点,用被调用过程的体来替换调用,但是形参用对应的实参来替换。这种文字替换方式称为宏展开或内联展开。

(2) 在宏展开前,被调用过程的每个局部变量的名字被系统重新命名为可以区别的名字。

例如,对于代码

```
void p(int x)
{ ++x；}
```

如果出现了 p(a[i])这样的调用,其效果就是++(a[i])。所以,如果 i 在过程 p 内的变量 x 之前改变了值,结果将既不同于引用调用,也不同于值-结果调用。

例 7.2 考虑下列(C 语法格式的)代码:

```
int i;
int a[10];
void p(int x)
{ ++i;
  ++x;
}
main()
{ i = 1;
  a[1] = 1;
  a[2] = 5;
  p(a[i]);
}
```

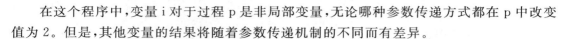

在这个程序中,变量 i 对于过程 p 是非局部变量,无论哪种参数传递方式都在 p 中改变值为 2。但是,其他变量的结果将随着参数传递机制的不同而有差异。

采用按值调用的参数传递机制,调用过程 p 不改变 a[1]和 a[2]的值。

采用引用调用和值-结果的参数传递机制,调用过程 p 的结果一样,都是把 a[1]的值改变为 2,而没改变 a[2]的值。(但是,如果采用值-结果参数机制的另外一种实现,在复写出形参值的时候重新计算对应实参的地址,那么,调用过程 p 的结果把 a[2]设置为 2,保持 a[1]的值不变。)

采用换名参数传递机制,调用过程 p 的结果是把 a[2]设置为 6 并保持 a[1]的值不变。

换名调用最初是在 Algol60 语言中实现的,由于实现复杂,效率低,并且具有意外的副作用,因此很少使用。但是,最近在纯粹的函数语言如 Miranda 和 Haskell 中使用了换名调用的变体。由于概念上的内联展开可以缩短程序的运行时间,Java 和 C++在 C 的基础上增加了内联函数。这是因为,过程活动的建立包括活动记录的空间分配、机器状态的保存、调用数据的传递以及控制的转移等,这些都需要占用机器的资源。若过程体较小,则过程调用序列的代码可能会超过过程体本身的代码。如果把过程体的代码内联展开到调用者的代码中,即使程序的代码会稍长一些,程序的执行速度也会提高。对于诸如 Java 和 C++这样的面向对象的语言,内联函数还可以减少程序运行时消息和函数体的动态查找和联编。而且,内联函数产生了更大的代码块,使得代码优化技术的应用更加方便。这些都极大地提高了面向对象语言程序的运行速度。

例如,下面的 C++函数读入一行字符串,逐个判断是否为数字字符:

```
isNumber (char ch) {rerurn ch > = '0' && ch < = '9' ? 1 : 0; }
```

这个函数本身的代码很短,程序频繁调用该函数所花费的时间却很多,从而降低了程序的执行效率。C++提供了内联函数的机制,把上面的函数改为:

```
inline isNumber (char ch)
```

这样就既保证了程序的可读性,又提高了程序的执行效率。

7.3　运行时存储空间的组织和管理

本节介绍程序运行时存储器的一般划分,以及不同的存储分配策略,包括静态分配、栈式动态分配和堆式动态分配策略。

7.3.1　局部数据的存放

假定运行时存储是连续字节组成的区域,字节是内存编址的最小单位。数据对象所需存储区域的大小则由其类型确定。一个基本类型的数据对象,如字符、整型或实型存放在结果连续字节中。

对于数据、结构或记录这样复合类型的数据对象,为它们分配的存储区域必须大到足以存放它们的所有组成部分。为了便于存取,为这些复合类型的数据对象也分配一块连续的存储区域。在生成可以实际运行的目标代码时,为数据对象分配存储区域时必须考虑到边界对齐的问题。

编译对一个过程的局部变量按照它们的声明顺序,在活动记录的局部数据域中依次分配存储空间。这些局部数据的地址可以相对于一个特殊的位置,譬如活动记录的开始地址,用相对地址来表示。相对地址(偏移量)就是数据对象和这个基准位置地址(基址)的差。活动记录中其他域的访问也可以用相对地址的方式来处理。

7.3.2　运行时存储空间的划分

为了使目标代码能够运行,编译程序必须从系统中申请一块存储区域,分配给目标代码。典型的计算机存储区域包括快速运算与访问的寄存器区域和比较慢的随机访问存储区域(RAM),而 RAM 又可以划分成为代码区和数据区。对于大多数需要编译的语言,程序运行的时候不能改变程序的存储区域,而且,代码区域和数据区域在概念上被认为是分离的。因为代码区域在运行前就已经确定,所有的代码地址在编译时都可以计算出来,代码区域如图 7.7 所示。

特别地,每个过程的入口点在编译时是已知的。但是,为数据分配的地址在编译时并不总是已知的。

只有一类数据,称为全局数据或静态数据,可以在程序运行前在存储器中分配得到确定的位置。在 Fortran 语言中,所有的数据都是静态数据,因而可以像代码一样在编译时独立地分配到一个固定的存储区域。Pascal 语言中的全局变量、C 语言中的外部变量和静态变量也属于这类数据。

分配给动态数据的存储空间有多种组织方式。典型的组织包括把存储空间划分为栈式数据区域和堆式数据区域。机器的体系机构通常还包括处理器栈,用作支持过程调用。有时,编译必须明确地为处理器栈在内存中适当地分配位置。这样,运行时存储空间的一般划分就如图 7.8 所示。图中的箭头指出栈和堆增长方向。

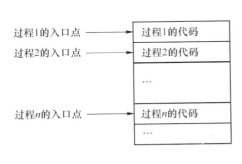

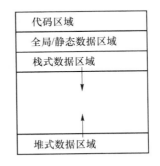

图 7.7　代码区域　　　　　　　　　图 7.8　运行时存储空间的划分

存储器中的重要部分是过程的活动记录,它的一般结构参见图 7.1。根据语言特性,活动记录可以分配在静态区域(如 Fortran)、栈式数据区(C 和 Pascal)或者堆式数据区(Lisp语言)中。如果活动记录保存在栈中,有时也称它们为栈帧。

处理器寄存器也是运行时环境结构的一个组成部分。寄存器可以用来存储临时变量、局部变量及全局变量。如果一个处理器有许多寄存器,譬如最新的 RISC 处理器,那么,所

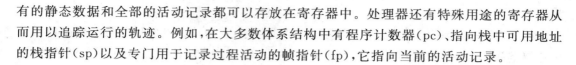

有的静态数据和全部的活动记录都可以存放在寄存器中。处理器还有特殊用途的寄存器从而用以追踪运行的轨迹。例如，在大多数体系结构中有程序计数器（pc）、指向栈中可用地址的栈指针（sp）以及专门用于记录过程活动的帧指针（fp），它指向当前的活动记录。

7.3.3　存储分配策略

显然，上述讨论的语言特性和机器的体系结构会影响存储器的分配方式，编译程序在使用存储器时应该考虑下列因素：

- 过程能否递归；
- 当控制从过程的活动返回时，是否需要保留局部变量的值；
- 过程能否访问非局部变量，如何有效地访问；
- 过程调用时形参和实参的传递方式；
- 过程能否作为参数传递和结果返回；
- 存储区域能否在程序控制下动态地分配；
- 存储区域能否在程序控制下显示地回收。

不同的语言或同一语言的不同编译程序对于数据空间的存储分配策略会有不同，常见的有三种：静态存储分配、栈式动态存储分配和堆式动态存储分配。一个具体的编译程序要采取哪种分配策略主要依赖于程序语言关于名字的作用域和生存期的定义规则。

静态存储分配在程序编译的时候就把数据对象分配在固定的存储单元，在运行时也始终保持不变。像 Fortran 语言，不含递归过程，不允许改变数据对象的体积和待定性质的名字，在编译时能完全确定程序中每个数据对象运行时在存储空间中的具体位置。因此，Fortran 语言的编译程序可以采用静态存储分配策略。

对允许含有递归过程的 Pascal、Ada、C、C♯ 和 Java 等语言，在编译时无法预先确定哪些递归过程在程序运行时被激活，也不能确定它们的递归深度；而每次递归调用时，都要为该过程的活动记录分配新的存储空间。因此，这些语言的编译程序都不能采取静态存储分配策略，只能在程序运行时动态地进行存储分配。

栈式动态存储分配在程序运行时把存储器作为一个栈来管理。每当一个过程被激活和调用时，就动态地为这个过程在栈的顶部分配存储区域；一旦过程执行结束，就释放所占用的存储空间。这种策略特别适合那些允许过程嵌套的语言，如 Pascal、Ada 等。而 Pascal、C、Ada 以及几乎所有面向对象语言还允许程序员在程序运行时动态地申请和释放存储空间，而且，存储空间的申请和释放顺序是随意的，并不需要遵守先申请先释放的队列原则或先申请后释放栈的原则。因此，这些语言还需要采用更复杂的动态存储分配策略。堆式动态存储分配把存储器作为一个堆来管理，特别适合程序运行时随意地申请和回收存储单元的情况。

7.4　静态运行时环境

在这种最简单的运行时环境中，所有的数据都是静态的，当程序运行时它们在存储中保持不变。这种运行时环境可以用来实现语言中没有的指针类型或动态存储分配,过程不允许递归调用。Fortran 就是这种分配策略的典型语言。

在静态运行时环境中,不仅全局变量,而且所有变量都可以在编译时分配存储单元。因此,每个过程只有一个活动记录,它可以在程序运行前静态地得到存储分配。所有变量,无论是全局的还是局部的,都可以通过固定的地址进行访问。整个程序的存储如图 7.9 所示。

在静态运行时环境中,活动记录的填写工作和调用序列都十分简单。调用过程时,调用序列计算每个实参的值,把它们放到被调用过程的活动记录中相应形参的位置,然后保留调用者的返回地址,生成一个到被调用过程起始位置的跳转指令,返回时也需要生成一个简单的到返回地址的跳转指令。

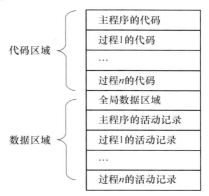

图 7.9　静态存储分配结构

例 7.3　下面是一个 Fortran 程序,它计算并打印一个表中实数的平均值。它只有一个主程序和一个子程序 QUADMEAN,唯一一个全局变量是分别在主程序和 QUADMEAN 中声明的 MAXSIZE,程序还调用了库函数 SORT。

```
        PROGRAM TEST
        COMMON MAXSIZE
        INTEGER MAXSIZE
        REAL TABLE(10), TEMP
        MAXSIZE = 10
        READ *, TABLE(1), TABLE(2), TABLE(3)
        CALL QUADMEAN(TABLE, 3, TEMP)
        PRINT *, TEMP
        END

        SUBROUTIN QUADMEAN(A, SIZE, QMEAN)
        COMMON MAXSIZE
        INTEGER MAXSIZE, SIZE
        REAL A(SIZE), QMEAN, TEMP
        INTEGER K
        TEMP = 0.0
        IF ((SIZE.GT.MAXSIZE).OR.(SIZE.LT.1)) GOTO 99
        DO 10 K = 1, SIZE
10      TEMP = TEMP + A(K) * A(K)
99      CONTINUE
```

```
QMEAN = SORT(TEMP/SIZE)
RETURN
END
```

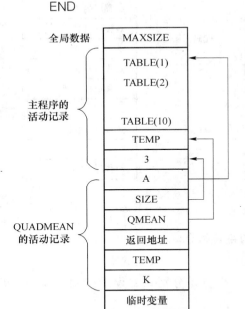

图 7.10　Fortran 例子的运行栈

如果忽略整型和浮点实型值在存储器中的差别,这个程序的运行时环境如图 7.10 所示。图中箭头连线表示过程 QUADMEAN 的三个参数 A、SIZE 和 QMEAN 的值在调用过程中从主程序复制得到,这是由于 Fortran 语言的参数传递隐含了地址引用,所以把它们的地址赋值给被调用的 QUADMEAN。另外,QUADMEAN 活动记录中的临时变量用来存放计算 TEMP+A(K) * A(K) 或者 TEMP/SIZE 的值。如果没有足够的寄存器来存放临时值,或者有一个调用要求保留这个值,那么,在完成计算之前要把该值存储在活动记录中。编译程序根据目标机器的体系结构(如寄存器的个数和使用规则)可以确定运行时是否需要存放临时变量的存储,并安排大小合适的临时存储单元。

7.5　栈式运行时环境

如果一个语言允许过程递归调用,而且每次调用都要给局部变量分配内存,那么就不能静态地分配活动记录。这样就必须使用栈结构对活动记录进行分配。每个新的过程调用都把一个新的活动记录放在栈顶,在过程运行以后再回收这个活动记录的存储单元,这样的数据结构叫作活动记录栈(又称运行栈或调用栈)。活动记录栈在程序的执行过程中随着调用链增长和缩减。同一时刻每个过程会有多个不同的活动记录在活动记录栈,每个活动记录代表不同的调用。这样的运行时环境就需要更加复杂的策略来记录调用信息和变量访问,调用序列也需要建立和维护处理这些信息的操作步骤。基于栈的运行时环境是否正确以及所需要记录的信息量主要取决于程序语言的特性。

本节,将按照语言特性的复杂程度介绍基于栈的运行时环境的组织。

7.5.1　无过程嵌套的栈式运行时环境

在诸如 C 这类语言中,过程都是全局过程,不允许嵌套,但是允许递归调用。运行时环境不仅需要维护指向当前活动记录的指针,以便访问局部变量;还要保存直接调用者的位置,以便调用结束后恢复调用者的活动记录。指向当前活动记录的指针通常称为帧指针 fp,一般保存在一个寄存器中(就称为 fp)。通常用一个存放在当前活动记录中称为控制链的指针访问前一个活动记录,这个指针又称动态链指针,因为它在程序运行时指向调用程序的活动记录;又被称为老的帧指针,因为这个指针表示了 fp 的前一个值。此外,还有一个栈指针(sp),它通常指向调用栈上的最后位置(或栈顶)。

例 7.4 一个计算两个非负数最大公因子的欧几理得算法的递归程序 gcd,代码如下所示。假设输入了 15 和 10,main 开始调用 gcd(15,10),第二次调用 gcd(10,5),接着第三次调用 gcd(5,0)并且返回 5。第三次调用的运行时环境如图 7.11 所示。每次调用 gcd 都在栈顶新增一个大小一样的活动记录,而且在每个活动记录中都有控制链用以指向调用它的前一个活动记录。帧指针 fp 指向当前活动记录的控制链的地址,这样,在下一次调用时(比如第四次调用),这个 fp 就成为下一个活动记录的控制链的目的地址。

```c
#include<stdio.h>
int m,n;
int gcd(int u, int v)
{
    if(v==0) return u;
    else return gcd(v, u%v);
}


main()
{
    scanf("%d%d", &m, &n);
    printf("%d\n", gcd(v, u%v));
    return 0;
}
```

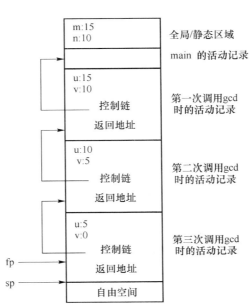

图 7.11 gcd 第三次调用时的运行时环境

每次调用 gcd 执行完过程体的动作之后,都把相应 gcd 的活动记录从栈顶移出。当执行 main 中打印语句 printf 的时候,存储器中只剩下 main 的活动记录和全局/静态数据。

最后值得指出的是,因为 C 语言的参数传递方式是按值调用的,所以,调用 gcd 时调用者的活动记录中无须实参的值。这有别于图 7.10 中的 Fortran 程序,因为其中的常数 3 还需要一个存储单元。

1. 名字的访问

在栈式环境中,参数和局部变量不能通过固定地址访问,而必须依据它们和当前活动记录的偏移量来定位。在大多数语言中,编译可以确定过程声明并且给每个局部声明的变量分配存储单元。由于每个变量的数据类型是固定的,所以,每个局部声明的偏移量可以由编译程序计算出来。无嵌套过程的局部变量和参数在运行时的绝对地址是:

绝对地址 = 活动记录基地值 + 偏移量

例 7.5 考虑下列 C 程序:

```
void f(int x, char c){
    int a[10];
    double y;
    ...
}
```

调用过程 f 的活动记录如图 7.12(a)所示。

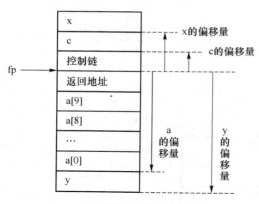

名字	偏移量
x	+5
c	+4
a	−24
y	−32

(a) 调用过程f的活动记录 　　(b) 每个变量的偏移量

图 7.12　调用过程 f 的活动记录以及每个变量的偏移量

假设整型占 2 个字节,地址用 4 个字节,字符型用 1 个字节,双精度浮点型占 8 个字节,栈向下增长。那么,就可以在编译时得到每个局部变量的偏移量,如图 7.12(b)所示。每个局部变量在内存中的地址可以根据对当前活动记录帧指针 fp 的偏移量计算得到。

例如,对 a[i]的访问就可以按照下列公式得到地址:$(-24+2*i)(fp)$。根据 i 的位置和机器的体系结构的存储访问可能只需一条机器指令。

在 C 这种无嵌套过程的语言中,所有的非局部变量都是全局的、静态的,它们在存储区域的地址可以通过相对于主程序的偏移量(而不是相对于活动记录的偏移量)在编译时计算出来。

2. 临时局部量和嵌套声明

在栈式运行时环境中需要考虑临时变量和嵌套声明的处理问题。临时变量是在过程调用中存放中间结果的变量。例如,C 语言的表达式 a[i] = (i + j) * (i/k + f(j)),在自左向右的计算中需要临时存储下列结果:a[i]的地址、i+j 以及 i/k 的值。这些临时结果可以存放在寄存器中,并根据某个寄存器管理机制进行保护和恢复;也可以把临时结果存储在调用 f 之前运行栈的临时变量中。由于临时变量的个数和类型可以事先确定,对于它们的访问便可以在编译时按照局部变量的方式进行。

无过程嵌套的语言如 C、C++和 Java 都有复合语句结构或程序块,程序块可以嵌套程序块,而且允许在程序块中声明变量。程序块是程序语言的一个主要构造元素,其他语言如 Pascal、Ada 采用 begin 和 end 作为程序块的分界符。

下面通过一个例子来讨论如何组织和访问嵌套声明中的变量。

例 7.6 考虑 C 语言的代码:

```
void p( int x, double y)
{
    char a;
    int i;
    A: {  double x;
          int j;
          ...
       }
    B: {  char * a;
          int k;
          ...
       }
}
```

这段代码有两个程序块 A 和 B 嵌套在过程 p 内,每个块都有局部声明,它们的作用域仅限于所在的块。程序块结构的声明作用域通常遵循最近嵌套规则。注意,上述代码中过程参数 x 声明的作用域不包括程序块 A,因为在 A 中重新声明了变量 x。这样的空间在声明的作用域中称为作用域洞。

编译可以像处理过程那样,在进入每个块的时候创建一个新的活动记录,在退出时收回活动记录占用的存储。然而,由于块没有参数和返回值,对块的这种处理方法显得效率低。更好的方法类似对临时变量的处理,在运行控制进入一个块的时候才为每个块内的声明在栈顶分配存储,离开时就收回。

图 7.13(a)示意了程序进入过程 p 中块 A 时的活动记录,图(b)示意了离开 A 进入块 B 的活动记录。

这样的实现必须谨慎地分配嵌套声明,使得外围过程块 fp 的偏移量可以在编译时计算出来。例如,在上面的代码中,位于块 A 中的变量 j 到过程 p 的 fp 的偏移量是−17,块 B 中

k 的偏移量是−13(假设整型数占 2 个字节,地址占 4 个字节,字符型占 1 个字节,双精度浮点型占 8 个字节)。

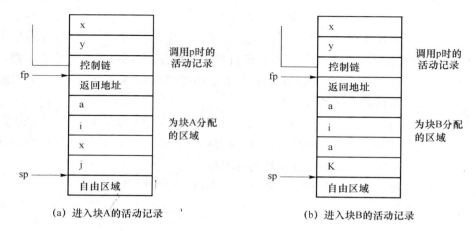

图 7.13　进入过程 p 的活动记录量

7.5.2　有过程嵌套的栈式运行时环境

在 Pascal、Ada 等语言中允许过程嵌套声明,一个过程可以引用包围它的任一外层过程所定义的变量,非局部名字并非就是全局的。由于没有提供访问非局部、非全局名字的手段,截至目前所描述的运行时环境的实现效率仍旧不高。

例 7.7　考虑下面的 Pascal 语言的程序:

```
program nonLocalRef;
   procedure p;
      var n: integer;
      procedure q;
      begin
      /* 对变量 n 的任何引用都是非局部、非全局的 */
      end;
      procedure r(n: integer);
      begin
       q;/* 调用过程 q */
      end;
   begin        /* 开始过程 q */
   n := 1;
   r(2);
   end;
begin        /* 开始主程序 */
   p;
end;
```

调用过程 q 时的运行栈如图 7.14 所示,在 q 内任何对 n 的引用都是引用定义在 p 中的局部变量 n。利用控制链在 r 的活动记录中查找这个 n,而且若 r 没有 n 的声明,则可以通过跟随另一个控制链来找到 p 的 n。但是,这样实现的是动态作用域,它必须在执行时保存用于每个过程的局部符号表,这才能允许在每个活动记录中查询标识符,若它退出的话也可以查询标识等,并且可以判定出它的偏移量。并且这种实现增加了运行时环境的复杂性。此外,编译也不能通过确定的偏移量找到 n 的声明,因为 n 在过程 r 和 p 中的偏移量不同。这里,需要区别名字作用域的静态定义规则和动态定义规则。

1. 用静态链访问非局部量

解决上述嵌套作用域问题的途径是在每个活动记录中增加访问链(又称为静态链)来记录嵌套作用域的信息。访问链指向过程定义环境的活动记录,即指向直接外层的最新的活动记录,而不是调用环境的活动记录。图 7.15 增加了访问链,这样,在过程 q 内对非局部量 n 的引用,将根据访问链到过程 p,通过固定的偏移量找到。如果将访问链载入一个寄存器,则可以方便地用一条指令实现非局部变量的访问。例如,若将寄存器 R 用作访问链,地址占用 4 个字节,则它在 q 中的值是 4(fp),那么,在 q 中就可以按照地址 -6(R)访问到过程 p 中定义的变量 n。

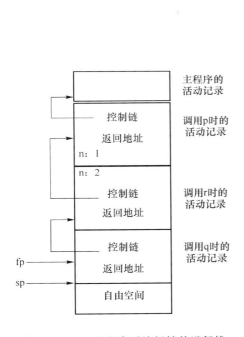

图 7.14 Pascal 程序无访问链的运行栈

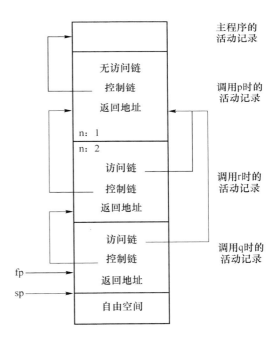

图 7.15 Pascal 程序带访问链的运行栈

注意:由于过程 p 是全局过程,所以它的活动记录中无须访问链。在 p 中对任何非局部量的引用都可以按照全局化的访问机制实现。

在上面的例子中,非局部引用的是在最近的外层作用域中声明的名字。事实上,非局部引用也可以是距离最远的作用域中声明的变量。例如,下面是有过程嵌套 Pascal 语言的快速排序程序。

```
program sort(input, output)
```

```
        var a：array[0..10] of integer;
         var x：integer;
    procedure readarray；
         var i：integer；
         begin …a[i]… end { readarray }；
         procedure exchange（i，j：integer）；
         begin
             x := a[i]；a[i] := a[j]；a[j] := x
         end {exchange}；
    procrdure quicksort(m，n：integer)；
         var k，v：integer；
         function partition(y，z：integer)：integer
             var i，j，x，y：integer；
             begin
                …a…
                …v…
                exchange(i，j)；
                …
             end {partition}；

         begin
           if ( n > m ) then
                   begin
                       i = partition(m，n)；
                       quicksort(m，i−1)；
                       quicksort(i+1，n)；
                   end；
         end { quicksort }；
    begin
       a[0] := −9999；
       a[10] := 9999；
       readarray；
       quicksort(1，9)；
    end {sort}；
```

　　按照最近嵌套规则，在 partition 中变量 a 的声明出现在主程序中，a 对于 partition 而言是非局部的。同样，在 partition 中调用的过程 exchange 对 partition 也是非局部的。查找 exchange 信息的过程如下：首先在 quicksort 中查找 exchange 的定义，若没有，则在其外部过程 sort 中寻找。图 7.16 表示了程序运行时栈的简化情形，每个活动记录仅画出了三行：访问链（sort 没有访问链）、所有参数以及所有局部变量，分别依次示意在活动记录的每一行中。

过程 quicksort 的每个活动记录以及 exchange 的活动记录都由访问链指向主程序 sort,以便访问非局部数组 a 和变量 x。特别地,在图 7.16(c)中,过程 partition 活动记录的访问链指向最靠近的 quicksort 的活动记录,即 quicksort(1,3)。过程 partition 可以通过访问链一次在最近的外围 quicksort 中找到 v 的数值;要查找变量 a[i]的值,首先需要通过访问链找到 quicksort,如果没有包含 a 的声明,下一步就继续沿着 quicksort 的访问链找到 sort,通过偏移量可以访问 a[i]的值。

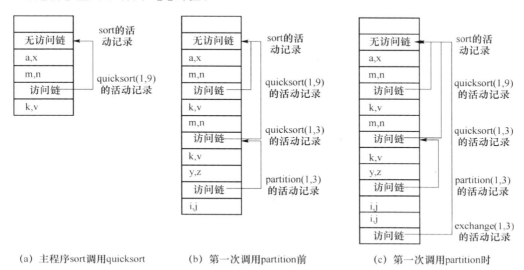

(a) 主程序sort调用quicksort　　　(b) 第一次调用partition前　　　(c) 第一次调用partition时

图 7.16　查找非局部量存储单元的访问链

为了实现这种嵌套的静态作用域,编译程序在局部地访问名字以前必须能够确定访问链的嵌套层次。为此,需要引入声明或过程的嵌套层次或嵌套深度的概念。通常定义最外层作用域(Pascal 语言的主程序层、C 语言的外部作用域)的嵌套深度为 0;编译时每进入一个过程,层数就加 1,过程退出时,层数就减 1。例如,图 7.16 中,过程 sort 的层数为 0,变量 a 和 x 的层数是 1,因为它们在过程 sort 内部。同样,过程 quicksort 的层数是 1,过程变量 k 和 v 以及过程 partition 的层数是 2;partition 内变量的层数是 3,exchange 的层数也是 3。

如果引入了嵌套层数,那么访问一个非局部变量所需的链接个数就是调用点的层数减去非局部变量的声明层数。例如,partition 内部引用非局部量 a 和 v 的嵌套层数分别是 1 和 2,追踪声明这些变量活动记录的访问链的次数分别就是 3-1=2 和 3-2=1。

2. 用嵌套显示表(display)访问非局部量

如果非局部量的嵌套层次很多,由于需要执行很长的操作序列才能找到它的声明位置,因此用访问链接来访问非局部量的方式缺乏效率。但是,在实际程序中嵌套层数多数是 2 或 3,而且大多数的非局部引用就是全局变量,因此可以使用直接的访问方式。

为了提高访问非局部量的速度,可以采用一个指针数组,称为嵌套层次显示表(display)。每进入一个过程后,就在它的活动记录中建立一个 display 表,表元素的个数就是该过程的嵌套层数加 1。display 本身采用栈的结构,自顶向下依次存放当前层、直接外层,……,直至最外层(0 层,主程序)的最新活动记录的基地址。由于过程定义的层数可以静态地确定,所以,每个过程 display 表的体积可以在编译时确定。这样,从一个非局部声明所在的静态层数和相对于活动记录的偏移,就可以得到该非局部量的绝对地址:

$$非局部量的绝对地址 = display[嵌套层数] + offset[偏移量]$$

嵌套显示表的组织类型有很多种,这里介绍一种把每个过程的 display 表放在活动记录内的方法。图 7.17 把图 7.16 的程序运行时的环境用 display 表描述出来,运行栈的增长方向自顶向下。

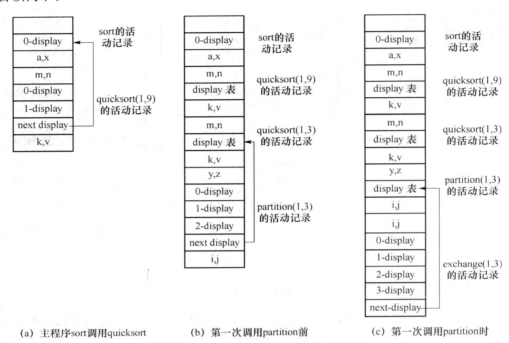

(a) 主程序 sort 调用 quicksort   (b) 第一次调用 partition 前   (c) 第一次调用 partition 时

图 7.17　查找非局部量存储单元的 display 表

在每个活动记录中访问链的位置上存放一个 display 表,它的大小可以在编译时确定。图中仅仅在当前活动记录中列出了 display 表的所有元素,每个元素写成 i-display,表示指向第 i 层活动记录的指针,其他活动记录的 display 表元素缩写成"display 表"。在当前活动记录中还有一个指针指向调用当前过程的最近的活动记录,以便过程结束后可以找到当前过程的直接调用者的 display 表,图中用 next display 表示而且仅画出了这个链接,最外层(0 层)无须这个指针。

使用 display 表之后,过程调用序列所需要的操作与采用访问链的工作类似,只是增加了有关对 display 的处理。

7.6　堆式运行时环境

栈式运行时环境可以满足大多数命令式和面向对象程序语言如 C、Pascal、C++ 和 Java。但是,这种运行时环境也有其局限性。如果需要把一个过程局部变量的引用返回给被调用者,栈式运行时环境就会在过程退出时产生悬挂引用,因为过程的活动记录将从运行栈中收回。一个最简单的情况就是要返回局部变量的地址,如下列 C 代码:

```
int * dangle()
{ int x; return & x;}
```

赋值语句 addr=dangle()就可能造成 addr 指向活动记录中一个不安全的位置,其值可能被随后的任何调用随意改变。当然,C 语言声明这样的程序出错,绕过了这样的问题。换句话说,C 的语义还是建立在栈式运行时环境之上的。

更加复杂的悬挂引用出现在函数允许作为参数和返回值的时候,例如在函数式程序语言 Lisp 和 ML 中。对于这类语言就需要一种完全动态的环境,它在所有引用都消失的时候才收回活动记录,这就要求活动记录所占用的存储单元可以在程序运行时随意地释放。完全动态环境显然要比栈式环境复杂得多,因为它需要程序运行时追踪引用,能够在程序运行的任意时刻找到存储并且释放区域。

即使是 C、Pascal、C++ 和 Java 等语言,由于它们允许程序员动态地申请数据空间和回收数据空间,因此这些语言的运行时环境也需要处理指针的分配和回收。在这种情况下通常使用一种称为堆式动态存储分配策略。

堆提供了两种操作:分配和释放。分配操作的参数需要存储的大小(以字节或以存储块512 个字节为单位),如果能找到合适的内存就返回指向一块连续内存的首地址的指针,否则返回空指针。释放操作用已经分配存储块的指针作为参数,对该存储块作出标记以表示释放,可以自由使用。在不同的语言中,这两种操作的名字不同:在 Pascal 中是 new 和dispose,C++ 语言使用的是 new 和 delete,C 有不同的操作名字,其中一种是 malloc 和 free。

维护堆并且实现这两种操作的标准方法是使用一个自由存储块的环形链接表。

7.6.1 堆式动态存储分配的实现

堆式存储分配的实现可以按照定长块和变长块进行。初始时,将堆存储空间分成大小相等的若干存储块,每块制定一个链域,按照相邻块的顺序把所有块连成一个链表,用指针avaiable 指向链表中的第一块。每次分配时都首先分配指针 avaiable 所指的块,然后 avaiable指向邻接的下一块,如图 7.18(a)所示。回收后,把归还的块插入链表,如图 7.18(b)所示。

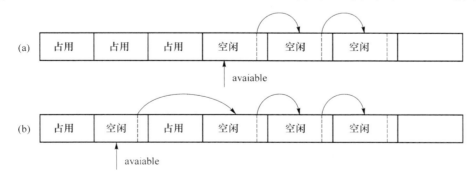

图 7.18 定长块管理

编译程序管理定长块分配不需要知道分配出去的存储块将存放何种类型的数据,程序员可以根据需要使用整个存储块。

变长块存储管理是根据需要分配长度不同的存储块,可以随需而变。这种方式的初始化也是一个连续的堆存储空间。按照请求,分配时先是从一个整块里分割出满足需要的一小块。以后归还时,如果新归还的存储块能够和现有的空闲块合并,则合并成一块;否则,把这个新归还的块链接到空闲块链表中。以后再进行分配时,从空闲块链表中找到满足需要的一块,或者把整个空闲块分配出去,或者从该块中分割出满足需要的一小块分配出去。若空闲块链表中有不止一个可以满足需要的空闲块时,通常有三种不同的分配策略。

(1)首次满足法:只要在空闲块链表中能找到可以满足需要的一个空闲块,就进行分配。如果该块很大,则按申请的大小分割,剩余的部分作为空闲块仍然留在空闲块链表中;如果该块比需要的不是大出很多,则把整个块分配出去,以免在空闲块链表中留下许多无用的小碎块。

(2)最优满足法:通常将空闲块链表中的空闲块按照块的体积从小到大排序。分配时只需将空闲块链表中第一个大于申请块的空闲块分配出去,这是一个不小于申请块,但又最接近申请块大小的空闲块。当然,在回收时也需要将释放的空闲块插入到链表的适当位置上。

(3)最差满足法:这个方法就是分配一个不小于申请块,但又是最大的空闲块。通常将空闲块链表中的空闲块按照块的体积从大到小排序,这样每次分配无须查找,只需将空闲块链表中的第一个空闲块删除,将其中的一部分分配出去,而其他部分作为一个新的空闲块插入到链表的适当位置上。当然,在回收时也需要将释放的空闲块插入到链表的适当位置上。

这三种分配策略各有长处和缺陷。最优满足法总是寻找和请求大小最接近的空闲块,系统中可能产生一些无法利用的存储碎片,同时也保留了很大的存储空间以便满足后面可能出现的存储空间较大的请求。而最差满足法,由于每次都是从存储中分配最大的空闲块,使得空闲块链表中的空闲块大小趋于均匀。而首次满足法的分配是随机的,介于最优满足法和最差满足法之间,适用于系统事先不掌握运行期间可能出现的请求分配和释放的信息情况。从策略的效率上看,首次满足法在分配时需要查询空闲块链表,而回收时仅需要插入到表头即可;最差满足法正好相反,分配时无须查表,回收时则需要将释放的空闲块插入到链表的适当位置上;最优满足法无论分配与回收都需要在空闲块链表中查找,效率最不高。

7.6.2 堆的自动管理

使用 malloc 和 free 执行指针的动态分配和回收是堆管理的手工方式,因为程序员需要明确地编写这些函数的调用语句。与之相对应,运行栈由调用序列自动进行管理。在堆式动态环境中,可以在每个调用中比较容易地调度 malloc,但是,由于活动记录必须保持到所有的引用都消失为止,所以调用结束后很难调度对 free 的调用。因此,自动存储管理包含无须显式的调用释放函数,回收那些已经分配,而且尽可能长时间内不再使用的存储单元。这个过程无须程序员的干预,但需要操作系统、机器结构方面的支持,并且由运行系统来决定何时、如何执行无用单元的收集,这个过程称为垃圾收集(无用单元回收)。在多数面向对象语言、函数式语言和逻辑式语言中,存储单元的自动分配和回收应用得最广泛。

1. 垃圾收集的不同技术

从原理上讲,无用单元回收的目标是自动回收程序中那些不再使用的存储块的集合,即垃圾集合。但是,由于不存在决定程序下一步要做什么工作的自动化方法,因此,垃圾集合的两个比较现实的近义词是"没有指针指向的存储块的集合"和"堆式分配程序中数据不可达的存储块的集合"。显然,这两个集合中的数据不可能被程序使用。"无指针"引出了一项称为引用计数的垃圾回收技术,使用"不可达"标准的回收技术是标记和清扫、双空间复制以及分代垃圾收集。

(1) 引用计数(参考图 7.19)是一个很直观的垃圾收集算法,它在每个存储块中增加了一个引用计数,记录指向该块的指针数目(引用的次数)。每当从堆中分配一个存储块的时候,它的引用计数就初始化为 1。只要存储块的应用被复制,它的引用计数就加 1(递增)。同样,每当存储块的引用被删除,它的引用计数就减 1(递减)。当该数目下降到 0 时,就声明该块无用而且可以收回。

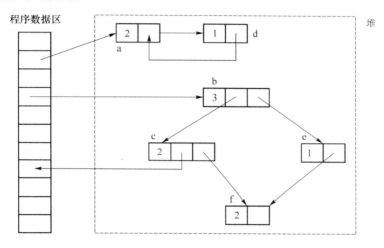

图 7.19　堆中带有计数的存储块

引用计数的实现需要跟踪所有的引用操作以及递归地回收引用计数为 0 的存储块。引用计数的垃圾收集技术存在效率问题,在代码生成中缺乏广泛的应用。但是,它在管理相对较小的动态存储分配方面是一个非常流行的技术,通常在人工开发的软件中使用,例如,典型的 UNIX 内核就使用引用计数来处理文件描述符的恢复。

(2) 标记和清扫技术首先标记堆上所有可以达到的存储块,然后回收未被标记的存储块。标记从当前可以访问的指针开始,递归地标记所有可以达到的存储块。然后线性地扫描存储器,释放没有标记的存储块。这个过程通常包括找到足够连续的自由存储区域,以满足一系列新的存储要求。这是因为,即使经过无用单元收集以后,存储器中也可能没有足够大存储块来满足存储请求,因此,无用单元收集一般也包括执行存储紧缩(后面将详细讨论),它把所有已经分配的块移到堆的一端,把未分配的一大块连续自由空间放在存储的另一端。这个过程必须更新那些在程序执行时已经移动的区域的所有引用。

标记和清扫的垃圾收集技术有一个严重的缺点:它需要额外的存储作标记,而且两遍扫描存储器会大量占用处理器的时间,影响程序的执行速度,少则数秒,多则几分钟。这让很多交互式、实时控制的应用软件不能接受。通过把可以得到的存储划分成两个相等的部分(源空间和目的空间),并且每次只分配其中的一半存储区域,就可以改进这个技术。在标记过程中就把所有可到达块立即复制到没有使用的另一半中。这表明无须占用额外标记字节,只需对存储器扫描一遍,同时,它就自动完成了存储清理。一旦使用区域中的所有达到块都复制完,使用的一半和未用的一半存储相互交错,处理就继续下去。这个方法叫作停止和复制,或双空间复制垃圾收集(见图 7.20)。

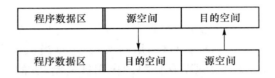

图 7.20 双空间复制的内存布局

（3）还用一种叫作分代垃圾收集的方法来减少垃圾集合处理的延时,它同双空间复制一样,利用了存储分配和回收的统计属性:大多数分配的存储块都几乎很快地不再使用;相反地,如果一个存储块已经使用了很长的时间,那么,它很可能还会在以后的某个时刻用到。分代垃圾收集在上述技术的基础上增加了永久存储区域。所有已经分配的对象,只要生存(被引用)了足够长的时间,就复制到这个永久存储区域,在随后的存储回收过程中不再释放。这意味着垃圾收集器为新的存储分配只需要搜索很小的存储区域,这样搜索时间自然就减少了许多。实践表明,这个方法对虚拟存储系统特别有效。

无论是哪种技术,垃圾收集的实现有以下三种形式。

（1）一次性的:垃圾收集器启动之后就完全控制所有的存储块,直到运行结束,然后返回,内存的分配会因此有所改善。这种垃圾收集方式的实现比较简单,但是会严重影响应用程序的执行效率。

（2）动态的(递增的):垃圾收集器在每次调用 malloc 和 free 时启动,对存储块的结构进行局部修改,以提高在需要时寻找空闲块的能力。这个策略的实现比较困难,但是它的执行更为平稳,破坏性也更小。然而,在申请无法满足的时候,还是需要一次性的垃圾收集器。

（3）并发的:垃圾收集器与应用程序运行在不同的处理器上,并发地运行,完成垃圾收集工作。

2. 存储紧缩

前面讨论的垃圾收集技术可以把所有的空闲块找到并加入到空闲链表中,使得编译程序可以得到更多的存储块。但是却留下许多空闲碎片,它们被占用的存储块隔离开来,这种现象称为存储碎片。

如果申请一个比空闲链表中最大的存储块还大的存储块,存储分配器就无法满足这种存储请求,即使总的空闲空间比申请的更大。为了使空闲块的使用价值最大化,获得一个连续的足够大的空闲块,则需要整理或紧缩空闲块。

存储紧缩的一种实现是:为每个存储块增加一个额外的指针,指向移动后的新地址,把堆存储器从左到右(或自底向上)扫描三次,第一次扫描计算存储块新位置的地址,第二次扫描更新存在的指针使其指向新地址,第三次扫描实际完成存储块的移动。图 7.21 描述了这种紧缩过程。

（1）地址计算:如图 7.21(a)所示,从左到右扫描存储器,对每个占用的存储块 B 计算出紧缩之后的新地址。由于已知第一个占用的存储块的地址在存储器的低端,而且也知道存储块的大小,所以可以计算出每个存储块的地址,然后把它保存在存储块 B 的管理域中。

（2）指针更新：如图 7.21(b)所示，扫描程序的数据区和存储块，寻找堆的指针，把每个存储块 B 的指针更新为它的管理域的值。

（3）块移动：如图 7.21(c)所示，从低到高扫描存储器，按照存储块中管理域的指针把每一个占用的存储块都移到新的地址。由于存储块只能左移或原地不动，所以，一遍从左到右的单向扫描就可以完成块移动的工作。块中的所有指针重新指向紧缩之前它所指向的存储块。最后一个占用的存储块之后的存储区就形成了一个连续的空闲块。

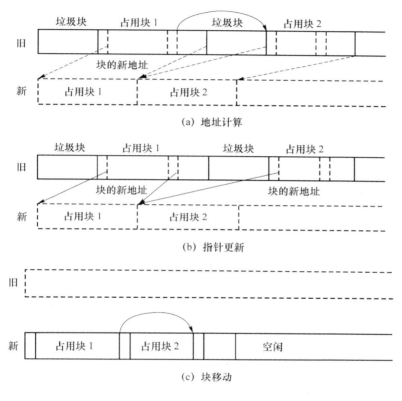

图 7.21　存储紧缩过程

7.7　面向对象语言的运行时环境

本节假定读者熟悉面向对象的基本概念和技术，简单讨论面向对象语言对运行时环境的一些特殊要求和处理，并概述 Java 的运行时环境。

7.7.1　面向对象语言的动态存储管理

面向对象语言在运行时要求用特殊的机制来处理，诸如继承、多态性和动态联编的性质。面向对象语言的种类很多，对运行时环境的要求也有很大的差异。Smalltalk 和 C＋＋是这种差异的典型代表：Smalltalk 要求和 Lisp 相似的完全动态环境，要求编译自动管理内存；而 C＋＋则试图保持 C 的栈式运行时环境，不需要自动的动态存储管理。在 Smalltalk

和 C++这两种语言中,存储器中的对象可以看作是传统的记录和活动记录的结合。这个结构和传统的记录在对方法和继承特性的访问上存在着一定的差别。

实现对象的一种机制是,在代码初始化时把所有当前的继承属性和方法直接地复制到记录结构中(将方法当作代码指针),但这样做十分浪费空间。另一种方法是在程序执行时把类结构的完整描述保存在存储器中,由超类的指针维护继承关系。每个对象连同它的实例变量共同保持一个指向它的定义类的指针,通过这个指针可以找到包括局部的以及继承的所有的方法。这样,方法指针只在类结构中记录一次,而不必把每个对象都复制到存储器中。由于这个机制是通过搜索类结构来找到方法的,所以它也可以用来实现继承和动态联编。这个机制的缺点是:虽然实例变量的偏移量如同标准环境中的局部变量一样可以预测,但是,却不能静态地通过偏移量来确定方法的位置,方法必须用具备查询能力的符号表来维护。然而,这却是诸如 Smalltalk 这样完全动态语言的合理的结构,因为类结构可以在运行期间发生改变。

把整个类结构保存在环境中的另一种方法是:对每个类的每一个可用方法设计成代码指针列表,把它们作为虚拟函数表(C++的术语)静态地存入存储器。这种实现的优点是:可以作出安排使得每个方法都有一个可以预测的偏移量,也就无须遍历类结构时对一系列表进行查询。这样,每个对象都有一个指向对应虚拟函数表的指针,而不是指向类结构的指针。当然,这个指针的位置也必须由可以预测的偏移量计算出来。这个简化技术只有在类结构本身在运行前是固定的情况下才有效。C++和 Java 采取了这个机制。

例 7.8 考虑下列的 C++类声明:

```
class A
{
    public：
    double x, y;
    void f();
    virtual void g();
};

class B
{
    public：
    double z;
    void f();
    virtual void h();
};
```

类 A 的一个对象应该出现在存储器中(带有它的虚拟函数表),如图 7.22(a)所示;而类 B 的一个对象则应如图 7.22(b)所示。每次增添对象结构时,只要注意虚拟函数表是如何保留固定地址的,就可以在程序运行前计算它的偏移量。

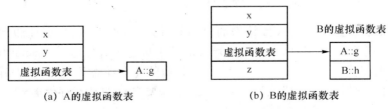

(a) A的虚拟函数表   (b) B的虚拟函数表

图 7.22　类 A 与其子类 B 的存储

另外,由于函数 f 没有声明为虚拟的,所以它不能动态联编,也不能出现在虚拟函数表或环境中的任何地方,可以在编译时决定对它的调用。

7.7.2　Java 运行时环境

Java 语言没有设想任何的目标机器构架。因此,在大多数情况下并不存在运行 Java 机器代码的实际硬件芯片。执行 Java 代码的是一组特殊的软件,这组软件模拟能够理解这些代码的机器(称为虚拟机)。Java 虚拟机可以运行 Java 字节码,但它并非是可以自己运行的软件。通常,Java 运行时环境充当了 Java 虚拟机的宿主。

Java 运行时环境包括方法区、堆、本地方法栈、程序计数器和 Java 栈 5 个部分。

Java 堆是一个运行时数据区,类的实例(对象)从中得到空间,Java 堆由垃圾收集器负责管理。

Java 方法区与传统语言中的编译代码或是 UNIX 进程中的正文段类似,它保存方法的代码和符号表。每个类文件包含了一个 Java 类或一个 Java 接口的编译代码,类文件可以说是 Java 语言的执行代码文件。为了保证类文件的平台无关性,Java 虚拟机规范中对类文件的格式也作了详细的说明。

当一个线程调用本地方法时,它就不再受到虚拟机关于结构和安全限制方面的约束,它既可以访问虚拟机的运行时数据区,也可以使用本地处理器以及任何类型的运行栈。例如,本地栈是一个 C 语言的栈,那么当 C 程序调用 C 函数时,函数的参数以某种顺序被压入栈,结果则返回给调用函数。在实现 Java 虚拟机时,如果本地方法接口使用的是 C 语言的运行栈,那么它的本地方法栈的调度与使用则完全与 C 语言的栈相同。

Java 虚拟机的寄存器用于保存机器的运行状态,与微处理器中的某些专用寄存器类似。每个线程一旦被创建就拥有了自己的程序计数器。当线程执行 Java 方法的时候,它包含该线程正在被执行的指令的地址;但是若线程执行的是一个本地的方法,那么程序计数器的值就不会被定义。

Java 虚拟机的栈有三个区域:局部变量区、运行环境区、操作数栈区。

(1) 局部变量区

每个 Java 方法都使用一个固定大小的局部变量集合,它们按照指向当前方法的局部变量区的第一个变量指针的字偏移量来寻址。Java 的局部变量都是 32 位的。长整数和双精度浮点数占据了两个局部变量的空间,但是要按照第一个局部变量的索引来寻址。例如,一个具有索引 n 的局部变量,如果是一个双精度浮点数,那么它实际占据了索引 n 和 $n+1$ 所代表的存储空间。

(2) 运行环境区

在 Java 运行环境中包含的信息用于动态链接、正常的方法返回以及异常捕捉。运行环境包括指向当前类和当前方法的解释器符号表的指针,从而用于支持方法代码的动态链接。方法的类文件代码在引用要调用的方法和要访问的变量时使用符号来表示。动态链接把符号形式的方法调用翻译成实际的方法调用,装载必要的类以解释还没有定义的符号,并把变量访问翻译成与这些变量运行时存储结构相应的偏移量。动态链接方法和变量使得方法中使用的其他类的变化不会影响到本程序的代码。

如果当前方法正常地结束了,执行了一条具有正确类型的返回指令后,调用的方法会得到一个返回值。执行环境在正常返回的情况下用于恢复调用者的寄存器,并把调用者的程序计数器增加一个恰当的数值,以跳过已执行过的方法调用指令,然后在调用者的执行环境中继续执行下去。

异常情况在 Java 中被称作 Error(错误)或 Exception(异常),出现异常情况的原因有两个:① 动态链接错误,如无法找到所需的类文件;② 运行时错误,如对一个空指针的引用。

(3) 操作数栈区

Java 虚拟机的指令只从操作数栈中取操作数,对它们进行操作,并把结果送回到栈中。Java 选择栈结构的原因是:在只有少量寄存器或非通用寄存器的机器上也能够高效地模拟虚拟机的行为。操作数栈是 32 位的,它用于给方法传递参数,从方法接收结果;用于支持操作的参数,保存操作的结果。例如,IADD 指令将两个整数相加,相加的两个整数应该是操作数栈顶的两个字,这两个字是由先前的指令压进堆栈的;这两个整数将从堆栈处弹出、相加,并把结果压回到操作数栈中。

每个原始数据类型都有专门的指令对它们进行必须的操作。每个操作数在栈中需要一个存储位置,long 和 double 型除外,它们需要两个位置。操作数只能被适用于其类型的操作符所操作。例如,压入两个 int 类型的数,如果把它们当作是一个 long 类型的数操作则是非法的。在 Sun 的虚拟机实现中,这个限制由字节码验证器强制执行。但是,有少数操作(操作符 dupe 和 swap)对运行时数据区进行操作则无须考虑类型。

目前已经存在了许多类型的 Java 运行时环境,常见的有以下几种。

- Java2 平台,标准版(J2SE):用于运行单机应用程序的 Java 软件,可以在用户控制态中运行,也可以作为具有 GUI 接口的窗口应用程序。
- Java2 平台,企业版(J2EE):用于运行大型企业应用的 Java 软件,使用了分布式、事务管理和中间件等多种软件技术。
- Java2 平台,微型版(J2ME):用于运行电子消费产品的嵌入式 Java 应用软件。
- 浏览器运行时环境:允许 Java 代码在浏览器内运行,提供从 Web 站点下载的交互内容。
- Web 服务器运行时环境:允许 Java 代码在 Web 服务器内运行,动态生成网页和内容。

练 习 7

7.1　请考虑过程和活动记录的联系和区别。

7.2　请解释下列概念:

生存期,过程的活动,活动树,活动记录。

7.3　有哪些常见的参数传输方式,请分析和比较它们各自的特点。

7.4　对你熟悉的高级程序语言(如 C、Pascal、C++、Java 或 C#),了解它们的参数传输机制。

7.5 执行下面 Pascal 程序的输出 a 结果分别是什么,如果参数的传递机制分别是:

(1) 引用调用方式;

(2) 值-结果调用方式。

```
program copyout (input, output);
    var a: integer;
    procedure unsafe (var x: integer);
    begin x := 2; a := 0 end;
begin
    a := 1; unsafe (a); writeln (a);end;
```

7.6 执行下面程序时打印的 a 分别是什么,若参数的传递机制分别是:

(1) 按值调用方式;

(2) 引用调用方式;

(3) 值-结果调用方式;

(4) 换名调用方式。

```
procedure p(x, y, z);
    begin
    y := y + 1;
    z := z + x;
    end p;
begin
    a := 2;
    b := 3;
    p(a + b, a, a);
    print a;
end;
```

7.7 设计存储分配时要考虑哪些主要因素? 常见的存储分配策略有哪些? 简单说明在什么情况下使用哪种存储分配策略。

7.8 C++语言中关于变量的存储类型符有四个:auto、register、static 和 extern,请说明每个说明符所表示的存储方式。

7.9 为下面 Fortran 程序的运行时环境构造出一个可能的组织结构,要保证对 AVE 的调用时存在一个存储器指针(参考 7.4 节)。

```
      REAL A(SIZE), AVE
      INTEGER N, I
10    READ *, N
      IF (N .LE. 0 .OR. N .GT. SIZE) GOTO 99
      READ *, (A(I), I=1, N)
      PRINT *,´AVE =´, AVE(A, N)
      GOTO 10
99    CONTINUE
      END
```

```
        REAL FUNCTION AVE (B，N)
        INTEGER I，N
        REAL B(N)，SUM
        SUM = 0.0
        DO 20 I=1，N
20      SUM = SUM+B(I)
        AVE = SUM/N
        END
```

7.10 考虑 C 语言中的下列过程：

```
void f（char c，char s[10]，double r）
{ int ∗ x；
  int y [5]；
  …
}
```

(1) 使用标准 C 参数传递约定，利用 7.5.1 所描述的活动记录结构判断以下 fp 的偏移：c,s[7]和 y[2]（假设数据大小为：整型=2 个字节，字符=1 个字节，双精度=8 个字节，地址=4 个字节）；

(2) 假设所有的参数都是按值传递（包括数组），重做(1)；

(3) 假设所有的参数都是引用传递（包括数组），重做(1)。

7.11 为下面 C 程序的运行时环境构造出一个可能的组织结构（参考 7.5.1 节）。

(1) 在进入函数 f 中的块 A 之后；

(2) 在进入函数 g 中的块 B 之后。

```
        int a[10]；
        char ∗ s = 'hello'；
        int f（int i，int b[]）{
          int j = 1；
            A：{ int i = j；
            char c = b[i]；
            …
              }
            return 0；
        }
        void g（char ∗ s）{
        char c = s[0]；
            B：{ int a[5]；…}
        }
        main（）{
        int x = 1；
        x = f（x，a）；
        g（s）；
```

```
        return 0;
    }
```

7.12　使用访问链(参考 7.5.2 节)分别画出下面的 Pascal 程序执行到第 1 次调用 r 和第 2 次调用之后的运行栈的内容。

```
        program pascal1;
            procedure p;
            var x: integer;
            procedure q;
                procedure r;
                begin
                    x := 2;
                    ...
                    if ... then p;
                end; { r }
                begin
                    r;
                end; { q }
            begin
                q;
            end; { p }
        begin { pascal1 }
            p;
        end;
```

7.13　使用显示表 display 重做练习 7.12。

7.14　对下面的 Pascal 程序,分别画出程序执行到(1)和(2)时刻的运行栈的内容。

```
        program pascal2 (input, output);
        var i: integer; d: integer;
        procedure a ( k: real );
            var p: char;
            procedure b;
                var c: char;
                begin
                    ...(1)...
                end; {b}
            procedure c;
                var t: real;
                begin
                    ...(2)...
                end; {c}
            begin
```

```
            ...
            b；
            c；
            ...
            end；{a}
        begin { pascal2 }
            ...
            a（d）；
            ...
        end；
```

7.15   使用显示表 display 重做练习 7.14。

7.16   实现栈式动态存储管理的一个问题是如何分配空闲块。请考虑有几种空闲块的
分配策略，并比较每个策略的优缺点。

7.17   了解面向对象语言（如 Pascal、C＋＋、C♯、Java)是如何实现垃圾收集任务的。

7.18   存储紧缩有时也称为"单空间复制"，用以区别双空间复制，请指出两者的异同
之处。

7.19   为以下的 C＋＋类画出对象的存储器框架和虚拟函数表（参考 7.7 节）。

```
class A
{
    public：
    int a；
    virtual void f()；
    virtual vioid g()；
};


class B：public A
{
    public：
    int b；
    virtual void f()；
    void h()；
};


class C：public B
{
    public：
    int c；
    virtual void g()；
};
```

第8章　属性文法和语义分析

目标代码的翻译通常要明确程序的运行含义,为程序单元分配目标机器的资源,最终产生目标代码。由于代码生成的复杂性,编译程序一般把这些工作分成若干阶段:首先检查程序是否符合语言的语义规则,把源程序翻译成某种与机器无关的中间语言;然后对中间代码进行各种优化;最后,再把中间代码翻译成最终的机器可执行的目标代码。本章学习其中的第一个阶段,即语义分析,它在编译程序中的位置如图 8.1 所示。

图 8.1　语义分析在编译中的位置

8.1　语义分析概况

编译程序在分析源程序的含义和翻译时需要附加信息。这些附加信息与被编译程序的最终含义,即语义,密切关联。语义分析通常是在编译程序运行之前进行的,所以也叫静态语义分析。程序的语义涉及两个方面,即数据结构的语义和控制结构的语义。

数据结构的语义主要指与标识符对应的数据对象,也即量的含义。显然,量涉及类型与值,值在程序运行时确定,而类型则由程序的说明部分来规定。

不同类型的数据对象有不同的机器内部表示,占用不同的存储空间,有不同的取值范围,对它们所能实施的运算也不同。显然只有相同类型,具有相同机内表示的数据对象,或符合特定要求的数据对象才能进行相应的运算。

对标识符的相关含义还必须要考虑作用域的问题。如第 6 章所述,标识符及其相关的类型、作用域等信息随着标识符的被识别与处理而填入符号表中(定义性出现),当语句部分出现标识符时,查表而获得相应的类型等属性信息(使用性出现)。

确定标识符的类型、作用域等属性信息,检查类型的正确性成为语义分析的一个基本工作。

控制结构的语义是由语言定义的。例如,对于 C 的 while 循环语句:

　　　　while（＜表达式＞）＜循环语句体＞;

首先计算表达式的值,如果为真(或非 0),就执行循环语句体;然后再计算表达式的值,并重复以上过程,直到表达式的值为假(或为 0),便结束循环语句,执行 while 语句之后的语句。

语义分析将分析各个语法结构的含义并做出相应的处理。

确定控制结构的含义有形式的与非形式的两种。例如,文法 G5.1:

$$E \rightarrow E+T \mid T$$
$$T \rightarrow T*F \mid F$$
$$F \rightarrow (E) \mid i$$

表明:括弧内的表达式最先计算,在同一层次中,先进行乘法($*$)运算后再进行加法($+$)运算,这些是由文法形式规定的。而赋值语句

$$v:= exp;$$

的含义则是由非形式规定的。其含义是,首先计算赋值号右边表达式的值,必要时进行类型转换,然后计算左边变量的存储地址,最后再把右边表达式的值送入左边变量所对应的存储单元内。

概括起来,语义分析的基本功能如下。

(1)确定类型。确定标识符所关联对象的数据类型。这部分工作有时由扫描器完成,扫描器将处理源程序的声明部分。

(2)类型检查。按照语言的类型规则,对参加运算的运算分量进行类型检查:检查运算的合法性、运算分量类型的一致性;对于不相容的运算对象,报告错误,必要时进行相应的类型转换。例如,对出现的数组与函数的算术运算,报告语义错误;把整型与实型数据对象的加法运算转换成同一类型的运算。

(3)控制流检查。对于任何引起控制流离开一个结构的语句,程序中必须存在该控制转移可以转到的地方。例如,C 的 break 语句引起控制离开最小包围的 while、for 或 switch语句,如果这样的包围语句不存在,那就是一个语义错误。

(4)唯一性检查。有些场合,对象必须正好被定义一次。例如,集合中的元素只能出现一次,对象类的名字不能重复,分支语句的分情形常量必须区分,Pascal 语言中的标识符只能唯一的定义一次。

(5)关联名字检查。有时,同样的名字必须出现两次或更多次。在 C++语言中,构造函数的名字必须和类型一致;在 Ada 语言中,循环或程序块允许有名字出现在其开始和结束,编译程序必须检查这些先后出现的名字是否相同。

(6)识别含义。根据程序语言的形式或非形式语义规则,识别程序中各个构造成分组合到一起的含义,并做相应的语义处理。例如,可以对执行语句生成某种中间代码,甚至直接生成目标代码。

对于不同的程序语言,语义分析的工作量存在巨大的差异。对动态化语言如 Lisp 和Smalltalk,没有静态的语义分析;而典型的静态化类型语言如 Pascal、C 或 Java,其语义分析却包括分析程序中各种类型名字的属性值并填写在符号表中,对表达式和语句进行类型推断和类型检查,确保程序符合语言的语义规则能够正确地执行。

静态语义分析工作包括描述所执行的分析,并用适当的算法实现这些分析。描述语义分析的一个最常用的方法是:识别需要计算的程序单元的性质或属性,根据程序单元在语法结构中的关系,构造计算这些属性的语义规则(又叫属性等式),或者计算这些属性值的语义动作。一个带有属性及其语义规则的文法叫作属性文法,属性文法描述的语言遵循语法制导语义规则,语法制导语义根据程序的语法结构确定它的语义内容。相对于目前研究的程序语义的描述方法,诸如公理语义、代数语义、指称语义和操作语义,语法制导语义或者属性文法在实际的编译构造中尤显简单适用,而且基本上能够满足大多数的程序设计语言,应用

最为广泛。但是,编译的构造者必须像程序设计一样定义属性,手工地编写语义规则或语义动作,而且,还没有像词法分析工具 Lex 或语法分析工具 YACC 那样成熟的自动化工具来辅助语义分析的实现。

语义分析的一些工作可以使用已有的技术来实现,有些工作可以并入编译程序的其他部分,譬如,在把名字的信息填入标识符表的同时,可以检查该名字声明的唯一性。许多 Pascal 编译把语义分析和中间代码生成安排在语法分析的同时完成;对于更复杂的、强类型的 Ada 语言,通常在语法分析和中间代码生成之间增加一遍语义分析,以便对复杂的语言结构与类型进行详细的分析。

本章着重学习属性文法及典型的属性计算方法,运用属性文法执行类型检查。应用属性文法产生中间代码的技术将在第 9 章讨论。

8.2　属性与属性文法

8.2.1　属性的引入

每个文法的字母表都包含终结符号和非终结符号。这些符号,尤其是非终结符号代表了语言结构。为了解释程序的语义,把程序翻译成可执行的代码,需要对文法符号引进一些表示程序语言结构性质的属性,例如,变量数据类型、表达式值、存储地址、过程体代码以及数的有效数字个数等。

每个属性所包含的信息与复杂性,特别是在翻译或运行时确定的时间方面,差异很大。属性可以在编译时甚至是在编译程序的构造过程中确定下来,例如,数中有效数字的个数是由语言定义的,可以在编译构造时确定。也有些属性只能在程序运行时确定,例如,变量或表达式的值,动态数据结构的地址等。计算属性的值并把它和语言结构联系起来的过程称作属性的绑定。属性绑定发生在编译或运行的时刻叫作绑定时刻。不同属性的绑定时刻不同,对于不同的语言,甚至同样的属性也有不同的绑定时刻。在程序运行前绑定的属性称为静态的,只能在程序运行期间才能绑定的属性是动态的。

下边以上述列举的属性为例,来讨论绑定时刻以及每个属性对编译构造的意义。

在静态类型语言如 C 和 Pascal 中,变量或表达式的数据类型是编译时的主要属性。类型检查器就是一个语义分析器,它计算语言结构的数据类型属性并验证这些类型是否符合语言的类型规则。而 Lisp 或 Smalltalk 中的数据类型是动态的,它们的编译必须产生计算类型的代码,然后在程序运行时执行这些代码,进行类型检查。

表达式的值通常是动态的,编译只产生在程序运行时计算表达式的值的代码。然而,有些表达式可能是常数,例如,$3.12 * 5 + 10$,语义分析器可以在编译的时候计算出它们的值。

对于不同的语言和变量自身的性质,变量的存储分配可以是静态的,也可以是动态的。例如,Fortran77 中的所有变量都在编译时分配好了存储空间,Lisp 的所有变量则是动态地得到存储地址,而 C、Pascal 和 Java 的变量既有静态地址分配,也有动态地址分配。由于属性的计算依赖于程序的运行环境,甚至于目标机的细节,所以编译通常把属性的计算推迟到代码生成期间。

数的有效数字个数这个属性,一般不在编译时处理,对它的处理隐含在编译程序构造时对这些数值的实现中,通常是运行环境的一部分。然而,如果要正确地翻译常数,扫描器也需要知道允许的有效数字的个数。

由此可以看出,属性的计算千变万化,它们可能发生在编译的任何时候。即使我们把计算属性的任务分派给语义分析器,扫描器和语法分析器也可能需要得到属性的值。

8.2.2 属性文法的定义

在语法制导语义中,属性与语言中语法的终结符和非终结符直接关联。

定义 8.1 如果用 X 表示一个文法符号,a 代表 X 的一个属性,那么,X.a 代表 X 的关联属性 a。

这种表示类似于 C 的结构、Pascal 记录或 Java 中对象类的成员操作。事实上,通常在实现属性计算的时候,就是把属性的值存放在用记录表示的语法分析树的结点当中。

定义 8.2 对于一组属性 $a_1, a_2, \cdots, a_m$ 和文法 G 的每个产生式 $X_0 \rightarrow X_1 X_2 \cdots X_n$($X_0$ 是非终结符,其他的 X_i 是任意符号),意味着每个属性 $X_i.a_j$ 的值都和产生式中其他属性有关系,每个关系可以表示成属性等式或语义规则的形式:$X_i.a_j = f_{ij}(X_0.a_1, \cdots, X_0.a_m, X_1.a_1, \cdots, X_1.a_m, \cdots, X_n.a_1, \cdots, X_n.a_m)$,$(i=1,\cdots,n, j=1,\cdots,m)$ 其中 f_{ij} 是个数学函数。

定义 8.3 属性文法就是对于一组属性 $a_1, a_2, \cdots, a_m$ 和文法 G 的每个产生式的所有的语义规则,其中文法 G 称为基础文法。

按照定义,属性文法显得极其复杂,但是,实际上的函数 f_{ij} 都相当简单,极少有属性依赖于大量的其他属性。属性可以划分成互不关联的、很小的属性集合。属性文法通常写成表 8.1 的形式。

表 8.1 属性文法的表示形式

文法规则	语义规则
$X_0 \rightarrow \beta_0$	关联的语义规则
...	......
$X_n \rightarrow \beta_n$	关联的语义规则

下面来看一些属性文法的例子。

例 8.1 考虑下列无符号数的简单语法 G8.1[number]:

number →number digit | digit

digit →0 | 1 | 2 | 3 | 4 | 5 | 6 | 7 | 8 | 9

数的最重要的属性就是它的值,命名为 val。每个数字都有一个值,可以直接由它表示的实际数字得到。所以,文法规则 digit → 0 意味着 digit 具有 0 这样的值,这可以表示成语义规则 digit.val := 0(本书定义语义规则和属性等式时采用了赋值号 :=),并把它和文法规则 digit → 0 关联在一起。每个数的值都是根据它所表示的数字计算得到的。如果运用文法规则 number → digit 得到了数,那么,这个数只包含一个数字,其值就等于这个数字的值,这条语义规则可以表示成 number.val := digit.val。如果数从文法规则 number → number digit 中得到,那么我们必须建立文法规则左边符号的值和右边符号的值之间的关系。注意,文法规则两边出现的 number 完全不同(用下标表示),这是由于它们具有不同的值。

下面我们考虑数 83 的最右推导:

number ⇒ number digit ⇒ digit digit ⇒ digit3 ⇒ 83

在第一步使用了文法规则 $number_1 \rightarrow number_2$ digit,其中 $number_2$ 表示数字 8,而 digit 对应 3,它们的值分别是 8 和 3。为了得到 $number_1$ 的值 83,使用下列计算:83 = 8 * 10 +

3,这对应了语义规则:

$$number_1.val := number_2.val * 10 + digit.val$$

属性 val 的完整的属性文法如表 8.2 所示。一个具体数的语义规则的意义可以通过分析树可视化,813 的语法分析树如图 8.2 所示,对应语义规则的计算显示在每个内部结点的下边。下节将看到,把语义规则视作分析树上的计算过程是计算属性值的重要算法。

表 8.2　例 8.1 的属性文法

文法规则	语义规则
$number_1 \rightarrow number_2\ digit$	$number_1.val := number_2.val * 10 + digit.val$
$number \rightarrow digit$	$number.val := digit.val$
$digit \rightarrow 0$	$digit.val := 0$
$digit \rightarrow 1$	$digit.val := 1$
...	...
$digit \rightarrow 8$	$digit.val := 8$
$digit \rightarrow 9$	$digit.val := 9$

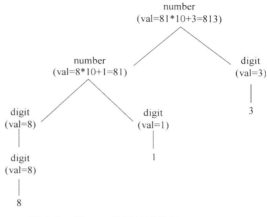

图 8.2　数 813 带属性计算的语法分析树

例 8.2　考虑下面简单算术表达式的语法 G8.2[E]:

$$E \rightarrow E + T\,|\,E - T\,|\,T$$
$$T \rightarrow T * F\,|\,F$$
$$F \rightarrow (E)\,|\,num$$

它的主要属性就是所有非终结符的数值,记作 val。这个属性的语义规则如表 8.3 所示。

表 8.3　例 8.2 的属性文法

文法规则	语义规则
$E_1 \rightarrow E_2 + T$	$E_1.val := E_2.val + T.val$
$E_1 \rightarrow E_2 - T$	$E_1.val := E_2.val - T.val$
$E \rightarrow T$	$E.val := T.val$
$T_1 \rightarrow T_2 * F$	$T_1.val := T_2.val * F.val$
$T \rightarrow F$	$T.val := F.val$
$F \rightarrow (E)$	$F.val := E.val$
$F \rightarrow num$	$F.val := num.val$

这些语义规则描述了表达式的语法关系以及要执行的算术运算的语义。注意,这个文法没有把 num 当作非终结符,也就没有 num.val 出现在赋值号左边的语义规则,所以,使用该属性文法时 num.val 的值必须在语义分析前(通常由词法分析器)得到。若想明显地在文法中计算 num 的属性值,则可以增加产生式规则,并对这个属性文法增加如同例 8.1 一样的语义规则。

也可以像例 8.1 一样,把语义规则附加在分析树的结点上,使之体现该属性文法的计算。例如,可以把 $(52-3) * 30$ 的计算语义表示在图 8.3 的分析树中,自底向上地遍历树就可以得到表达式的值。

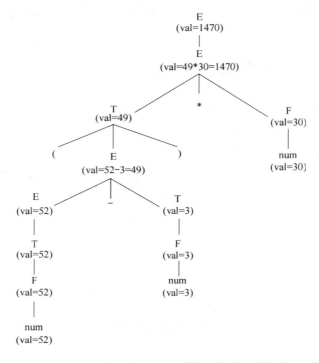

图 8.3 表达式 $(52-3) * 30$ 带属性计算的分析树

例 8.3 考虑下面这个表示变量声明的语法 G8.3[decl]:

    decl → type var-list

    type → int | float

    var-list → id, var-list | id

一般希望为声明中标识符代表的每个变量定义一个数据类型的属性,并且构造语义规则来表达数据类型属性与声明类型的关系。定义的 dtype 表示数据类型属性,为它构造的属性文法如表 8.4 所示。

表 8.4 例 8.3 的属性文法

文法规则	语义规则
decl → type var-list	var-list. dtype := type . dtype
type → int	type. dtype := integer
type → float	type. dtype := real
var-list1 → id, var-list2	id. dtype := var-list1. dtype var-list2. dtype := var-list1. dtype
var-list → id	id. dtype := var-list. dtype

属性 dtype 的取值范围是集合{integer, real}, 对应了符号 int 和 float。非终结符 type 的属性 dtype 由其所代表的符号给定。根据语法规则 decl→type var-list, 这个属性 dtype 对应了变量表 var-list 的 dtype。变量表中的每个标识符 id 都有相同的属性 dtype。注意: 非终结符 decl 没有属性定义。事实上, 并非每个文法符号都需要定义属性和语义规则。和前面一样, 语义规则可以显示在语法分析树中, 例如 float x, y 的计算过程如图 8.4 所示。

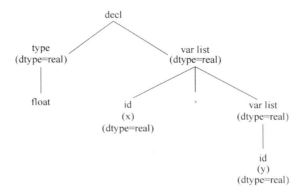

图 8.4　float x, y 带属性计算的分析树

到目前为止, 每个文法只有一个属性。实际上属性文法可以包含多个独立的属性, 请看下面例子。

例 8.4　考虑下面这个对文法 G8.1 做了改动的文法 G8.4[based−num]:

based−num → num basechar
basechar → o | d
num → num digit | digit
digit → 0 | 1 | 2 | 3 | 4 | 5 | 6 | 7 | 8 | 9

改文法定义的数可以是 8 进制(末尾是记号 o), 也以是 10 进制(末尾是记号 d)。在这种情况下, num 和 digit 需要一个新的表示底数的属性 base, 用于计算值属性 val。这个属性文法如表 8.5 所示。

表 8.5　例 8.4 的属性文法

文法规则	语义规则
based-num → num basechar	based−num. val := num. val num. base := basechar. base
basechar → o	basechar. base := 8
basechar → d	basechar. base := 10
num_1 → num_2 digit	num_1. val := if digit. val = error or num_2. val = error then error else num_2. val * num_1. base + digit. val num_2. base := num_1. base digit. base := num_1. base
num → digit	num. val := digit. val　digit. base := num. base
digit → 0	digit. val := 0

文法规则	语义规则
digit → 1	digit. val := 1
…	…
digit → 7	digit. val := 7
digit → 8	digit. val := if digit. base = 8 then error else 8
digit → 9	digit. val := if digit. base = 8 then error else 9

在这个属性文法中出现了两个新特性。首先,文法 G8.4 没有排除 8 进制数中错误的数字 8 和 9。例如,按照语法规则 298o 是个正确的符号串,却不能赋予任何值,这就需要引进一个新的值 error,表示出错。属性文法必须描述对于符号串是后缀 o,但是却包含了数字 8 或 9 就出错这样的事实,最简单的实现方法是在语义规则的函数中使用一个 if-then-else 表达式。例如,对应文法 num → num digit 的语义规则

num$_1$. val :=

if digit. val = error or num$_2$. val = error

    then error

    else num$_2$. val ∗ num$_1$. base + digit. val

表达了如下的情况:如果 digit. val 或 num$_2$. val 其中的一个是 error,那么 num$_1$. val 也必须是 error;否则,num$_1$. val 的值由公式 num$_2$. val ∗ num$_1$. base + digit. val 给出。

最后,我们给出属性文法的一个形式化定义。

定义 8.4 一个属性文法 AG 是一个三元组<G, A, R>,其中

(1) G 是一个上下文无关文法,称作基础文法;

(2) A 是有限的属性集合,G 中的符号 X 关联于属性集 A(X),X 的一个属性 a 记作 X. a;

(3) R 是有限的语义规则的集合,对于一组属性 a$_1$, a$_2$, …, a$_m$ 和文法 G 的每个产生式 X$_0$→X$_1$X$_2$…X$_n$(X$_0$ 是非终结符,其他的 X$_i$ 是任意符号),语义规则的形式为:

X$_i$. a$_j$ = f$_{ij}$(X$_0$. a$_1$, …, X$_0$. a$_m$, X$_1$. a$_1$, …, X$_1$. a$_m$, …, X$_n$. a$_1$, …, X$_n$. a$_m$)。其中 f$_{ij}$ 是个数学函数。

那么,有 R = { X$_i$. a$_j$ = f$_{ij}$(X$_0$. a$_1$, …, X$_0$. a$_m$, X$_1$. a$_1$, …, X$_1$. a$_m$, …, X$_n$. a$_1$, …, X$_n$. a$_m$), (i = 0, 1, …, n, j = 1, …, m)}。

对于属性集合,必须满足下列性质:若字母表的任意符号 X 和 Y 存在 A(X)∩A(Y)≠∅,则 X=Y。对每个 X. a∈A(X),在相应的属性语法至多只能有一个语义规则来计算 X. a 的值。

8.2.3 属性文法的扩展与简化

例 8.4 使用的条件表达式扩展了语义规则中表达式的类型,可能出现的还有 case 或 switch 形式的表达式。通常,在语义规则中使用的元语言尽量地接近实际的程序语言,以便把语义规则转换成语义分析器中的工作代码。其他有用的扩展是在语义规则中应用已经

定义的函数。例如,在关于数的语法中,可以采用另外一种更加简洁的方式:把 digit 的产生式改写成 digit → D(D 理解成任何一个数字)。对应的语义规则

digit. val ＝ numval(D)

其中,numval 是一个函数,它必须在其他位置给予定义。例如,可以给出下面 C 代码的函数 numval 的定义:

int numval(char D)

{return (int)D －(int) $'0'$;}

进一步的简化是在说明属性文法的时候,使用表达简单的二义性的基础文法。由于语义分析是在语法分析之后,二义性问题已经得到解决,所以,可以假设属性文法是建立在二义性文法之上,但不会对属性产生任何二义性的问题。例如,比算术表达式文法 G5.1 更加简单的二义性文法 G5.3:

E → E ＋ E ｜ E － E ｜ E ＊ E ｜ (E) ｜ num

对于同样的属性 val,属性文法如表 8.6 所示(请与表 8.3 进行比较)。

同样可以使用语法树取代分析树来表示属性值的计算。例如,对于例 8.2 中的表达式 (52－3) ＊ 30,它的语义计算也可以用语法树表现出来(如图 8.5)。

表 8.6　例 8.2 的属性文法

文法规则	语义规则
$E_1 → E_2 ＋ E_3$	$E_1. val := E_2. val ＋ E_3. val$
$E_1 → E_2 － E_3$	$E_1. val := E_2. val － E_3. val$
$E_1 → E_2 ＊ E_3$	$E_1. val := E_2. val ＊ E_3. val$
$E_1 → (E_2)$	$E_1. val := E_2. val$
$E → num$	$E. val := num. val$

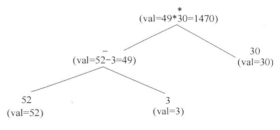

图 8.5　表达式 (52－3) ＊ 30 的语法树

语法树的结点可以用包含若干域的记录或结构来实现:

```
typedef struct treenode
{    OPKind operator;
    struct treenode * leftchild, * rightchild;
} TreeNode;
typedef TreeNode * ;
```

对于算符结点,一个域存放算符,同时作为结点的标记,另外两个域含有指向运算数对象的指针。对于标识符和常量,一个域存放运算数的类别,另一个域存放其值。在实际翻译的时候,语法树的结点还可以包含其他域,存放其他属性值和相关信息。毫不奇怪,也可以根据属性文法的语义规则来构造语法树。

例 8.5　对于例 8.2 中的算术表达式的文法 G5.1,可以用表 8.7 的属性文法定义表达式的语法树。其中 number. lexval 指出它是由扫描器构造出来的;辅助函数 mknode(op, left, right)把输入的三个参数构造成一个树结点,标号是第一个参数,两个域 left 和 right 分别指向左子树和右子树;函数 mkleaf(num, num. lexval)构造一个标记为 num 的叶结点,其中一个域代表具有参数值的数。

表 8.7　构造算术表达式语法树的属性文法

文法规则	语义规则
$E_1 \to E_2 + T$	$E_1.tree := mknode('+', E_2.tree, T.tree)$
$E_1 \to E_2 - T$	$E_1.tree := mknode('-', E_2.tree, T.tree)$
$E \to T$	$E.tree := T.tree$
$T_1 \to T_2 * F$	$T_1.tree := mknode('*', T_2.tree, F.tree)$
$T \to F$	$T.tree := F.tree$
$F \to (E)$	$F.tree := E.tree$
$F \to num$	$F.tree := mkleaf(num, num.lexval)$

图 8.6 给出了表达式 $(52-3)*30$ 根据表 8.7 构造的语法树,同时也显示了相应的分析树(虚线)。

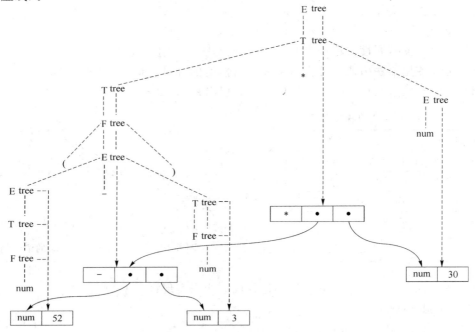

图 8.6　表达式 $(52-3)*30$ 的语法树

分析树中标示为 E 和 T 的结点用指针类型的属性 tree,指向语法树中非终结符所代表的表达式的结点。与产生式 $F \to num$ 对应的语义规则决定了一个数的新的叶结点的指针,非终结符 E 和 T 的属性 tree 也指向这个叶结点。

8.3　属性的计算

8.3.1　属性依赖图和计算顺序

前面描述的语义规则

$$X_i.a_j = f_{ij}(X_0.a_1, \cdots, X_0.a_m, X_1.a_1, \cdots, X_1.a_m, \cdots X_n.a_1, \cdots, X_n.a_m)$$

可以看作是把等号右部的函数表达式的值赋给等号左部的属性 $X_i.a_j$。为了可以赋值,出现在函数中的所有属性的值必须存在,那么,实现属性文法的算法必须为属性的计算找到一个合适的顺序,确保在属性计算时每个需要的属性值都可以得到。

实际上,语义规则本身已经蕴含了计算属性顺序的约束。属性计算的首要任务是利用有向图把这些隐含的顺序约束明确地表示出来,这个有向图叫作属性依赖图。图的结点标号是一个属性,如果属性 a 的计算依赖于属性 b,那么,存在从结点 b 到结点 a 的一条有向边。对于上面的语义规则,$X_i . a_j$ 的计算依赖于属性 $X_0 . a_1 , \cdots , X_0 . a_m , X_1 . a_1 , \cdots , X_1 . a_m , \cdots , X_n . a_1 , \cdots ,$ $X_n . a_m$。合并每个产生式的依赖图就得到整个文法的属性依赖图。下面来看几个例子。

例 8.6　对于例 8.3 的属性文法,语法产生式 var-list → id,var-list 有两条关联的语义规则:

id. dtype := var-list1. dtype　var-list2. dtype := var-list1. dtype

对应这个产生式的依赖图如图 8.7 所示。

图 8.7　语法产生式 var-list→id,var-list 的依赖图

因为图形化表示可以清楚地区分不同结点的不同出现,所以,在依赖图中将省略重复符号的下标。类似地,对应语法规则 var-list → id 和 decl → type var-list 的依赖图分别是:

另外两条规则 type → int 和 type → float 的依赖图没有边,称作平凡有向图。

通常把依赖图画在对应语法规则的分析树上,以便清楚地表明依赖关系是和哪个语法规则关联的。例如,规则 decl → type var-list 的依赖图如图 8.8 所示。

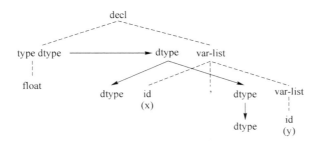

图 8.8　规则 decl→type var-list 的依赖图

最后,串 float x,y 的分析树和依赖图如图 8.9 所示。

图 8.9　字符串 float x,y 的分析树和依赖图

例 8.7　再看例 8.4 中有基数的数的文法 G8.4 及其属性 base 和 val 的语义规则(见表 8.5)。为简单起见,只为下面四个产生式

based-num → num basechar

num → num digit

num → digit

digit → 9

和串 813o 构造依赖图。

首先为 based-num → num basechar 构造依赖图,如图 8.10 所示。

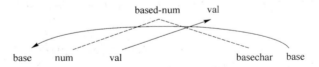

图 8.10 based-num→num basechar 的依赖图

它表示了两个关联语义规则 based—num. val := num. val 和 num. base := basechar. base 的依赖性。其次,为语法产生式 num → num digit 构造对应的依赖图,如图 8.11 所示。

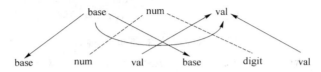

图 8.11 num→num digit 的依赖图

图 8.11 表示了下面三个语义规则的依赖关系:

num_1. val :=

    if digit. val = error or num_2. val = error

    then error

    else num_2. val * num_1. base + digit. val

num_2. base := num_1. base

digit. base:= num_1. base

即 num_1. val 依赖于 num_2. val、digit. val 和 num_1. base,而 num_2. base 和 digit. base 都依赖于 num_1. base。语法规则 num → digit 和 digit →9 的依赖图分别如图 8.12 所示。

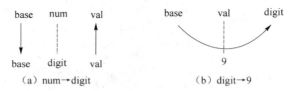

（a）num→digit   （b）digit→9

图 8.12 num→digit 和 digit→9 的依赖图

最后,为数字串 813o 构造的分析树和依赖图如图 8.13 所示。

下面要设计一个利用语义规则作为计算规则来求属性文法中属性值的算法。给定一个要翻译的输入串,其分析树的依赖图给定了一组顺序约束,使得任何算法必须遵循这些约束才能计算出该串的属性值。事实上,任何计算属性值的算法必须首先计算依赖图中每个结点的属性,然后才能计算后继结点上的属性。遵循这些条件的依赖图上的遍历顺序称作拓扑排序。

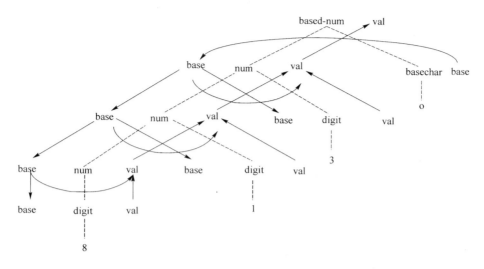

图 8.13　字符串 813o 的分析树和依赖图

定义 8.5　对于包含了 k 结点的有向图,结点的拓扑排序 $m_1, m_2, \cdots, m_k$ 使得任何一条边 $<m_i, m_j>$ 在这个序列中都是 m_i 在 m_j 之前出现。

一个有向图是拓扑图的充分必要条件是:有向图必须是无环的。这样的图称作有向无环图 **DAG**。

例 8.8　图 8.13 的依赖图是一个有向无环图。图 8.14 只画出了依赖图,按照结点编号的顺序得到的结点排序就是这个依赖图的一个拓扑排序。另外一个拓扑排序是按下列结点编号的序列:

12,6,9,1,2,11,3,8,4,5,7,10,13,14

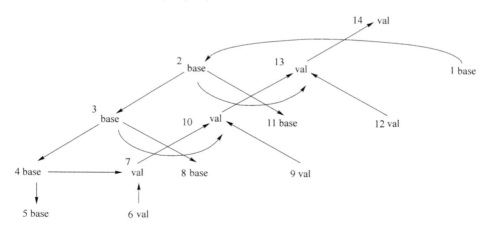

图 8.14　字符串 813o 的依赖图

使用依赖图的拓扑排序计算属性值的一个关键问题是如何找到图的根的属性值。一个图的根是没有前驱的结点。例如,图 8.14 中编号为 1、6、9 和 12 的结点都没有前驱,是图的根。这些结点上的属性值独立于其他任何属性,必须利用可以直接得到的与其相关的信息求值。例如,图 8.14 中结点 6 的属性 val 依赖于符号 8,它是属性 val 对应的结点 digit 的子

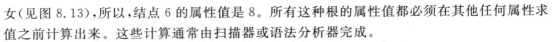

女(见图 8.13),所以,结点 6 的属性值是 8。所有这种根的属性值都必须在其他任何属性求值之前计算出来。这些计算通常由扫描器或语法分析器完成。

属性依赖图可以在编译时根据特定的分析树构造,这种属性计算的方法称作分析树方法,它能够对任何无环属性语法的属性进行计算。如果依赖图有环,这种方法就无效。分析树方法的主要缺点是:在编译时构造依赖图,增加了编译程序的复杂性,降低了编译速度。

另外一种在实际中普遍采用的属性求值的方法称作基于规则的方法。它要求设计人员在构造编译的时候分析属性文法的每一条语义规则,以分析树为基础,确定属性的求值顺序。属性求值顺序能够在编译构造期间被确定的这种属性文法称作强无环属性文法,它不如上述的无环属性语法应用普遍,对属性及其语义规则有所限制。然而,实际合理的属性文法都具有强无环的性质。下面,继续讨论强无环属性文法的基于规则的算法。

8.3.2 综合属性和继承属性及其计算

基于规则的属性求值取决于显式或隐式地遍历分析树或语法树。不同的遍历方法对属性依赖关系的处理效果也不同。为此,首先按照体现的依赖关系把属性进行分类。

定义 8.6 (1)一个属性是综合属性,如果它的所有依赖点都是从分析树的子结点到父结点。换句话,属性 a 是综合属性,如果对于文法 $A \rightarrow X_1 X_2 \cdots X_n$,左边仅有一个 a 的相关语义规则只有下列形式:

$$A.a = f(X_1.a_1, \cdots, X_1.a_k, \cdots, X_n.a_1, \cdots, X_n.a_k)$$

其中 $a_1, \cdots, a_k$ 是所有属性。

(2)不是综合属性的其他属性叫作继承属性。

(3)所有属性都是综合属性的属性文法称作 S-属性文法。

按照定义,全部非终结符的属性都是综合属性;同一产生式中相同符号的综合属性之间没有依赖关系;如果 b 是某个产生式中符号 X 的继承属性,那么属性 b 的值仅仅依赖于该产生式右部的位于符号 X 左边任何符号的属性。

我们已经见过一些综合属性以及 S-属性文法。譬如,例 8.1 和例 8.2 的属性 val 是综合属性,定义的属性文法也都是 S-属性文法。S-属性文法的属性计算可以用自底向上或者后序遍历(深度优先)分析树/语法树的方式一趟完成,可表达成下列的递归后序遍历属性求值的算法:

```
procedure postEvaluation (T: treenode)
begin
    for (T 中的每个子结点 C) do postEvaluation (C);
    计算 T 的所有综合属性;
end postEvaluation;
```

例 8.9 考虑例 8.2 中算术表达式的属性文法及其属性 val,可以用 C 语言实现其构造表达式的语法树。

首先定义语法树的数据结构:

```
typedef enum{Plus, Minus, Times} OPKind;
typedef enum{OPKind, COnstKind} ExpKind;
typedef struct treenode
```

```
{   ExpKind kind;
    OPKind op;
    struct treenode * lchild, * rchild;
    int val;
} Treenode;
typedef Treenode * SyntaxTree;
```

然后,把算法 postEvaluation 翻译成下列 C 代码:

```
void postEval(SyntaxTree tree)
{   int temp;
    if (tree ->kind == OPKind) {
    postEval(tree ->lchild);
    postEval(tree ->rchild);
    switch (tree ->op) {
    case Plus:    tree ->val = tree ->lchild->val + tree ->rchild->val;
    case Minus:   tree ->val = tree ->lchild->val - tree ->rchild->val;
    case Times:   tree ->val = tree ->lchild->val * tree ->rchild->val;
        }
    }
}
```

当然,对于继承属性就不能使用同样的求值算法。例 8.3 中的属性 dtype 和例 8.4 中的属性 base 都是继承属性。它们的依赖关系或者是从分析树的父结点流向子结点(由此得名),或者是在兄弟结点之间存在依赖关系。图 8.14 示意了这两种情况,例如,编号 2 的属性传递给编号 3 的子结点,它又传递给编号 4 的子结点,而编号 7 的结点在计算属性时又需要兄弟结点 4 的属性。

计算的继承属性可以通过对分析树/语法树的前序遍历实现,如下列算法所示:

```
procedure preEval (T: treenode)
begin
    for T 中的每个子结点 C do
        计算 T 的所有继承属性;
        preEval (C);
        end for;
end preEval;
```

由于继承属性可能依赖于子结点的属性,所以,在计算继承属性的时候,子结点继承属性的计算顺序非常重要。因此,上述代码 T 中的每个子结点 C 的访问顺序必须满足这些所依赖的任何要求。

例 8.10　再考虑例 8.4 的文法 G8.4[based-num]:

based—num → num basechar

basechar → o | d

num → num digit | digit

digit → 0 | 1 | 2 | 3 | 4 | 5 | 6 | 7 | 8 | 9

和图 8.13。其中 base 是继承属性,val 是综合属性,而且 val 依赖于 base。兄弟结点之间的依赖关系包括从左到右的,如 based-num → num basechar 中左儿子的两个属性 num. base 和 num. val,也有从右到左的依赖关系,如 based-num 的 basechar. base 到 num. base 的计算顺序。对于这种包含了综合属性和继承属性的属性文法,一趟计算属性值需要更加复杂的遍历。本例中对 val 的计算使用后序遍历,对 base 的求值使用前序遍历。算法如下(参考表8.4的语义规则):

```
procedure evalWithBase (T: treenode)
begin
  case nidekind(T) of
  based-num:
    evalWithBase(T. rchild);
    T. lchild. base := T. rchild. base
    evalWithBase(T. rchild);
    T. val := T. lchild. val
  num:
  T. lchild. base := T. base;
  evalWithBase(T. lchild);
  if T. rchild≠ null
  then T. rchild. base := T. base;
  evalWithBase(T. rchild);
  if (T. rchild. val≠error and T. lchild. val≠error)
  then T. val := T. base * T. lchild. val + T. rchild. val;
  else T. val := error;
  else T. val := T. lchild. val;
  basechar:  if T. child = 0 then T. base := 8 else T. base := 10;
  digit:
      if T. base = 8 and (T. child = 8 or T. child = 9)
        then T. val := error;
        else T. val := numval(T. child);
      end case;
  end evalWithBase;
```

在一个包含了综合属性和继承属性的属性文法中,如果综合属性依赖于继承属性(或其他综合属性),但是继承属性不依赖任何综合属性,那么,用一趟混合的后序遍历和前序遍历就可以计算所有的属性值。这个通过混合遍历计算属性值的算法作为练习留给读者考虑。

如果上述条件不能满足,那么,就需要多趟遍历才能计算出文法的所有属性值,请看下面的例子。

例 8.11 考虑表达式文法的一个简单版本 G8.5[exp]:

exp → exp / exp | num | num. num

这个文法只有一个运算符——浮点数除法"/",两个类型的数:由数字序列组成的整型 num 和浮点型 num. num。设计这个文法的想法是:运算符依据的操作数是浮点数还是整数可以有完全不同的解释。特别是除法运算,对于是否允许有小数部分是有区别的。如果不允许有小数部分,除法符号通常记作 div,这样,5/4 就是 5 div 4＝1;否则,就是浮点除法,5/4 ＝1.2。假设一个程序设计语言要求混合表达式都转换成浮点表达式,并且在语义中应用相应的运算。那么,表达式 5/2/2.0＝1.25,而 5/2/2＝1。

描述这些语义需要三个属性:布尔类型的综合属性 isFloat 指出一个表达式的任何部分是否是浮点数;一个具有值 int 和 float 的继承属性 etype,它根据 isFloat 的值指出每个子表达式的类型;另一个是依据 etype 而计算每个子表达式所得到的值。表 8.8 给出了这个文法的语义规则,其中函数 float(num. val)把 num. val 转换成浮点型的数值。

表 8.8　例 8.11 中 G8.5 的属性文法

文法规则	语义规则
$exp_1 \rightarrow exp_2 /\ exp_3$	exp_1. isFloat ：＝ exp_2. isFloat OR exp_3. isFloat exp_1. etype：＝if exp_1 isFloat then float else int exp_2. etype ：＝ exp_1. etype exp_3. etype ：＝ exp_1. etype exp_1. val ：＝ if exp_1. etype ＝ int 　　　　　then exp_2. val div exp_3. val 　　　　　else exp_2. val/exp_3. val
$exp \rightarrow$ num	exp. isFloat ：＝ False exp. val ：＝ if exp. etype ＝ int 　　　　　then num. val 　　　　　else float(num. val)
$exp \rightarrow$ num. num	exp. isFloat ：＝ True exp. val ：＝ num. num. val

需要两次遍历分析树才能计算出来本例中的三个属性 isFloat、etype 和 val。第一遍后序遍历计算出综合属性 isFloat 的值,第二遍用混合的前序遍历和后序遍历计算出继承属性 etype 与综合属性 val 的值。这个算法的描述以及表达式 5/2/2.0 所对应的属性计算过程留给读者练习。

需要说明的是:属性值不仅可以存在于语法树/分析树结点中,也可以作为参数和函数返回值传递,甚至还可以存放在编译程序的符号表、图和其他数据结构中。这样,属性文法也需要改动以便满足下述要求:用适当的数据结构把语义规则替换为用于维护属性值操作的过程调用。这样得到的语义规则不再代表属性文法,但是,只要这些过程清晰,它们在描述属性语义方面仍然有用。

例 8.12　考虑例 8.3 中的表 8.4 所表示的简单声明的属性文法。

第 6 章已经讨论过,编译程序通常把声明的信息以标识符作为关键字插入到符号表中,以便翻译时查询。对于这个属性文法,假设有符号表存放了标识符及其声明的类型,并且使用下列过程 insert 把标识符名的入口和类型加入符号表:

```
procedure insert (id. entry：address； dtype：typekind)；
```

所以,不必把每个变量的数据类型都存放在分析树中,而是使用这个 insert 过程把数据类型插入到符号表中。并且,既然每个声明都与一个类型关联,也可以在语义分析中用一个非局部变量来存储每个声明的常量 dtype。得到的语义规则如表 8.9 所示(为了便于比较,同时列出了表 8.4)。

表 8.4　例 8.3 的属性文法

文法规则	语义规则
decl → type var-list	var-list. dtype := type . dtype
type → int	type. dtype := integer
type → float	type. dtype := real
var-list1 → id, var-list2	id. type := var-list1. dtype var-list2. type := var-list1. dtype
var-list → id	id. type := var-list. dtype

表 8.9　例 8.3 的另一个属性文法

文法规则	语义规则
decl → type var-list	
type → int	dtype := integer
type → float	dtype := real
var-list1 → id, var-list2	insert (id. entry, dtype)
var-list → id	insert (id. entry, dtype)

调用 insert 时使用了 id. entry 来表示标识符在符号表的入口地址,它可以由扫描器或语法分析器得到。这个语义规则和对应的属性文法迥然不同:decl 的语法规则没有对应的语义规则;依赖关系也没有清晰地表达出来。计算属性 dtype 的算法如下:

```
procedure EvalType (T: Treenode)
    begin
        case nodekind of
        decl:
            EvalType (T. child. type);
            EvalType (T. child. var-list);
        type:
            if T. child = int then dtype := integer else dtype := real;
        var-list:
            insert (T. firstChild. entry, dtype);
            if T. thirdChild≠null then EvalType (T. thirdChild);
        end case;
    end EvalType;
```

8.3.3　语法分析的同时计算属性

本节研究如何实现语义分析器。上节提到过,一个文法的有些属性可以通过一次遍历语法树/分析树完成求值,有些属性的值必须经过多次遍历才能计算出来。所谓单遍语义分析,就是在语法分析、构造分析树的同时计算属性值,而不必等到递归地遍历分析树再扫描一趟源程序。在编译程序构造的历史上,曾一度对在语法分析时就计算出所有的属性值十分感兴趣,大量的研究集中在一趟完成翻译的编译构造上。如今,这变得不那么重要了,所以,本书只是简单概述这些技术的基本思想和要求。

在语法分析期间能够计算出哪些属性的值在很大程度上取决于使用分析方法的能力和

性质。一个重要的约束是,大多数语法分析方法都是从左到右地扫描输入程序,在学过的 LR 和 LL 分析方法中的第一个字母 L 就是表示从左到右扫描的含义。这就要求属性能够在自左向右地遍历分析树的时候进行计算。对于综合属性,因为一个结点的子女可以按任意顺序处理,当然也可以从左向右。然而,对于继承属性,这个约束就意味着在依赖图中不能有"逆向"的依赖关系,即不能存在从右向左的依赖。例如,例 8.4 的属性文法就违背了这个条件,因为符号 base-num 的属性 base 由后缀 o 或 d 确定,属性 val 直到扫描完输入串,见到了后缀才能计算(参考例 8.8 文法的依赖图)。

下面先讨论如何应用 LR 分析栈来计算 S-属性文法的属性值。

1. S-属性文法的自底向上计算

在 LR 分析方法中,通常使用一个栈来存放已经分析过的子树的信息。现在,增加一个属性值栈,或者在分析栈中增加一个子域,存放属性值。这个属性值栈和分析栈被同步地操作,每当分析栈发生移进或归约时,就根据语义规则计算出新的属性值,并存放在属性值栈内。图 8.15 给出了一个示意图,假设拓展后的分析栈由状态数组 state 和属性值数组 val 实现。每个 state 都是 LR 分析表的指针或下标,但是为了直观起见,用文法符号代替状态;如果第 i 个状态对应的符号为 A,val[i] 就存放语法树中与结点 A 对应的属性值。

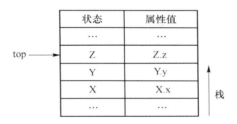

图 8.15 带综合属性域的分析栈

假设当前的栈顶由指针 top 指示,并假定综合属性刚好在每次归约前计算。譬如,产生式 A → XYZ 的语义规则是 A.a = (X.x, Y.y, Z.z),那么,在 XYZ 归约成 A 之前,属性 Z.z 的值在栈顶,即 val[top],属性 Y.y 的值在 val[top−1],属性 X.x 的值在 val[top−2]。如果某个符号没有综合属性,那么,数组 val 对应的元素就没有定义。归约后,top 的值减 2,代表 A 的状态放在当前栈顶 state[top](即原先 X 的位置),根据相应的语义规则计算得到的综合属性 A.a 的值放在 val[top]。

例 8.13 考虑下列一个台式计算器的文法 G8.6 及其语义规则,如表 8.10 所示。

每个非终结符都有一个存放数值的综合属性 val,终结符 digit 的综合属性 lexval 的值由词法扫描器给出,就是每个数字的值。产生式 L → En 的语义动作是打印表达式 E 的值,可以看作是 L 的一个虚拟属性。语义分析代码段是把语义规则中的属性用 val 数组替换得到的。属性计算的结果都是放在 val[top−2] 中的,这是因为恰好对应的产生式的右部都是 3 个符号。这里的 top 指归约前的栈顶,归约以后 top 的值会根据右部符号的多少进行调整。

表 8.11 表示了分析输入串 8+1 * 3n 的同时计算属性的过程。我们用相应的文法符号代替 state 的状态,采用实际输入数字的值而不是符号 digit,而且假定分析器把 digit 移进栈

时,记号 digit 进入 state[top],其属性值放在 val[top]中。

表 8.10　台式计算器的属性文法及语义分析的代码段

文法规则	语义规则	语义分析代码段
L → En	print(E.val)	print(val[top−1])
E → E₁ + T	E.val := E₁.val + T.val	val[top−2] := val[top−2] + val[top]
E → T	E.val := T.val	
T → T₁ * F	T.val := T₁.val * F.val	val[top−2] := val[top−2] * val[top]
T → F	T.val := F.val	
F → (E)	F.val := E.val	val[top−2] := val[top−1]
F → digit	F.val := digit.lexval	

表 8.11　输入串 8+1 * 3n 基于 LR 分析器的语义动作

输入	状态 state	属性值 val	用到的产生式
8+1 * 3n	—	—	
+1 * 3n	8	8	
+1 * 3n	F	8	F → digit
+1 * 3n	T	8	T → F
+1 * 3n	E	8	E → T
1 * 3n	E+	8+	
* 3n	E+1	8+1	
* 3n	E+F	8+1	F → digit
* 3n	E+T	8+1	T → F
3n	E+T *	8+1 *	
n	E+T * 3	8+1 * 3	
n	E+T * F	8+1 * 3	F → digit
n	E+T	8+3	T → T * F
n	E	11	E → E+T
	En	18-	
	L	18	L → En

　　下面来看扫描到第一个符号 8 时的动作序列。第一步,分析器把符号 digit 对应的状态(用 8 表示,其值 8 存放 val 域)移入栈中;第二步,分析器按照产生式 F→digit 进行归约,并执行语义规则 F.val := digit.lexval 的计算;第三步,分析器按照产生式 T→F 进行归约,没有代码段与这个产生式对应,所以 val 数组的值没有改变。注意,每次归约后 val 栈顶存放的都是所用产生式左部符号的属性值。

　　在上述的语义分析实现中,代码段刚好在语法分析的归约前执行。归约为语义动作提供了契机或桥梁,允许编译构造者把代码段和产生式联系起来,在分析这个产生式的归约时执行该代码段。但是,这种语义分析技术有两个主要问题。首先,它要求程序员在进行语法分析时就直接访问分析栈,对于自动生成的分析器有难处。其次,这个方法受到语法分析技术的限制,它只能用于 S-属性文法,不能适用于包含继承属性的文法。为此,我们希望能够在语法分析的任何时候都可以执行语义规则所对应的动作,而不仅仅是在归约的时候。

2. 翻译模式与 L-属性文法自顶向下计算

定义 8.7　对于一组属性 $a_1, a_2, \cdots, a_m$ 的属性文法 AG 是 L-属性文法,如果对于每个继承属性 a_j 以及每个产生式 $X_0 \rightarrow X_1 X_2 \cdots X_n$($X_0$ 是非终结符,其他的 X_i 是任意符号),和 a_j 关联的语义规则的形式都是:

$$X_i . a_j = f_{ij}(X_0 . a_1, \cdots, X_0 . a_m, X_1 . a_1, \cdots, X_1 . a_m, \cdots, X_n . a_1, \cdots, X_n . a_m), \ (i = 0, 1, \cdots, n, j = 1, \cdots, m)$$

即 X_i 的 a_j 仅仅依赖于出现在 X_i 左边的符号 $X_0, X_1, \cdots, X_n$ 的属性。

S-属性文法是 L-属性文法的一个特例。

对于一个 L-属性文法,它的继承属性都不依赖于综合属性,可以在自顶向下的递归下降分析过程中计算出所有的属性值。但是,LR 分析器,如 YACC 生成的 LALR(1)分析器,却主要适合处理综合属性或 S-属性文法。并且 LR 分析器比 LL 分析器能力强得多。LL 分析技术只有在推导过程中已知使用的语法规则时才能计算属性,因为只有此时才有确定的计算属性的语义规则。而 LR 分析器在推导过程中推迟决定使用哪个产生式,直到一个产生式的右部完全形成。这就难以得到继承属性的值,除非它们的性质对于所有右边的候选式都是固定的。

上面介绍的根据语义规则编写的语义分析代码段是放在文法产生式的最后面,只能在归约前执行。翻译模式把代码段表示的语义动作放在花括弧"{}"内,如同 YACC 的语义动作,并且可以插在产生式右部的任何地方。这样,翻译模式就给出了语义动作的执行顺序。若 A→α{⋯}β,则"{⋯}"中的语义动作在 α 的推导(或向 α 的归约)结束后,在 β 的推导(或向 β 的归约)开始前执行。我们可以把"{}"之间的语义动作想象成为一个文法符号,分析过程对该"符号"的推导或归约就执行其语义动作。

例 8.14　下面是一个简单的翻译模式的例子,它把有加号和减号的中缀表达式翻译成后缀表达式。

E → TR
E → addop T {print (addop. lexval)} R | ε
E → id {print (id. lexval)}

第二行的动作{print (addop. lexval)}必须放在 T 和 R 之间,移到别的位置都不会得到正确的结果。

例如,对于输入串 a+b−c,该翻译模式的输出是 ab+c−。图 8.16 表示了输入串 a+b−c 的分析树,每个语义动作都作为相应产生式左部符号的结点的子结点。把语义动作看作是终结符号,表示在什么时候执行哪些动作。为了便于说明,图中用实际的数字和运算符代替了单词 id 和 addop。按照深度优先或后序遍历语法树的时候,就执行相应的语义动作,打印出 ab+c−。

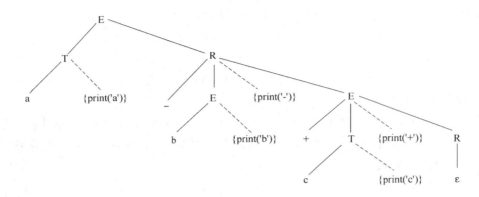

图 8.16　输出 a＋b－c 后缀格式语义动作的分析树

设计翻译模式时,必须注意某些限制,以确保当某个动作引用一个属性时,属性值已经可用。S-属性文法最简单,为每个语义规则建立一个赋值动作,把该动作放在对应产生式右部的末端,就得到翻译模式。对于既有综合属性,又有继承属性的更一般的 L-属性文法,在建立翻译模式时必须遵循下列三个条件:

- 产生式右部符号的继承属性必须在这个符号之前的动作中计算;
- 一个动作不能引用该动作左边符号的综合属性;
- 产生式左边非终结符的综合属性只能在它所引用的所有属性都计算完后才能计算,计算这种属性的动作通常放在产生式右部的末端。

下面讨论 L-属性文法在自顶向下分析过程中的实现,为了便于说明动作的执行顺序和属性的计算顺序,这里用翻译模式进行描述。

通过第 4 章可以知道,为了构造不带回溯的自顶向下语法分析,必须消除文法中的左递归。现在,我们把消除左递归的算法加以扩充,在消除一翻译模式的基础文法左递归的同时,考虑属性的变化。

例 8.15　表 8.12 是根据表 8.3 设计的翻译模式,它的基础文法是含左递归的简单算术文法 G5.1(为了简化省去了减法),其中的属性 val 是综合属性。

表 8.12　带左递归的简单算术文法的翻译模式

文法规则	语义规则	语义动作
$E_1 \rightarrow E_2 + T$	$E_1.val := E_2.val + T.val$	$\{E_1.val := E_2.val + T.val\}$
$E \rightarrow T$	$E.val := T.val$	$\{E.val := T.val\}$
$T_1 \rightarrow T_2 * F$	$T_1.val := T_2.val * F.val$	$\{T_1.val := T2.val * F.val\}$
$T \rightarrow F$	$T.val := F.val$	$\{T.val := F.val\}$
$F \rightarrow (E)$	$F.val := E.val$	$\{F.val := E.val\}$
$F \rightarrow num$	$F.val := num.val$	$\{F.val := num.val\}$

为了能够使用 LL 方法分析,必须消除基础文法的左递归,这就导致产生了继承属性。改造后的翻译模式如下所示。翻译模式为新的非终结符 R 引入了继承属性 i 和综合属性 s,作用就是对产生式 R → ε,把 R 的继承属性值传给其综合属性。在这个翻译模式中,每个

数都是由 T 产生的,而且 T. val 的值就是由属性 num. lexval 给出的数的词法值。

$$E \rightarrow T \quad \{R.i := T.val\} \qquad R\{E.val := R.s\}$$
$$R \rightarrow + T \quad \{R_1.i := R.i + T.val\} \qquad R_1\{R.s := R_1.s\}$$
$$R \rightarrow * T \quad \{R_1.i := R.i * T.val\} \qquad R_1\{R.s := R_1.s\}$$
$$R \rightarrow \varepsilon \quad \{R.s := R.i\}$$
$$T \rightarrow (E) \quad \{T.val := E.val\}$$
$$T \rightarrow num \quad \{T.val := num.lexval\}$$

图 8.17 给出了按照上述翻译模式对输入串 $(8+1)*3$ 的计算过程。子表达式 $8+1$ 中的数 8 是由最左边的 T 生成的,但是加号和 1 却是由根的右结点 R 生成的。继承属性 R. i 从 T. val 得到值 8。通过产生式中嵌入的动作 $\{R_1.i := R.i + T.val\}$ 完成计算 $8+1$,并把结果 9 传递到中间的 R 结点。类似的动作把 3 乘到 $8+1$ 的值上,在最下面的 R 结点中产生结果 $R.i = 27$,这个结果通过动作 $\{R.s := R.i\}$ 和 $\{E.val := R.s\}$ 向上复制完成。

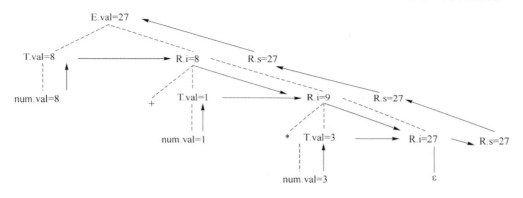

图 8.17 对输入串 $(8+1)*3$ 的计算过程

对 L-属性文法,可以在递归下降分析器中(参考第 4 章)实现翻译模式。下面是根据具有 L-属性性质和带翻译模式的文法构造递归下降属性求值器的方法的。

为每个非终结符 A 构造一个函数:其形参是 A 的所有继承属性,返回值是 A 的综合属性(可以是记录,或者指向记录的一个指针,每个综合属性对应一个子域);在函数体内为含 A 的产生式中的其他文法符号的每个属性都声明一个局部变量,把属性 B. b 对应的局部变量记作 B. b。A 的函数体的代码结构是根据当前的输入决定使用什么样的产生式。

每个产生式对应的程序代码,是从左到右依次考察单词记号、非终结符和语义动作,并按照下列方法编写的:

(1) 对带有综合属性 c 的符号 X,把 c 的值存入声明为 X. c 的局部变量中;然后产生匹配 X 的调用,并扫描下一个输入符号;

(2) 对非终结符 B,产生一个右边是函数调用的赋值语句 $c := B(b_1, b_2, \cdots, b_k)$,其中 c 是为 B 的综合属性设置的变量,输入参数 $b_1, b_2, \cdots, b_k$ 是 B 的继承属性;

(3) 对每个语义动作,把代码复写到求值器中,把对属性的引用改成对相应局部变量的引用。

例 8.16 消除左递归的基础文法是 LL(1)文法,适合自顶向下的分析和属性求值。非终结符 E、R 和 T 的函数声明如下，其中 E 和 T 没有继承属性，所以，它们的函数没有输入参数，Number 表示类型。

```
function E : Number;
function R (i : Number) : Number;
function T : Number;
```

下面是根据上述方法编写的算术表达式的递归下降属性求值器。其中 getchar 超前搜索下一个符号并存入变量 token，函数 isNumber 判断输入参数是不是一个数值，过程 error 报告错误出现。

```
function E : Number;
   Number i, s, val1, val2;        /* val1 是 T 的属性，val2 是 E 的属性 */
   begin
        val1 := T;
        i := val1;        /* 把语义动作复制过来，用临时变量取代属性 */
        s := R(i);
        val2 := s
   end;
function R (i : Number) : Number;
   Number i1, i, s1, s, val;
   begin
     switch token of
       case ´+´:        /* 对应产生式 R → + T R₁ */
         getchar;
         val := T;
         i1 := i + val;
         s1 := R(i1);
         s := s1;
       case ´*´:          /* 对应产生式 R → * T R₁ */
         getchar;
         val := T;
         i1 := i * val;
         s1 := R(i1);
         s := s1;
       default:     s := i;      /* 对应产生式 R → ε */
     end switch;
   end;
function T : Number;
   Number val1, val2, val3;
/* val1 是 T 的属性，val2 是 E 的属性，val3 是 num 的属性 */
   begin
```

```
            if token = '(' then            /* 对应产生式 T → (E) */
                getchar;
                val1 : = E;
                if token =')' then getchar; val2 : = val1; else error;
            else if isNumber(token)         /* 对应产生式 T →num */
                then getchar; val1 : = val3; else error;
        end;
```

3. 删除翻译模式中嵌入的动作

自底向上的翻译方法中,要求把语义规则放在产生式的末尾,这种方法只适用于综合属性。而 L-属性文法中定义的继承属性允许语义动作嵌入在产生式右部的不同地方。但是,可以使用一种文法的等价转换技术,把所有嵌入在产生式中的语义动作都变换成只出现在产生式的末尾,这样就可以用自底向上的方式处理继承属性。

这种变换方法是:对属性文法中每个嵌入的语义动作,用一个不在基础文法的非终结符号,如 M 代替,再增加一个产生式 M → ε,把嵌入的语义动作放在该产生式的末尾。譬如,对于翻译模式

$$E \to TR$$
$$E \to + T \{print ('+')\}R| * T\{print ('*')\} R | ε$$
$$E \to id \{print (id. lexval)\}$$

新增两个非终结符 M 和 N 后,转换为

$$E \to TR$$
$$E \to + T M R | * T N R | ε$$
$$M \to ε \{print ('+')\}$$
$$N \to ε \{print ('*')\}$$
$$E \to id \{print (id. lexval)\}$$

这两个翻译模式中的基础文法接受同样的语言,并且对任何输入,它们执行的语义动作完全一样(可以从带表示动作的附加结点的分析树中看出)。经过转换的翻译模式,动作都在产生式的末尾,因而可以在自底向上的分析过程中归约产生式右部的同时执行语义动作。这个变换技术在下一章的语法制导翻译中经常运用,也将列举更多的例子。

4. 用综合属性代替继承属性

最后,在结束如何计算属性值之前,再次强调:属性完全依赖于文法的结构,可以等价地修改文法使得属性的计算更加简单或更加复杂。事实上,Knuth 早就证明了下面的定理:对于一个属性文法,可以适当地修改基础文法把所有继承属性都改成综合属性,而不改变文法所表达的语言。

下面举一个简单的例子。

例 8.17 考虑前面多次讨论过的简单声明语句的文法 G8.3:

```
decl → type var-list
type → int | float
var-list → id, var-list | id
```

其中的属性 dtype 是继承属性。然而,重写文法如下:

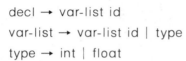

decl → var-list id

var-list → var-list id | type

type → int | float

它接受相同的符号串,但是,属性 dtype 成为综合属性,如表 8.13 所示。

表 8.13 对例 8.3 修改后只有综合属性的属性文法

文法规则	语义规则
decl → var-list id	id. dtype = var-list. dtype
var-list1 → var-list2 id	var-list1. dtype = var-list2. dtype id. dtype = var-list1. dtype
var-list → type	var-list. dtype = type. dtype
type → int	type. dtype = integer
type → float	type. dtype = real

float x,y 的分析树与属性计算及其依赖关系图留给读者练习。

事实上,为了把继承属性变换成综合属性而更改文法通常会使文法及其语义规则更加复杂,难以理解。所以,一般不建议用这种方式来处理继承属性。

下面讨论如何使用属性的语义规则或语义动作来执行类型检查。

8.4 数据类型与类型检查

编译的一个主要任务是计算并且维持数据类型的信息(称作类型推断)以及使用这些信息来确保程序的每个部分在语言类型规则下都有意义(称作类型检查)。这两个任务通常密切关联、同时执行,统称类型检查。数据类型的信息可以是静态的、动态的或者两者的混合。在 Lisp 和 Smalltalk 语言中,类型信息都是动态的,编译必须产生在运行时执行类型推断和类型检查的代码。大多数过程式语言,如 C、Pascal 和 Ada,类型信息是静态的,并且是在运行前检查程序正确性的主要机制。静态类型信息也用于确定每个变量需要分配的内存的大小以及内存的访问方式,这可以简化运行时环境。本书主要讨论静态的类型检查。

每个变量都给出了确定类型的语言即类型化语言,如 Ada、C♯ 和 Java,它们需要严格的编译时检查和运行时检查。类型化语言的优点主要是:

- 可以早期发现程序的错误,特别是在编译时发现程序的语义错误,避免在程序运行时出错。
- 类型信息可以安排在大型软件系统模块的接口中,便于程序模块的独立开发和集成;同时,声明标识符和表达式的类型,有助于理解程序。
- 具有类型的语言程序可以实现各个模块的独立编译,一个模块的修改不会引起其他模块的重新编译,有效地提高了大型软件系统的编译和开发。
- 在编译时搜集的类型信息可以更加合理地安排存储空间的大小和组织,提高目标代码的时空效率。

8.4.1　类型表达式与类型构造器

一个程序变量在程序运行期间的值可以想象为一个范围,这个范围的界叫作该变量的类型。理论上讲,一个数据类型是一组值以及在这些值上的特定操作。例如,Boolean 类型的值只能是布尔值{true, false}以及定义的布尔运算 not、and 或者 or。在实际的编译构造中,类型的值通常用一个类型表达式描述,它可以是一个类型名,例如 integer,或者是结构化表达式,例如 array [1..100] of real,而且隐含了操作。类型表达式可以出现在程序的若干地方:类型表达式可以出现在变量声明中,例如:

  char name[20];

把变量和类型联系起来;类型表达式也可以出现在类型声明中,如

  typedef enum{Plus, Minus, Times, Devision} Operation;

定义了一个枚举类型,以后可以将其使用在变量声明或类型声明中。这样的类型信息是显式的。类型信息也可以是隐式的,即类型名没有明显地出现,例如,对于 Pascal 的常量声明

  const greeting = "Hello, world!";

根据 Pascal 的类型规则可知 greeting 隐含了类型 array [1..12] of char。

包含在声明中的类型信息无论是显式的,还是隐式的,都保存在符号表中,一旦引用了关联的名字时,就由类型检查器读取。新的类型可以从这些类型及其在程序中出现的关联来推断。

数据类型在编译中的表达方式,符号表维护类型信息的方式以及类型检查器用于类型推断的规则,所有这些全都取决于语言中类型表达式的种类以及控制这些类型表达式使用的类型规则。

一个类型表达式是由基本类型或者由类型构造符作用于其类型表达式组成。

定义 8.8　(1) 一个基本类型是一个类型表达式;

(2) 由于可以对类型表达式命名,所以,一个类型名也是一个类型表达式。

一种语言一般都有内嵌的、预定义的基本类型,如 C 语言的 int,float,char 和 bool。专用基本类型 type-error 在类型检查中表示类型错误,void 表示被检查的语言结构没有类型。

由类型构造符对已有类型运算得到的结构化类型也是一个类型表达式,典型的类型构造符有以下几种。

(1) **数组**　如果 I 和 T 都是类型表达式,I 是一个整数域,那么,array(I, T)是一个表示数组元素为 T 的类型表达式。例如,Pascal 的数组表达式 array[1..10] of Operation。

(2) **乘积**　如果 T_1 和 T_2 是两个类型表达式,则它们的笛卡儿积 $T_1 \times T_2$ 也是一个类型表达式。

(3) **记录**　记录或结构类型是通过作用在一个二元式<变量名,类型名>得到的,例如,Pascal 的记录类型

  type student = record
    name: array [1..20] of char;
    birthday: Date;
    sex: integer;
  end;

声明了一个 student 类型,它包含三个成员。记录类型 R 更严格的形式是把 R 的子域用笛卡儿积表达,即假如 R 的子域由 $<id_1,T_1>,\cdots,<id_m,T_m>$ 组成,那么,记录 R 的类型表达式是 $record((id_1\times T_1)\times(id_2\times T_2)\cdots\times(id_m\times T_m))$。上面的例子可以表示成:$record((name\times array(1..20,char)))\times((birthday\times Date)\times(sex\times integer))$。

(4) 指针   如果 T 是一个类型表达式,则 pointer(T) 表示指向类型 T 对象的指针。指针类型的值是一个存放了基类型 T 的值的存储地址。例如,在 Pascal 中 $\wedge$ integer 表示指向整数类型的指针,C 中对应的类型为 int *。

(5) 函数   在程序语言中,可以把函数类型表示成由定义域类型 $D_1\times D_2\times\cdots\times D_n$ 到值域类型 R 的映射,表达成 $D_1\times D_2\times\cdots\times D_n\to R$。例如,C 语言函数

        float power(float x, int n)

的类型表达式是 $float\times int\to float$。

(6) 类   面向对象程序语言都有一个和记录声明相似的类声明,它除了包含变量声明以外,还包括方法或成员函数的操作声明。严格说来,类声明不是一个类型表达式,因为类的继承和动态绑定的特性超出了类型概念。这些新的性质通常由实现继承的类结构图以及实现动态绑定的虚拟方法表来维护。

类型表达式可以包含类型变量,类型变量的值是一个类型。

例如,C 语言的数组变量声明 float A[100] 所对应的类型表达式是 $array(0..99,real)$。

设有如下的 Java 方法(函数)说明:

        Rectangle rec(int xx, int yy, int hh, int ww);

它对应的类型表达式是:$integer\times integer\times integer\times integer\to Rectangle$。

对于 Pascal 的程序片断:

        type student = record
            name:array [1..20] of char;
            birthday:Date;
            sex:integer;
            end;
        table:array[1..50] of student;
        person:↑ student

person 和 table 所对应的类型表达式分别是

        pointer(student)
        array(1..50,record((name×array(1..20,char))×(birthday×Date)×(sex×integer)))

一个语言的类型系统就是把类型表达式赋给语言各相关结构成分的规则集合,它始终检测着程序中变量以及表达式的类型,防止程序运行时出现运行错误。

下面,以一个简单的语言为例,讨论类型检查器的声明和设计。该类型检查器可以处理简单类型、结构类型和语句。该语言的文法 G8.7 如下,其中的 P 表示程序,D 表示声明,后面跟随语句 S。对于二目运算我们仅选取了"+"作为代表,同样只选了 true 作为字符常量的代表。

        P → D; S
        D → D; D | id:T

T → BT | ST

BT → integer | boolean | real | char | void

ST → array [num] of T | record D end | ↑T | T ′→′ T

S → id := E | if E then S | while E do S | S;S

E → true | num | id | E + E | E and E | E[E] | E↑ | E(E)

第三行描述的是类型产生式,从 T 开始的语法推导得到的都是类型表达式,其中 void 代表无类型或与类型无关,mod 代表二元运算符。每个表达式都是该语言的一个类型,该文法生成的实例有:

> name：array [20] of char;
>
> age：integer;
>
> test：boolean;

注意:该语言没有类型声明,不允许把一个类型名和一个类型表达式关联起来,也不允许有递归类型。

8.4.2　类型等价

给定了一个语言的类型表达式,类型检查器必须不断回答一个问题:两个类型表达式是否代表同样的类型。这就是所谓的类型等价问题。两个等价的类型 T1 和 T2 记作 T1≡T2。有很多方式定义一个语言的类型等价,常见的有三种类型等价的定义:类型结构等价、类型名字等价和类型声明等价。

定义 8.9　类型结构等价指的是两个类型 T1 和 T2 具有相同的结构,递归定义如下:

(1) 若 T1 和 T2 都是相同的基本类型,则它们是结构等价;

(2) 若 T1 和 T2 都是数组类型,T1≡T2 当且仅当 T1 和 T2 的基类型结构等价,成员类型结构等价;

(3) 若 T1 和 T2 都是记录类型,T1≡T2 当且仅当 T1 和 T2 的每个成员类型结构等价;

(4) 若 T1 和 T2 都是指针类型,T1≡T2 当且仅当 T1 和 T2 的基类型结构等价;

(5) 若 T1 和 T2 都是函数类型,T1≡T2 当且仅当 T1 和 T2 的定义域类型结构和值域类型结构等价。

与描述类型等价算法直接关联的问题是如何在编译中表示类型表达式。一个最简单的方式就是利用语法树,因为很容易直接把声明中的语法翻译成类型的内部表示。例如,类型表达式

> record
>
> 　　sales：↑real;
>
> 　　firm：array [50] of char;
>
> end;

可以表示成语法树(如图 8.18 所示)。这里,记录的一些子结点表示成兄弟链表,因为记录的成员数量是任意的。代表基本类型的结点都是叶结点。

类似地,对于函数类型

> function f(boolean, record i：intger；c：char end,

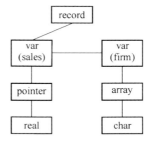

图 8.18　类型表达式的语法树

real)：void；

也可以表示成语法树（如图 8.19 所示）。参数类型也用兄弟链表的形式，结果类型（本例示 void）也作为子结点。

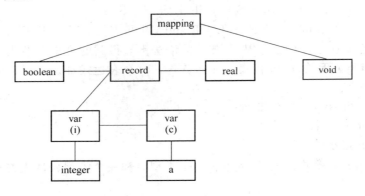

图 8.19　函数类型的语法树

这样，类型的结构化等价就可以用类型的语法树定义：两个类型结构等价，当且仅当它们的语法树的结构相同。我们可以把类型等价的判断当作编译的语义分析器，即函数

Function typeEqual(t1，t2：TypeExp)：Boolean；

它接收两个类型表达式，判断它们是否等价。按照类型结构等价的规则，对文法 G 8.7 所示语言，typeEqual 的实现如下。其中 t1.kind 给出简单类型和结构化类型的枚举值 {simpleType, array, record, pointer, mapping}。

```
function typeEqual(t1，t2：TypeExp)：Boolean；
  var goon：Boolean；
  p1，p2：TypeExp；
  begin
   if t1.kind≠t2.kind then return false；     //t1 和 t2 的结构不一致
   else if t1.kind = t2.kind = simpleType then return t1 = t2；//简单类型的判断
   /* 对结构类型的判断 */
   switch t1.kind of
     case array：return t1.size = t2.size and typeEqual(t1.child, t2.child)；
     /* 对基类型递归调用 */
   case record：
       p1 ：= t1.child；
       p2 ：= t2.child；
       goon：= true；
       while goon and p1≠null and p2≠null do
         if p1.name ≠p2.name
           then goon：= false；
           else {p1 ：= p1.sibling；p2 ：= p2.sibling；}// 比较记录的子域
       end while；
```

```
            return goon and p1 = null and p2 = null;
        case pointer：return typeEqual(t1. child，t2. child)；    //对基类型递归调用
        case mapping：
            p1 := t1. child；
            p2 := t2. child；
            goon：= true；
            while goon and p1≠null and p2≠null do
                if not typeEqual(p1. child1，p2. child1)        //比较参数域的类型
                    then goon：= false；
                    else {p1 := p1. sibling；p2 := p2. sibling；}// 比较每个子域
                end while；
            return goon and p1 = null and p2 = null and typeEqual(p1. child2，p2. child2)；
        end switch；
    end typeExp；
```

比结构等价更严格的类型等价的规则是类型名等价(如在 Ada 语言中)，它适用于在类型声明中为类型表达式定义新的类型名的情况。

定义 8.10   两个类型表达式类型名等价，当且仅当它们都是简单类型或者具有相同的类型名。

对于下面的类型声明

```
    type1 = integer；
    type2 = integer；
```

由于 type1 和 type2 的名字不同，它们不是等价类型，和 integer 也不等价。对于纯粹的类型名等价，很容易实现上面的函数 typeEqual。

第三种类型等价的条件比类型名等价要弱，称作声明等价，在 Pascal、C 和 Java 语言中采用。在这种方法下，声明 type1 = type2 解释成建立了类型别名，是一种有别于名字等价那样的新类型。

定义 8.11   在声明等价的意义下，每个类型名都与其基类型名等价，而基类型名可以是预定义的类型，或是用类型构造器构造出的类型表达式。

因而：

```
    type1 = integer；
    type2 = integer；
```

type1 和 type2 都和 integer 等价，或者说是类型 integer 的别名。例如：

```
    t1 = array [20] char；
    t2 = array [20] char；
    t3 = t1；
```

t1 和 t3 在声明等价的意义下是等价的，但是都不等价于 t2。

要实现声明等价，必须把类型名及其类型信息存放在符号表中，并且提供一个操作 get-BaseTypeName，从符号表中读取一个类型的基类型名。

Pascal 语言一致地使用声明等价，而 C 则对结构和联合类型使用声明等价，对指针和

数组的类型采用结构等价的定义。

8.4.3 类型检查

下面,根据函数 typeEqual 对文法 G 8.7 定义的语言,用语义规则描述一个类型检查器(见表 8.14)。假设存在包含了变量名及其类型的符号表,并提供函数 insert(name,type),把变量名 name 及其类型 type 填入符号表,函数 lookup(name)返回变量名 name 的类型。文法符号的属性 type 表示文法符号的类型,标识符 id 具有 name 的属性,type-error 表示类型错误。

首先来看声明语句的语义规则。它们构造类型表达式,并把类型值存放在综合属性 type 中。为了简化,假定该语言的数组从下标 1 开始,例如,由类型 array [20] of char 导出类型表达式 array (1..20,char),它把类型构造符 array 作用于子域 1..20 和 char。这里采用了 Pascal 的前缀运算符"↑"建立指针类型,所以,由 ↑real 得到一个指针类型表达式 pointer(real)。记录类型的类型表达式实际上是 D 的子域笛卡儿积的形式(见第 8.4.1 节)。函数类型表达式采用了映射符号"→"。

表 8.14 对文法 G 8.7 定义语言的类型检查的属性文法

文法规则	语义规则
$P \rightarrow D; S$	P. type := if typeEqual(S. type, void) then void else type-error
$D \rightarrow D; D$	
$D \rightarrow id: T$	insert (id. name, T. type)
$T \rightarrow BT$	T. type := BT. type
$T \rightarrow ST$	T. type := ST. type
$BT \rightarrow integer$	BT. type := integer
$BT \rightarrow boolean$	BT. type := boolean
$BT \rightarrow real$	BT. type := real
$BT \rightarrow char$	BT. type := char
$BT \rightarrow void$	BT. type := void
$ST \rightarrow array [num] of T$	ST. type := array (num. val, T. type)
$ST \rightarrow record\ D\ end$	ST. type := record (D. type)
$ST \rightarrow \uparrow T$	ST. type := pointer (T. type)
$ST \rightarrow T1' \rightarrow 'T2$	ST. type := T1. type → T2. type
$S \rightarrow id := E$	S. type := if typeEqual(id. type, E. type) then void else type-error
$S \rightarrow if\ E\ then\ S$	S. type := if E. type≡boolean then void else type-error
$S \rightarrow while\ E\ do\ S1$	S. type := if E. type≡boolean then void else type-error
$S \rightarrow S1; S2$	S. type := if S1. type≡void and S2. type≡void then void else type-error
$E \rightarrow true$	E. type :=boolean
$E \rightarrow num$	E. type :=integer
$E \rightarrow id$	E. type:=lookup(id. name)

文法规则	语义规则
E → E1 ＋ E2	E. type : = if E1. type≡integer and E2. type≡integer then integer else if E_1. type≡real and E2. type≡real then real else type-error
E → E1 and E2	E. type : = if E1. type≡boolean and E2. type≡boolean then boolean else type-error
E → E1[E2]	E. type : = if typeEqual(E1. type, array(s, t)) and E2. type≡integer then t else type-error
E → E1 ↑	E. type : = if typeEqual(E1. type, pointer(t)) then t else type-error
E → E1(E2)	E. type : = if typeEqual(E2. type, s) and typeEqual(E1. type, s→t) then t else type-error

其次,来看一下表达式的类型检查。E 的综合属性 type 通过类型系统把类型表达式赋给由 E 产生的表达式,其中 E → id 的语义规则表示,E 的类型就是标识符 id 的类型,用函数 lookup 在符号表中读取。对于二元表达式,该语言要求两个运算数的类型一致,否则就出现类型错误,用 type-error 表示。

在数组引用 E1[E2]中,下标表达式 E2 必须具有整型。在这种情况下,结果是从 E1 的类型 array(s, t)获得的元素类型 t,而和数组下标类型无关。在指针 E1↑表达式里,运算符"↑"产生由其操作数 E1 所指的数据对象,所以,E1↑的类型是指针 E 所指的对象的类型 t。对于函数调用 E1(E2),E1 的类型必须是从 E2 的类型 s 到某个值域类型 t 的函数类型 s→t,所以 E1(E2)的类型是 t。这里只考虑了一元函数。如果使用笛卡儿积类型以后,很容易把函数类型推广到多元函数。

最后再讨论语句的类型,该语言只包括常见的赋值语句、分支语句、循环语句和顺序语句序列。赋值语句的类型检查规则是判断赋值号两边的类型是否等价;分支语句和循环语句则是检查条件表达式是不是布尔类型;对顺序语句的类型检查,仅当其中的每个语句都有类型 void 时才能使顺序语句也有类型 void,否则出现类型错误 type-error。

特别地,从语句和程序产生式的语义规则可以看出,只有在无类型错误时,整个程序的类型才是 void,表示程序的类型正确。

把 type-error 设计成函数 typeError(),还可以报告类型错误的种类、位置和性质等信息。

FORTRAN 和 Algol 语言使用结构等价进行类型检查,C 和 Ada 采用了与 Pascal 类似的声明等价来执行类型检查,现代的函数式语言如 ML 和 Haskell 使用严格的名字等价和类型同义词替换结构等价执行类型检查。C 和 Java 的类型系统与类型检查采取了类型等价的混合定义,可以处理算符重载、虚拟函数、多态函数、子类型、动态绑定等语言特性,它们还都在中间代码层次上进行严格的包括类型检查在内的静态和动态语义检查,Java 使用虚拟机 JVM,C♯则是使用语言运行时 CLR。

8.4.4　类型转换

一个程序语言通常允许含有混合类型的算术表达式,例如,实数和整数相加:3.14＋5。因为浮点数和整数在计算机中有不同的表示,并且有不同的机器指令,因此编译程序应该首先把其中的一个运算对象进行类型转换,以保证两个参加算术运算的数据有同样的类型。对于这个例子,编译器把 5 转换成浮点数,然后进行加法运算,结果也是浮点类型。

程序语言通常采用两种方式处理类型转换。例如,在 Ada 语言中,要求程序员提供一个转换函数。因此,上面的例子应该写成 3.14＋float(5),否则就出现类型错误。这种类型转换方式是显示的,对类型检查器没有提出任何新的问题。另外一种方式是编译程序,或者准确地说,是类型检查器根据子表达式的类型自动提供转换操作,一般规则是把精度低的数据转换成高精度的数,这样的类型转换叫作隐式的,或强制的。例如,在 C＋＋语言中,当不同类型的数据混合运算时,强制类型转化的规则包括:操作数为字符或短整型时,编译系统将它们自动变为整型;操作数为实型时,编译系统把它们自动变为双精度型。

类型检查器根据子表达式的类型推断出表达式的类型,隐式的实现类型转换,如图8.20(a)所示。这要求代码生成器以后必须检查表达式的类型,确定是否需要执行类型转换。类型检查器也可以在语法树中插入一个转换节点而显式的表现类型转换,如图8.20(b)所示。

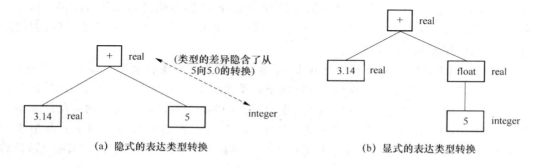

（a）隐式的表达类型转换 （b）显式的表达类型转换

图 8.20　类型检查器表达类型转换的两种方式

对于赋值语句,当赋值号的左值和右值类型不一致时,也可以实现类型转换。例如,在 C 语言中

```
double r;
int i;
r = i;
```

在把 i 的值存入 r 表示的地址之前,强制地把 i 转换成 double 类型。当然,这种强制类型转换也可能丢失信息,例如,若上述赋值的语句的方向相反,即 i ＝ r。

类似的情况也出现在面向对象语言中,通常允许子类的对象赋给超类的对象。例如,在 C＋＋中,如果 B 类是 A 的子类,a 是 A 的对象,b 是 B 的对象,那么,允许赋值语句 a ＝ b,但是不允许 b ＝ a。

例 8.18　考虑把算术运算符 op 作用于常数和标识符形成的表达式文法 G8.7 中,如表8.15 所示,它是例 8.11 中文法 8.4 的简单扩充。

假定有整型和实型两种类型,必要时用函数 real(int)把整数转换成实数。非终结符 E 的属性 type 可以是 integer 或 real。表 8.15 给出了类型检查,同时也给出了定型规则。计算出表达式的值,用 val 代表 E 的值,在进行了必要的类型转换之后,再执行二元运算。假设常量的值由属性 lexval 给出,标识符或表达式所代表的值由函数 setvalue(id. entry, value)存放在符号表中,函数 getvalue(id. entry)返回其值。第 9 章将会看到,每个表达式在翻译的时候都把值存放在一个临时变量中,它们又都像普通标识符一样保存在符号表里。为简化起见,这里就用表达式作为内部临时变量。

表 8.15　从整型到实型的类型检查(含类型转换)

文法规则	语义规则
$E \to num$	E. type := integer E. val := num. lexval
$E \to num. num$	E. type := real E. val := num. num. lexval
$E \to id$	E. type := lookup(id. entry) E. val := getval(id. entry)

$E \to E1 \ op \ E2$	if E1. type = real and E2. type = real
	then E. type := real;
	　　E. val := E1. val op E2. val
	else if E1. type = real and E2. type = integer
	then E. type := real;
	　　E2. val := setvalue(E2. entry, real(E2. val))
	　　E. val := E1. val op E2. val
	else if E1. type = integer and E2. type = real
	then E. type := real;
	　　E1. val := setvalue(E1. entry, real(E1. val))
	　　E. val := E1. val op E2. val
	else if E1. type = integer and E2. type = integer
	then E. type := integer;
	　　E. val := E1. val op E2. val
	else type-error

常量的隐式转换通常可以在编译时完成,并且可以极大地改善目标程序的运行时间。

8.4.5　类型检查的其他问题

类型、类型系统的正确性,类型推断及其在计算机语言中的应用是理论计算机学科的主要研究领域。本节概述类型检查的其他问题,主要是重载和多态函数,以供感兴趣的读者深入学习和研究。

如果一个运算符可以根据上下文执行不同的运算,则这样的符号被称作重载运算符。例如,大多数程序语言中的加法运算符号"＋"是重载符号,它既可以用于两个实数相加,也可以表示两个整数的加法;又如 Ada 或 C＋＋语言中,括弧"()"是重载符号,因为表达式 a(i)可能是以 i 为实参的函数调用 a,也可能显式的把表达式 i 转换成类型 a,在 Ada 中还可以是访问数组 a 的第 i 个元素。

函数也允许重载,即同一函数名接受不同类型的参数,甚至参数的个数也不同,在面向对象中通常称为虚拟函数。

当出现重载运算符或函数时,需要确定它所表示的唯一的含义,为此需要语言提供适当的规则。

普通的函数要求其变元有固定的类型,而多态函数允许变元有不同的类型。多态函数在程序语言方面的吸引力在于:它能实现对数据结构的操作,而不必是数据结构元素类型的

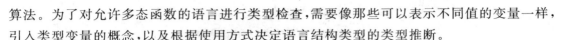
算法。为了对允许多态函数的语言进行类型检查,需要像那些可以表示不同值的变量一样,引入类型变量的概念,以及根据使用方式决定语言结构类型的类型推断。

多态函数与多态类型是现代程序设计语言(包括面向对象语言)的关键特性,一般采用类型的代换、缩小类型范围、合一等技术进行类型检查和类型推断。

练 习 8

8.1 语义分析的基本任务是什么?请简单说明它们在编译的哪些阶段或者由编译的哪些模块完成?

8.2 考虑下列无符号数的简单语法:

number → digit number | digit

digit → 0 | 1 | 2 | 3 | 4 | 5 | 6 | 7 | 8 | 9

写出计算 number 整数值的属性规则。

8.3 根据下列文法,给出求十进制浮点数值的语义规则(提示:用属性 count 表示小数点后的数字数目)。

float → num. num

num → num digit | digit

digit → 0 | 1 | 2 | 3 | 4 | 5 | 6 | 7 | 8 | 9

8.4 考虑下面简单的 Pascal 风格的声明:

decl → var-list:type

var-list → var-list,id | id

type → integer | real

(1) 为它设计一个计算变量类型的属性文法;

(2) 为每个产生式对应的属性文法画一个依赖图;

(3) 为声明 a, b, c:real 画出属性依赖图。

8.5 修改例 8.4 中的文法 G8.4,使之只用综合属性就可以计算 based-num 的值。

8.6 考虑表 8.16 属性文法:

表 8.16

文法规则	语义规则
S → ABC	B.u := S.u A.u := B.v + C.v S.v := A.v
A → a	A.v := 2 * A.u
B → b	B.vl := B.u
C → c	C.v := 1

(1) 构造出串 abc 的分析树及其属性依赖图,并给出计算这些属性的一个正确顺序;

（2）假设 S.V 在属性求值之前的值是 3，那么 S.v 在属性求值之后的值是什么？

（3）如果语义规则修改如表 8.17 所示，问题（2）的结果又如何？

表 8.17

文法规则	语义规则
S → ABC	B.u := S.u C.u := A.v A.u := B.v + C.v S.v := A.v
A → a	A.v := 2 * A.u
B → b	B.v := B.u
C → c	C.v := C.u − 2

8.7　设计有向图的一个拓扑排序算法，并用高级程序语言实现。

8.8　一个包含了综合属性和继承属性的属性文法中，如果综合属性依赖于继承属性（以及其他综合属性），但是继承属性不依赖任何综合属性，那么，用一趟混合的后序遍历和前序遍历就可以计算所有的属性值。请用高级语言或伪代码设计这个算法。

8.9　例 8.11 中的三个属性 isFloat、etype 和 val 的语义规则如表 8.8 所示，它们需要遍历分析树或语法树两次才能计算出来。第一遍后序遍历计算出综合属性 isFloat 的值，第二遍用混合的前序遍历和后序遍历计算出继承属性 etype 与综合属性 val 的值。

（1）请用高级语言或伪代码设计这个算法；

（2）描述 5/2/2.0 属性的计算过程。

8.10　请按照表 8.13 中的语义规则，画出 float x，y 的带属性的分析树以及依赖关系图。

8.11　考虑文法

$$S → （L）| a$$
$$L → L，S | S$$

（1）设计一个打印括号对数的属性文法。

（2）设计一个翻译模式，使它输出每个 a 的嵌套深度。例如，对于输入串（a，（a，a））的输出是 1，2，2。

（3）设计一个翻译模式，使它打印出每个 a 在句子中的位置。例如，对于输入串（a，（a，a））的结果是 2，5，7。

8.12　下列文法由 S 符号开始产生一个二进制数，令综合属性 val 给出该数的值。

$$S → L.L | L$$
$$L → LB | B$$
$$L → 0 | 1$$

请设计求 S.val 的属性文法，其中 B 的唯一综合属性 c 给出由 B 产生的二进位的结果值。例如，输入 101.101 时，S.val 是 5.625，其中第一个二进位的值是 4，最后一个二进位的值是 0.125。

8.13　考虑下列类似于 C 语言包含赋值语句表达式的文法：

S → E

E → E := E | E + E | (E) | id

即 b := c 表示把 c 的值赋给 b 的赋值表达式,而 a := (b := c)表示把 c 的值赋给 b 后再赋给 a。试构造语义规则,检查表达式的左部是一个左值。(提示:用非终结符 E 的继承属性 side 表示生成的表达式出现在赋值运算符的左边还是右边)

8.14　请根据例 8.5 的属性文法:

(1) 把语义规则翻译成 LR 属性求值器的栈操作代码(参考例 8.13);

(2) 建立对应的翻译模式(参考例 8.15);

(3) 消除基础文法的左递归,对新增的符号增加综合属性和继承属性,编写无左递归的翻译模式;

(4) 编写它的递归下降属性求值器。

8.15　为下列类型写出类型表达式:

(1) 指向实数的指针数组,下标范围从 1 到 100;

(2) 二维整型数组,行的下标从 1 到 10,列的下标从−10 到 10;

(3) 一个函数,它的定义域是从整型到整型指针的函数,值域是一个实型和字符组成的记录。

8.16　对下面 C 语言的声明:

```
typedef struct {
    int a,b;
} CELL, ∗ PCELL;
CELL foo[100];
PCELL bar(x, y) int;
CELL y;
{…}
```

试为类型 foo 和函数 bar 写出类型表达式。

8.17　下列是一个包含文字串表的文法,其中符号的含义和 224 页文法 G8.7 中的一样,只是增加了类型 list,它表示一个元素表,表中类型由 of 后面的类型 T 确定。试设计一个翻译模式/语义规则,用来确定表达式(E)和(L)的类型。

P → D; E

D → D; D | id:T

T → list of T | char | integer

E → (L) | literal | num | id

L → E; L | E

8.18　修改表 8.14 的语义规则,使之可以处理

(1) 有值语句。赋值语句的值是赋值号":="右边表达式的值,条件语句和循环语句的值是语句体的值,顺序语句的值是该序列中最后一个语句的值;

(2) 布尔表达式。增加逻辑运算符 and、or 和 not 以及关系运算符 ≠、<、≤、=、>和≥,并且增加相应的翻译规则,给出这些表达式的类型。

第9章　语法制导的中间代码翻译

在完成了静态语义检查之后,编译就可以为源程序生成目标代码。由于目标代码的生成对于目标机器的依赖性很大,过程十分复杂,人们通常把它划分成若干阶段。首先把源程序翻译成某种抽象表现形式的中间代码,如三地址码或字节代码,最后再把中间代码翻译成机器可以直接执行的目标代码。

使用中间代码的好处包括以下三点:

(1) 把源程序翻译成目标代码的工作分阶段进行,便于控制和管理开发工作的复杂度,集中地解决不同阶段的不同问题。例如,语义检查可以发现因类型不匹配、缺乏类型等可能导致程序运行的错误。

(2) 由于中间代码独立于任何目标机器的特性,便于把与机器特性密切相关的目标代码的生成尽可能地限制在编译的后端,这有利于重定目标机器,使得一种中间代码可以为多种不同类型的目标机器服务。这是目前最流行的编程语言 Java 以及 .NET 编程环境所采用的策略(当然,除了中间代码以外,它们的运行系统还需要虚拟机 VM 或通用语言运行时 CLR 等技术)。

(3) 可以对中间代码进行独立于机器的代码优化,这有利于提高代码的质量,提高程序运行的时空效率。

本章首先介绍几种常见的中间代码语言,然后讨论一种普遍采用的、称为语法制导翻译的技术。语法制导翻译是根据语言的文法,把中间代码设计成文法符号的属性,把翻译动作设计成属性计算或者语义动作,并嵌入到文法中,在遍历分析树时执行中间代码的翻译任务。这种翻译技术也可用于直接生成目标代码。本章主要论述运用语法制导翻译把典型的语言结构,如数组、记录等数据结构以及控制语句、说明语句、调用语句,翻译成中间代码的语义规则。

中间代码翻译在编译程序中的位置如图9.1所示。

图 9.1　中间代码翻译在编译中的位置

9.1　中间语言

在编译中表示源程序的数据结构统称为中间语言(或中间表示),用中间语言表示的程序称为中间代码。本书已用过分析树作为源程序的中间语言。尽管分析树基本上足够表示

237

源程序,也可以生成目标代码。但是,分析树远远不能代替目标机器语言,譬如,分析树不能表示控制流结构。无论是机器语言或汇编语言都只是采用了简单的跳转指令,而非诸如 if-then-else 或 while 等高级控制结构。所以,编译构造者需要一种更接近于目标代码的中间语言,以便目标代码的生成。可以毫不夸张地说,有多少程序语言或编译器就有多少种风格的中间语言。中间语言的设计既要包含足够的结构,可以支持高级程序语言的结构,如控制、类型、模块、接口、安全机制、垃圾收集等,又要便于到目标机器的自然映射,有助于翻译成时空都高效的可运行代码。

选择适当的指令集与数据类型是设计中间语言的重要问题。显然,中间语言的指令集必须足以实现源程序的各种操作,较小的指令集容易映射到新的目标机器。然而,用局限的指令集可能迫使编译前端对源语言的某些运算产生较长的中间语言序列,就会对代码优化和目标代码的生成形成障碍。

中间语言表现在下列几个方面的性质和特点。

(1) 抽象程度。中间语言可以非常抽象,像语法树一样抽象地表示几乎所有的操作,也可以具体到接近于目标机器的指令。抽象的中间语言如分析树、语法树、有向无环图,以及具体的中间语言如字节代码,它们的语句类似于汇编语言或机器的符号指令,而三地址码介于这两类中间语言之间。现代计算机体系结构(存储管理、寄存器、指令)的发展对中间语言的设计产生了深刻的影响。例如,P-code 和 Java byte code 都属于字节代码,但是,其代码本身和支持环境存在巨大的差异。

(2) 运行时信息。中间语言可以使用目标机器和运行环境的详细信息(如数据类型、寄存器),也可以不使用。抽象程度高的语言一般不包含目标机器的信息,而字节代码和三地址码通常则都包含了数据类型及其相关的运算符。一般的字节代码如 P-code 都有相应的虚拟机器来解释并运行字节代码。现代计算机技术的发展对程序的安全性、互操作性、并发性等要求严格,使得运行环境更加复杂。

(3) 使用编译的数据结构。如果中间语言可以包含符号的全部信息,例如,符号的范围、嵌套层次和变量的偏移,那么,目标代码的产生就能完全依赖于这种中间代码而无须符号表;否则,产生目标代码时还需要符号表等数据结构。使用语法树、分析树、有向无环图和三地址码通常需要查询符号表才能完成代码翻译。一般的字节代码已经把符号表的信息转换成与虚拟机对应的信息,在接代码翻译时就不需要符号表等。互联、开放、异构等特性增加了编译数据结构与管理的复杂性,例如,命名空间,除了要包含一个程序的名字以外,还要处理那些用其他语言编写的构件中的各种名字。

(4) 用途。编译过程包含了不同的阶段和任务,每个阶段和任务都有最合适的中间语言:分析树特别适合对源程序进行语法分析和语义分析,有向无环图适用于代码的优化和生成,后缀表示便于计算机的计算,字节代码和三地址码由于更接近机器代码而最适宜目标代码的生成和移植。但是,一个编译器通常都不会使用太多的中间语言,以免各个中间语言之间的转换造成时空效率的损失。

一般而言,高级程序语言的编译都使用了某种形式的中间语言。P-code 用于许多 Pascal 编译器中,Ada 编译采用了类似于语法树的中间语言 Diana,GNU 的 C 编译器使用了称作寄存器转换语言的 RTL 作为中间语言。由于 C 语言可以访问机器的底层,也有的编译系统使用 C 作为中间语言,例如,Ada、Smalltalk、C++和 Java 的运行时环境。传统的三地址码更接近于字节代码,在上述各个特性方面都不极端,通常作为中间代码而出现在编译的教科书中。

下面,首先简介中间语言的后缀式、图形表示、字节代码和三地址码,然后以三地址码作为中间语言,讨论语法制导的翻译原理和技术。

9.1.1　后缀式

后缀式也叫逆波兰式,是表达式中的一种常见的表示方式。与中缀式不同,后缀式把运算数写在前面,而把运算符写在后面(后缀),例如,a+b*(c+d)写成 abcd+*+。

定义 9.1　后缀式的递归定义如下:

(1) 如果 E 是一个变量或常量,那么,E 的后缀式就是 E 本身;

(2) 如果 E 是形如 E1 op E2 的表达式,其中 op 是任意的二元运算符 ,那么,E 的后缀式为 E1′ E2′op,其中 E1′和 E2′分别是 E1 和 E2 的后缀式;

(3) 如果 E 是形如(E1)的表达式,那么,E1 的后缀式就是 E 的后缀式。

上述定义容易扩充到含单目运算符如负号"−"或否"not"的表达式,也不难扩充到包含数组元素的数组。例如:

(a+b)*(a+c)的后缀式为 ab+ac+*;

−a+b+c/d*(a+c)的后缀式为 a−b+cd/ac+*+;

not A or not (C and not B)的后缀式为 A not CB not and not or。

对于数组变量,把"[]"和分割维数的逗号","都看作是二目算符,那么

a[i]的后缀式可以表示成为 ai[];

a[i, j, k]的后缀式为 aij,k,[]。

后缀式有两个显著的特点:

(1) 后缀式表达式的计算顺序唯一,无须使用括号来明确计算顺序;

(2) 只要知道每个运算符的目数,即参与运算数的个数,对后缀式不论从左还是从右进行扫描,都能对它进行唯一的分解。

例如:

ab−c*/所代表的中缀表达式是 a/(−b*c);

ab+cd+*所代表的中缀表达式是(a+b)*(c+d)。

栈的结构特别适合后缀式的计算:自左向右扫描表达式的后缀表示,每遇到一个对象就把它压入栈内;每遇到一个算符,就从栈顶取出相应个数的运算对象进行计算,再将结果压入栈顶。最后,栈顶元素就是表达式的运算结果。

下面把表达式的后缀形式扩充到其他的语言结构。

(1) 对赋值表达式 V := E,如果把赋值号看作是二目算符,那么,它的后缀形式为 V′E′ := ,其中 V′和 E′分别是 V 和 E 的后缀式。例如,

赋值语句 t := (a+b) /c*(d−e)的后缀式为 tab+c/de − *:=;

赋值语句 a[i] := a[j+m, k]的后缀式为 ai[] ajm+k, []:=。

（2）无条件转移语句 goto L 的后缀表达式为 L GOTO，其中 GOTO 看作是单目运算符。

（3）对条件语句 if E then S_1 else S_2，设 E'、S_1' 和 S_2' 分别是 E、S_1 和 S_2 的后缀式，L_1 对应语句 S_1' 的起点，L_2 对应语句 S_2' 的起点，那么，上述条件语句的后缀式可以表示为 E' L_1 GOTO S_1' L_2 GOTO S_2'。例如，条件语句 if (a<b) then max=b else max=a 的后缀式为：

ab < 10 GOTO max b = 20 GOTO max a =

其中 10 表示条件为真时转移到的标号，20 表示条件为假时无条件转移到的标号。

（4）复合语句 S_1；S_2 的后缀形式可以简单的表示成 $S_1'S_2'$，其中 S_1' 和 S_2' 分别是语句 S_1 和 S_2 的后缀形式。但是，如果像 C、Java 和 Pascal 等语言允许在程序块中增加声明语句，那么，就应对程序块的标志"{}"或 begin 和 end 分别引进相应的标志，如 BLOCKBEGIN 和 BLOCKEND。因此，程序块{S_1；S_2}的后缀式为：

BLOCKBEGIN $S_1'S_2'$ BLOCKEND

（5）循环语句 while E do S 的后缀式是下列语句：

L_1：

if not E then goto L_2 else {S; goto L_1}

L_2：

参照条件语句和复合语句，可以把 while 循环语句表示成以下形式：

E' L_2 GOTO S' L_1 GOTO

对于 do S while E 和 for (V = E_1；E_2；E_3) S 形式的循环语句，请读者思考，参照本例完成其后缀式。

最后，看一个程序段后缀式的例子。

例 9.1 把下面的程序段写成后缀的形式：

```
{   int i;
    float a, b, result;
    i = 1; a = 0;
    while ( i <= 20 ){b = b + a; a = b; i = i+1}
    result = b; }
```

它的后缀式为

BLOCKBEGIN

i int a b result,，float i 1= a 0 = i 20 <= L_2 GOTO b ba + = ab= i i 1+ =

L_1 GOTO result b =

BLOCKEND

下面学习设计把一个语言的结构翻译成后缀式的语法制导的语义规则（又叫翻译规则）。

表 9.1 描述了把赋值语句转换成后缀式的翻译规则。其中综合属性 code 表示符号的后缀式，属性 id. name 表示标识符 id 的名字，num. lexva 表示常数 num 的值；符号"‖"表示把中间代码连接（读作"捻接"或"并置"）起来。运算符的属性"op"给出具体的算符，如"+"、"*"或"and"。

表 9.1　赋值语句翻译成后缀式的翻译规则

文法规则	语义规则
S → id = E	S. code := id. name ‖ E. code ‖ ″=″
E → E₁ bop E₂	E. code := E₁. code ‖ E₂. code ‖ bop. op
E → sop E₁	E. code := E₁. code ‖ sop. op
E → (E₁)	E. code := E₁. code
E → id	E. code := id. name
E → num	E. code := num. lexval

9.1.2　图形表示

语法树和分析树都是常见的图形中间语言。语法树省略了语法的非终结符号,描述了源程序在语义上的层次结构,是分析树的浓缩表示。语法树作为中间语言允许把翻译从分析过程中分离出来,形成先分析后翻译的方式。即使是边分析边翻译,把语法树作为一种概念上的中间语言也十分有益。C 编译器通常构造语法树。后缀式可以看作是语法树的一种线性表示,它是后序遍历或深度优先遍历语法得到结点的一个序列。

例如,a:＝(−b+c∗d)+c∗d 的语法树如图 9.2(a)所示,它的后缀式为 ab−cd∗+cd∗+:＝。

11.3 节提到的有向无环图 DAG 也是一种中间语言,和语法树相比,它以更紧凑的形式给出源程序同样的信息,因为它把公共子表达式也标示出来。图 9.2(b)的公共子表达式 c∗d 不止一个父结点。在代码优化时,有向无环图比其他的中间语言更合适(详见第 11 章的讨论)。

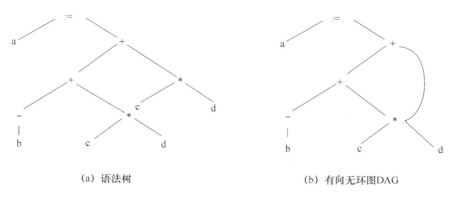

(a) 语法树　　　　　　　　　　　　(b) 有向无环图DAG

图 9.2　a:＝(−b+c∗d)+c∗d 的图形表示

例 9.2　表 9.2 描述了把一个简化的赋值语句改造成语法树的翻译规则,它简单地扩展了例 8.5 的语义规则。这里使用的是二义性文法,并假定运算符的优先性和结合性遵循通常的约定,二目运算"＋"和"∗"是程序语言运算符集合中选出的两个典型代表,其中 mkunode(op, child)是构造单目运算结点的函数。按照这个定义,可以把符号串 a:＝(−b＋c∗d)＋c∗d 翻译成图 9.2(a)形式的语法树。

表 9.2 赋值语句翻译成语法树的翻译规则

文法规则	语义规则
$S \rightarrow id = E$	S. tree := mknode('=', mkleaf(id, id. name), E. tree)
$E \rightarrow E_1 + E_2$	E. tree := mknode('+', E_1. tree, E_2. tree)
$E \rightarrow E_1 * E_2$	E. tree := mknode('*', E_1. tree, E_2. tree)
$E \rightarrow -E_1$	E. tree := mknode('$-$', E_1. tree)
$E \rightarrow (E_1)$	E. tree := E_1. tree
$E \rightarrow id$	E. tree := mkleaf(id, id. name)
$E \rightarrow num$	F. tree := mkleaf(num, num. lexval)

可以修改构造结点的函数 mknode,使用表 9.2 的语义规则构造出有向无环图。函数 mknode 首先检查是否已经存在一个和要构造的结点相同,如果是,就返回这个已存在结点,否则就构造并返回一个新的结点。例如,对 mknode 的修改如下:

```
SyntaxTree mknode(OPKind op, SyntaxTree lchild, SyntaxTree rchild)
{
    SyntaxTree node;
    for(每个已产生语法树结点 node)
        if(node. operator = = op & &
            node. leftchild = = lchild & &
            node. rightchild = = rchild)
                return node;
    return SyntaxTree(op, lchild, rchild);
}
```

按照这个定义,从符号串 a := (−b + c∗d) + c∗d 构造的 DAG 如图 9.2(b)所示。

9.1.3 字节代码

目前广泛流行的面向对象语言提出了所谓的硬件和操作系统的平台无关性,这使得字节代码更加引人注目。字节代码通常是运行的机器模型或体系结构的指令系统,与机器的符号指令或汇编语言类似,设计时需要考虑机器的字节特性以及存储方式、寻址方式、数据类型等。

使用字节代码作为中间语言最著名的例子是在 1970 年末和 1980 年初许多 Pascal 语言编译器中的 P-code,它的形式如同不同的假想的栈式机器(称为 P-机器)的汇编代码,省略了寄存器。不同的实际机器需要为 P-code 构造不同的解释程序,这样,就可以使 Pascal 语言及其编译方便地移植到新的平台上。

作为例子,考虑把一个表达式

x := 2 ∗ a + (b − 3)

转换成 P-code 代码(分号后面是注释):

```
lda x    ; 把 x 的地址存入栈内
ldc 2    ; 加载常数 2 到临时栈
```

lod a	；加载变量 a 的值到临时栈
mpi	；把栈顶的两个数据 2 和 a 弹出,执行整数乘法运算,即 2 * a,结果存放在栈内
lod b	；加载变量 b 的值到临时栈
ldc 3	；加载常数 3 到临时栈
sbi	；把栈顶的两个数据 b 和 3 弹出,执行整数减法运算,即 b-3,结果存放在栈内
adi	；把栈顶 2 * a 和 b-3 的结果弹出,完成整数加法 2 * a+(b-3),结果存在栈顶
sto	；把栈顶值存入栈顶下面的地址所指向的变量存储区域中,同时弹出这两个元素

上述的计算顺序正好对应了该表达式的后缀式：x2a * b3-+:= 。

由于 P-code 被设计成可直接执行的,所以它还隐含了一个特殊的运行时环境,包括数据大小以及很多 P-机器的特殊信息。

在结束字节代码之前,看一下如何使用语义规则把例 9.3 的语言翻译成 P-code。用综合属性 pcode 表示 P-code 串,用"‖"表示在 P-code 串中插入一个换行。

表 9.3　赋值语句翻译成 P-code 的语义规则

文法规则	语义规则
$S \rightarrow id = E$	S. pcode := "lda" ‖ id. name ‖ E. pcode ‖ "sto"
$E \rightarrow E_1 + E_2$	E. pcode := E_1. pcode ‖ E_2. pcode ‖ "adi"
$E \rightarrow E_1 * E_2$	E. pcode := E_1. pcode ‖ E_2. pcode ‖ "mpi"
$E \rightarrow (E_1)$	E. pcode := E_1. pcode
$E \rightarrow id$	E. pcode := "lod" ‖ id. name
$E \rightarrow num$	E. pcode := "ldc" ‖ num. lexval

9.1.4　三地址代码及其四元式实现

三地址代码是由下列形式的指令

　　　　x := y op z

构成的序列,其中 x、y 和 z 是名字、常数或编译器产生的临时变量,op 表示运算符,如加法、减法、乘法或逻辑算符。该指令的含义是：对 y 和 z 的值施加 op 所代表的运算,结果存入 x 表示的地址。之所以叫作三地址代码,是因为每个指令最多有三个地址,即两个运算数的地址和一个结果的地址。所以,源语言表达式 2 * a+(b-3)可以翻译成的三地址代码是：

　　　　t_1 := 2 * a

$$t_2 := b - 3$$
$$t_3 := t_1 + t_2$$

其中 t_1、t_2 和 t_3 是编译器产生的临时变量。这些临时变量的名字要区别于源程序中的名字,本书假定都用带下标的 t 表示。

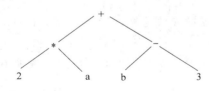

三地址码是分析树或 DAG 的一种线性表示,其中新增的临时变量名对应树的内部结点。$2*a+(b-3)$ 的分析树如图 9.3 所示。

使用临时变量名保存中间结果便于重新安排三地址码的计算顺序,进而有助于代码的优化(见第 11 章)。

图 9.3 $2*a+(b-3)$ 的分析树

例如,上述表达式的另外一种可能的计算顺序是:

$$t_1 := b - 3$$
$$t_2 := 2*a$$
$$t_3 := t_1 + t_2$$

例 9.3 表 9.4 给出了把赋值语句翻译成三地址代码的翻译规则。综合属性 E. place 表示存放 E 值的名字,E. code 表示三地址指令,函数 gencode(p, $':='$, E. place)表示生成三地址语句 p := E. place。函数 newtemp 在每次调用时都产生不同的临时变量名。

表 9.4 赋值语句翻译成三地址代码的翻译规则

文法规则	语义规则
$S \rightarrow id = E$	S. code := E. code ⫴ gencode(id. name, $':='$, E. place)
$E \rightarrow E_1 + E_2$	E. place := newtemp; E. code := E_1. tacode ⫴ E_2. code ⫴ gencode (E. place, $':='$, E_1. place, $'+'$, E_2. place)
$E \rightarrow E_1 * E_2$	E. place := newtemp; E. code := E_1. code ⫴ E_2. code ⫴ gencode (E. place, $':='$, E_1. place, $'*'$, E_2. place)
$E \rightarrow -E_1$	E. place := newtemp; E. code := E_1. code ⫴ gencode (E. place, $':='$, $'uminus'$, E_1. place)
$E \rightarrow (E_1)$	E. place := newtemp; E. code := E_1. code
$E \rightarrow id$	E. place := id. name; E. code := $'\ '$
$E \rightarrow num$	E. place := num. lexval E. code := $'\ '$

下面罗列出本书用到的三地址指令。

（1）形式为 x : = y op z 的赋值语句。其中 op 是二目算术或逻辑运算。

（2）形式为 x : = op z 的赋值语句。其中 op 是单目算术或逻辑运算,如负号、逻辑非 not、移位运算。

（3）形式为 x : = y 的赋值语句。它把 y 的值赋给 x。

（4）形式为 goto L 的无条件转移语句。下一条将被执行的语句是带标号 L 的三地址语句。

（5）形式为 if x relop y goto L 或 if b goto L 的条件转移语句。第一种形式的语句对 x 和 y 施加关系运算 relop（如 <、≤、≠、>）,若关系成立,则执行标号为 L 的三地址语句;否则执行后续语句。第二种形式中,b 为布尔变量或常量,若 b 为真,则执行标号为 L 的语句;否则执行后续语句。

（6）形式为 param x 和 call p, n 的过程调用语句。其中 x 表示参数,n 表示参数个数。源程序的过程调用语句 $p(x_1, x_2, \cdots, x_n)$ 通常生成如下的三地址码：

```
param x₁
param x₂
...
param xₙ
call p, n
```

（7）返回语句 return x 表示过程返回 x 值,其中 x 也可以不出现。

（8）形式为 x : = y[i] 和 x[i] : = y 的索引赋值。第一条语句把相对于地址 y 后面 i 个单元的值赋给 x;第二条语句把 y 的值赋给相对于地址 x 后面 i 个单元中。

（9）形式为 x : = & y,x : = * y 和 * x : = y 的地址指针赋值。第一个语句把 y 的存储单元地址赋给 x,假定 y 是一个名字或临时变量,代表一个具有左值的表达式,如 A[i, j];x 是指针变量或临时变量,即 x 的右值是某个对象的值。第二条语句把 y 的存储单元内的值赋给 x,其中 y 是指针变量或右值为地址的临时变量。第三条语句把 x 所指的对象的右值赋给 y 的左值。

（10）形式为 read x 的 write x 输入和输出语句。它们都只有一个地址。

（11）没有地址的停机语句 halt。

三地址代码是中间语言的一种抽象形式,编译一般不用上面的正文形式。在编译中,每个三地址指令都用包含若干域的记录结构来实现,整个三地址指令的序列就表示成数组或链接表。三地址指令最常见的一种实现形式是四元式（操作符域,运算数域1,运算数域2,结果域）,有些指令的运算数域没有值,如单目运算的第二个运算数域,halt 指令的三个运算域都为空。表9.5列出了本书三地址指令的四元式实现与书写形式,横线表示不需要该域。

表9.5　三地址指令的四元式实现形式

三地址指令	操作符	运算数1	运算数2	结果	书写形式
x : = y op z	op	y	z	x	(op, y, z, x)
x : = op z	op	z	—	x	(op, z, —, x)
x : = y	: =	y	—	x	(: =, y, —, x)

续　表

三地址指令	操作符	运算数1	运算数2	结果	书写形式
goto L	jump	—	—	L	(jump, —, —, L)
if x relop y goto L	jrop	x	y	L	(jrop, x, y, L)
if b goto L	jnz	b	—	L	(jnz, b, —, L)
param x	param	x	—	—	(param, x, —, —)
call p, n	call	p	n	—	(call, p, n, —)
return x	return	—	—	x	(return, —, —, x)
x := y[i]	=[]	y[i]	—	x	(=[], y[i], —, x)
x[i] := y	[]=	y	—	x[i]	([]=, y, —, x[i])
x := &y	&	y	—	x	(&, y, —, x)
x:= * y	↑	y	—	x	(↑, y, —, x)
* x := y	:=	y	—	↑ x	(:=, y, —, ↑ x)
read x	read	—	—	x	(read, —, —, x)
write x	write	—	—	x	(write, —, —, x)
halt	halt	—	—	—	(halt, —, —, —)

数据域通常都是指针,指向有关名字的符号表入口。因此,临时变量名也要填入符号表。实际上,在使用三地址代码表示源程序的时候,需要不断地访问符号表,即查询标识符是否在符号表,把变量名或常量插入符号表,以及读取数组的首地址等。

本章的余下部分就根据语法制导的翻译技术,把过程式和面向对象式程序语言的主要结构翻译成三地址代码。为了简单起见,我们根据需要使用三地址代码的正文表示或者四元式形式。

9.2　声明语句的翻译

声明可以是对整个程序都有效的全局声明,可以是只在对象类及其子类中、函数及其内嵌函数内有效的非局部声明,以及只对程序块和函数本身有效的局部声明。编译对声明处理的主要任务是为每个名字建立符号表的条目,填入有关信息,如类型、种别、在内存中分配的相对地址等。

在产生中间代码时,了解目标机器的体系结构十分有益。例如,假设在一个以字节编址的目标机上,整数必须存放在4的倍数的地址单元内,那么,计算地址时就应以4的倍数增加。

9.2.1　过程中的声明

在Fortran、Pascal、Ada、C、C#和Java等语言中,允许在一个程序块或过程中把所有的局部声明作为一组集中在一起进行处理。例如,对于一个C++的声明序列:

```
int index;
double sum;
```

```
        char token；
```
如果该声明在内存中可以得到的首地址是 1000,那么局部名的地址计算如下：

index 的地址是 1000；

sum 的地址是 1000＋ index 的字节数＝1000＋4＝1004；

token 的地址是 1004＋ sum 的字节数＝1004＋8＝1012。

编译对过程中声明语句的处理实际上就是为声明语句中的每个名字分配存储,主要任务就是计算每个名字的相对地址,即相对于基址的偏移。另外,再加上运行时为该声明分配的基址(例如过程活动记录的首址),就可以在存储器中访问到每个名字。

表 9.6 给出了声明语句的翻译规则。非终结符 P 产生一系列形如"T id"的声明语句,全局变量 offset 记录下一个可用的相对地址。在处理第一条声明语句之前,把 offset 设置为 0,以后每遇到一个新的名字,将该名字连同类型和当前的 offset 填入符号表,加上为该声明分配的基址(例如过程活动记录的首址),就可以在存储器中访问到每个名字。

过程 enter(name, type, offset)把名字为 name 的标识符填入符号表,该标识符的类型是 type,它在过程数据区的相对地址是 offset。综合属性 type 和 width 分别表示非终结符 T 的类型和宽度(即该类型的数据对象在内存中占用的字节数)。属性 type 的取值范围是基本类型 integer 和 real 以及应用类型构造器 pointer 和 array 得到的结构类型。假设整数的宽度是 4,实数的宽度是 8,指针类型的宽度是 4,数组所占用的存储单元个数是数组元素的个数乘以基类型元素的宽度。

表 9.6　计算声明中名字的类型和相对地址

文法规则	语义动作
P → D	{ offset ：= 0 }
D → D_1 ; D_2	
D → id：T	{ enter(id. name, T. type, offset)； offset ：= offset ＋ T. width ；}
T → integer	{ T. type ：= integer； T. width ：= 4；}
T → real	{ T. type ：= real； T. width ：= 8 ；}
T → array [num] of T_1	{ T. type ：= array(num. val, T_1. type)； T. width ：= num. val ∗ T_1. width ；}
T → ↑T_1	{ T. type ：= pointer(T_1. type)； T. width ：= 4 ；}

9.2.2　保留声明的作用域信息

现在考虑像 Pascal 和 Ada 这样允许过程嵌套的语言,讨论如何保存声明的作用域信息。所讨论的文法如下：

```
        P → D S
        D → D；D | id：T | proc id；D；S
```

第一条产生式提供程序的规则,在声明 D 后面跟随语句序列 S。声明语句允许嵌套的声明过程。为了简化讨论,这里没有给出 S 和 T 的产生式;对于过程,不考虑递归调用,也不考虑过程的参数说明,这是因为参数可以类似于表 9.6 的局部变量的处理技术。

第 7 章已经讨论论过,编译为每个过程都建立一个活动记录和一张独立的符号表,每个符号表都有自己的符号表指针 tableptr、基址 base 以及表内的当前偏移量 offset。编译可以一边扫描源程序一边建立这些符号表,并且完成内存分配。每遇到 D → proc id; D_1; S 时,编译就创建一张新的符号表,把 D_1 中的所有声明都添在该符号表内;用一个指针指向包含 D_1 的最近的外围过程 D 的符号表,id 也是作为 D 的一个局部名保存。同时,在最近的外围过程 D 的符号表中对每个直接嵌入其中的过程 D_1,也都有一个指向它的符号表的指针。

表 9.7 给出了多趟扫描含有嵌套过程的翻译规则,它使用了两个数据结构:一个是保存外层过程的符号表指针的指针栈 tblptr,另一个是对应的存放外层过程相对地址的偏移栈 offset。指针栈 tblptr 的栈顶 top(tblptr) 总是指向当前符号表,偏移栈 offset 的栈顶保存了当前已经处理过的声明的偏移量之和。翻译规则还使用了下列操作:

- 函数 SymbolTable * mktable(SymbolTable * previous, Integer base),它创建一张新的符号表,填入基址,把参数指针 previous 放在该表的首部,表示指向已创建的一个符号表,比如最近包围嵌入过程的符号表;并返回指向这张新表的指针。符号表的信息还可以包含局部变量所需要的存储单元个数等。
- 过程 void enter(SymbolTable * table, String name, DType type, Integer offset),它在指针 table 指向的符号表中为变量名 name 建立一个新项,类型信息是 type,在该表中的相对地址是 offset。
- 过程 void addwidth(SymbolTable * table, Integer width),它把符号表 table 中所有项的累加宽度记录在该表的首部。
- 过程 void enterproc(SymbolTable * table, String name, SymbolTable * newtable),它在 table 指向的符号表中为过程名 name 建立一个新项,指针 newtable 指向其符号表。

表 9.7　处理嵌套过程中的声明语句

文法规则	语义动作
P → M D S	{ addwidth(top(tblptr), top(offset)); pop (tblptr); pop(offset) ;}
M → ε	{ t := mktable(null, 0); push(t, tblptr); push(0, offset);}
D → D_1; D_2	

D → proc id; N D_1; S	{ t := top (tblptr);
	wide := top(offset);
	addwidth (t, wide);
	pop (tblptr); pop(offset);
	top(offset) := top(offset) + wide;
	enterproc(top(tblptr), id. name, t);}

D → id:T	{ enter (top(tblptr), id. name, T. type, top(offset)); top(offset) := top(offset) + T. width;}
N → ε	{ t := mktable(top(tblptr), top(offset)); push(t, tblptr); push(0, offset);}

对 P → DS,首先要建立一张空符号表,建表动作必须在 DS 之前完成。为了使整个动作都出现在文法产生式的末尾,采取了前面讨论的技术,引入一个非终结符 M 和 ε 产生式,就可以消除嵌入产生式中的语义动作。这样,M 的语义动作就是初始化外层符号表的指针栈 tblptr 和偏移栈 offset,最外层过程没有包围的过程了,所以指针为空 null,相对地址和基址都为 0。所以,P → M D S 的语义动作就是:把当前符号表 top(tblptr)(栈顶)的所有项的累加宽度记录在该表的首部,表示该过程的局部变量、过程等声明所需要的总的存储单元数(这是确定活动记录和运行栈大小的重要参数);然后,退掉指针栈 tblptr 和偏移栈 offset 的栈顶项,表示处理完 D 所表示的过程。

对嵌入的过程声明 D → proc id;D₁;S 做了类似的语法处理,改成 D → proc id;N D₁;S。首先,在扫描到嵌入的过程 D₁ 之前,为它建立一个空的符号表:让它的指针 tblptr 指向直接外围过程 D 的符号表,把它的 offset 初始化为 0,它的基址就是直接外围过程 D 所有条目(变量、过程)宽度的总和。这些都由对应 N → ε 的语义动作完成。其次,执行 D → proc id;N D₁;S 右部的语义动作:首先把 D₁ 产生的所有声明的宽度存入它的符号表内(此时放在栈顶的都是有关 D₁ 的值),退掉指针栈 tblptr 和偏移栈 offset 的栈顶项,表示结束嵌入过程;继续处理外层过程的声明,即把 D 的当前的条目宽度加上 D₁ 所有声明的宽度,为这个嵌入过程的名字 id 建立符号表条目。

遇到一个声明 D → id:T 的时候,翻译步骤和表 9.6 类似,enter 增加了指向过程符号表的指针参数。

例 9.4 图 9.4 示意一个含嵌入过程的 Pascal 程序段以及按照表 9.7 和表 9.6 构造符号表的过程,假设 tblptr 栈和 offset 栈向下增长。

为解释运用翻译规则构造和填写符号表信息的过程,在程序段中增加了多个空行。符号表的首部包含三个子域:左域是指向直接外围过程符号表的指针,主程序 sort 的左域为空 null;中域保存该表的基址;右域记录了该过程的声明所占存储单元的总数(累加宽度之和)。符号表记录了变量名、类型及其在过程中的相对地址。例如,变量 a 在 sort 中的偏移量就是基址 0,x 的偏移量是在分配完 10 个整型数(4 个字节)之后的值,即 $10×4=40$。

当扫描完 readarray 的局部变量声明后(对应图 9.4 中步骤 2),首先执行 N→ε 对应的动作,得到基址 44,tblptr 的栈顶是指向 readarray 符号表的指针;然后执行 D→id:T 对应的动作,它在 readarray 的符号表中存入 i 的信息,得到该符号表的局部声明的累加宽度 4。

扫描完 readarray 过程(对应图 9.4 中步骤 3)后,用 addwidth 把对应 readarray 的 off-set 值 4 存入该过程符号表的首部,把指向 readarray 的指针及其偏移量之和分别从指针栈 tblptr 和偏移栈 offset 的栈顶删除,修改 sort 的当前总偏移量为 48,最后在 sort 中添加过程 readarray 的条目,填入一个指向 readarray 符号表的指针。

图 9.4 中的步骤 4 示意了处理整个程序后所建立的符号表。最终得到 sort 中声明所占用的最大存储单元数量是 $64(= 44+4+8+8)$。

当程序中遇到名字引用时,若在本过程的符号表中找不到该名字,就可以利用指向直接外围过程的指针,到直接外围过程的符号表中查询,从而得到名字的类型、值等属性。这种逆向查找可以一直追溯到主程序,若还是没有找到,就给出"未声明标识符错误"。这实际上解释了赋值语句翻译模式的 lookup。

对有参过程或函数,形式参数和返回值变量的处理与其他局部名字的处理没有本质区别，主要差异在于符号表的条目个数以及存储单元总的分配数目。

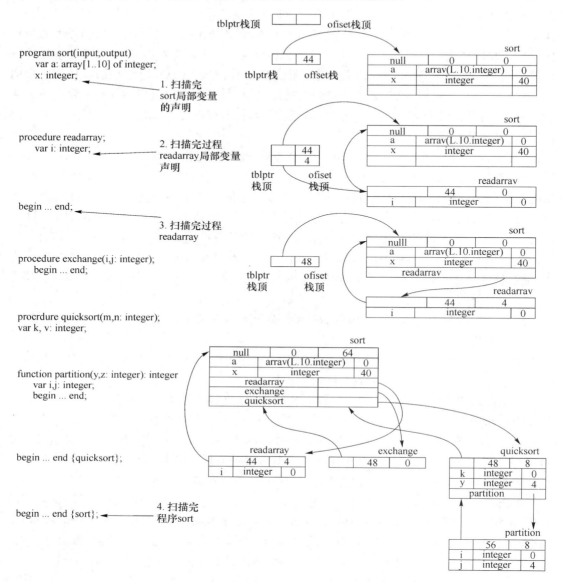

图 9.4　快速排序的 Pascal 代码及其嵌套过程符号表的构造

　　若允许过程递归，则需要改变表 9.7 的翻译模式。在产生式 D→ proc id；N D₁；S 的语义动作中，过程 id 是在处理完过程体之后才进入符号表的。若在 S 中有直接递归调用，就有可能在符号表中查询不到 id 的有关信息。一种改变方法是在 S 之前引入非终结符 R 及其 ε 产生式，让它的动作把 id 插入其直接外围过程的符号表。这个修改留给读者思考和练习。

　　对于单遍扫描的编译器，当每个过程被扫描、生成中间代码之后，如果没有其他需要，就可以释放该过程的符号表及其中名字所占用的存储单元。这样，编译器可以将符号表组织成一个栈，遇到一个过程声明就将该过程的符号表压进栈；扫描完该过程，就将它的符号表弹出，同时也就释放了为该过程分配的存储，允许其他过程使用。例如，在扫描完 readarray

之后,exchange 的基址就是 44。同样,过程为局部名字分配的存储单元数就不是所有局部名字的宽度之和,而是同时需要的名字所占存储单元的最大数。在例 9.4 中,当程序运行到 partition 时,同时需要 sort、quicksort 和 partition 这三个过程的信息,这时,sort 的符号表需要最多的存储单元数。

请读者思考,如何修改表 9.7 的语义动作,使它在扫描 sort 的过程中,正确地给出每个过程的基址以及 sort 所需的最大的存储单元数,并给出例 9.4 每个过程的基址和 sort 的最大值。

9.2.3　记录中的域名

现在,可以对表 9.6 的语言增添一个新的产生式,来构造程序的记录类型:

$$T \rightarrow record\ D\ end$$

对记录的处理类似于对过程的处理。同样为每个记录建立一张符号表,保存每个域的名字及其类型等信息。由于表 9.7 中的过程声明不影响域宽的计算,因此,允许上述产生式的 D 包含过程声明,这样做的目的是为了简化翻译模式。为记录类型建立符号表的翻译方案见表 9.8。

表 9.8　为记录建符号表

文法规则	语义动作
T → record L D end	{ T. type := record (top(tblptr); T. width := top (offset); pop (tblptr); pop(offset);}
L → ε	{ t := mktable (null, 0); push(t, tblptr); push(0, offset);}

当编译扫描到关键字 record 时,与非终结符 L 所对应的动作是:为该记录中的各个域名创建一张新的记录符号表,把指向该表的指针压入指针栈 tblptr,并把相对地址 0 压入偏移栈 offset。根据表 9.7 可知,产生式 D → id:T 的动作是把域名 id 的有关信息填入该记录的符号表。当记录中的所有域名都被分析之后,在 offset 的栈顶就存放着记录中的所有数据对象的总的宽度。在表 9.8 中 end 之后的动作是把 offset 栈顶的总的域宽度存入记录类型 T 的综合属性 width。T 的类型属性 type 则是通过对指向本记录符号表的指针使用类型构造符 record 得到的。在下一节中,该指针将用来访问记录中各个域的名字、类型及域宽。

记录类型声明和过程声明的处理有些区别。分析记录类型时并未真正给哪个变量分配存储单元,只是确定了该变量的类型、类型宽度以及每个域在记录存储空间中的相对位移。在处理记录类型的变量时,才在活动记录中为该记录中子域的变量分配存储单元。

9.3　赋值语句的翻译

赋值语句是命令式和面向对象语言的程序中改变存储器内容以及程序状态的基本操作,它的一般语法定义是:

V : = E;

其中 V 和 E 是简单类型的表达式,或者是数组元素、记录中子域变量、指针变量的内容或地址等。赋值语句的语义是:把右部表达式的值赋给左部变量,对于许多语言还要求左部变量与右部表达式的类型相容。赋值语句的执行步骤包括:

(1) 计算右部表达式 E 的值;

(2) 必要时对 E 的值进行类型转换,强制到 V 的类型;

(3) 计算变量 V 的地址;

(4) 把 E 的值送入 V 的地址。

这也是设计赋值语句翻译方案的基础。本节讨论的赋值语句的右部表达式可以是整型、实型、数组和记录。作为翻译三地址代码的一个部分,本节还讨论如何在符号表中读取名字、数组、指针和记录的元素。

9.3.1 简单算术表达式及赋值语句

对于 9.1.3 节的表 9.4,在三地址代码中直接使用了表达式的名字,并将它理解为指向符号表中该名字的入口指针。现在,可以使用函数 lookup(id. name),在符号表中查找名为 id. name 的标识符的入口地址,如果找到就返回指向该表项的指针,否则返回 null,表示没有找到。

表 9.9 给出了如何使用符号表把简单表达式及赋值语句翻译成三地址代码的语义动作,其中 E 的属性 place 表示 E 在符号表中的入口。我们不把翻译的代码存在语法符号的属性中,而是使用输出代码函数 emit(id. place, $':='$, E. place),它表示把赋值语句的三地址码按顺序写在一个输出文件上。

表 9.9　使用符号表把赋值语句翻译成三地址代码的语义动作

文法规则	语义动作
$S \rightarrow id := E$	{ p := lookup (id. name); if p = null then error else emit (p, $':='$, E. place) ;}
$E \rightarrow E_1 + E_2$	{ E. place := newtemp; emit (E. place, $':='$, E_1. place, $'+'$, E_2. place) ;}
$E \rightarrow E_1 * E_2$	{ E. place := newtemp; emit (E. place, $':='$, E_1. place, $'*'$, E_2. place) ;}
$E \rightarrow - E_1$	{ E. place := newtemp; emit (E. place, $':='$, $'uminus'$, E_1. place) ;}
$E \rightarrow (E_1)$	{ E. place := E_1. place;}
$E \rightarrow id$	{ p := lookup (id. name); if p = null then error else E. place := p ;}
$E \rightarrow num$	{ E. place := num. lexval;}

把该赋值语句语法和上节的程序语法结合起来：

P → D S

D → D；D | id：T | proc id；D；S

非终结符 P 就变成了开始符号,表 9.9 的翻译模式无须改变。

但是,如果语言允许过程嵌套(如 Pascal 和 Ada)或者符合语句(如 C、C#和 Java),那么需要改变 lookup 的实现,可以采用最近嵌套作用域的规则查找非局部变量的方式。下面简单描述 lookup 的一个实现。

首先设计使用符号表的数据结构 SymbolTable(参考图 9.4),它的主要结构和子域如下：

```
struct Iditem{          /* 符号表的变量名项   */
    String name；
    DType type；
    Address offset；
}
struct SymbolTable {
    SymbolTable * previous；
    Integer base，offset；
    Idlist ids；          /* 名字项的表 */
    Proclist procs；       /* 过程项的表 */
}
```

假设符号表中的变量项放在表结构类型 Idlist 的变量 ids 中,并假设函数 search(name,list)在当前过程的符号表中查询 name 是否在局部标识符表 list 中；如果在,就返回指向名字是 name 的标识符项；否则返回 null。下面是能够在嵌套结构中查询名字的函数 lookup。

```
Iditem * lookup ( String name，SymbolTable * table)
{SymbolTable * next，* p；
    next = table；
    while (next ! = null ) {
        p = serach (name, next - > ids)；
        if p ! = null return p；
        next = next - > previous；
    }
    return null；
}
```

在翻译规则中对中间代码有两种表示方法：(1) 利用生成函数 gencode 把中间代码存入符号的属性 code 中,且利用并置运算把代码段连接起来,形成更大的代码段,直至程序,这样可以随时整理并输出到文件上；(2) 一边分析和翻译源程序的语句,一边按照源程序的顺序用函数 emit 把中间代码写在一个输出文件中。方法(2)可以在一趟编译器中完成对代码的翻译,但是,没有办法对产生的代码进行优化,因为函数 emit 通常是把中间代码输出在一个顺序文件中。方法(1)更适合多趟扫描的编译构造,允许多次分析源程序,多次访问和

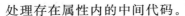

处理存在属性内的中间代码。

本节只考虑了使用简单变量和常量作为表达式的右部,而且用它们在符号表中的地址代替了名字,这些地址可以是寄存器的地址、绝对存储地址或者是活动记录的偏移。

下面将对简单表达式逐步扩展到允许对数组元素的引用、对记录元素的引用以及对指针变量所指数据对象的引用上。

9.3.2 数组元素的引用

一个数组的所有元素通常按照一定的顺序存放于连续的存储区域中,以便迅速地访问这些数组元素。若一个数组所需的存储空间在编译时就可以确定,则称此数组是静态数组,否则就称为动态数组。在 6.3 节中已经讨论过数组的有关信息,如分配的基址、维数、每个维的上下界、维数的大小、成员数据占用的存储大小等,这些信息存放在一个称作数组内情向量的符号表中。本节主要研究如何计算静态数组中一个数组元素的地址,并把它翻译成三地址代码。

首先看一维、二维数组的情况,然后再推广到任意多维的数组。

假如一维数组 A 的下界是 low,分配的相对地址是 base,也就是 A[low]的相对地址,每个元素的宽度是 w,那么 A 的第 i 个元素 A[i]的起始地址是:

$$base + (i-low) \times w \qquad (9.1)$$

把它整理成

$$i \times w + (base - low \times w)$$

这样,(base $-$low$\times$w)就可以在编译时计算出来,从而减少了运行时的地址计算。

二维数组的元素必须转化为一维方式存储,通常有两种存储方式:行为主(一行接一行)和列为主(一列接一列)。对于多维数组的存储,Fortran 是列为主,Pascal、C++ 和 Java 都是行为主。

在行为主的二维数组的情况下,A[i, j]的地址可以用下列公式计算:

$$base + ((i-low_1) \times n_2 + (j-low_2)) \times w$$

其中 low_1 和 low_2 分别是这两维的下界,n_2 是第 2 维的大小,即若 $high_2$ 是 j 值的上界,则有 $n_2 = high_2 - low_2 + 1$。假定 i 和 j 的值在编译时不知道,而知道其他值,那么,式(9.1)变换成

$$(i \times n_2 + j) \times w + (base - ((low_1 \times n_2) + low_2) \times w) \qquad (9.2)$$

同样,子表达式(base $-$((low$_1\times$n$_2$)$+$low$_2$)$\times$w)也可以在编译时计算出来。

行为主形式的存储,越靠右的下标变化越快;列为主的存储方式相反,最左边的下标变化最快。按行或按列的存储方式可以推广到多维数组。把式(9.2)推广到 k 维数组,得到数组引用 A[i_1, i_2, $\cdots$, i_k]的地址表达式如下:

$$((\cdots((i_1 \times n_2 + i_2) \times n_3 + i_3) \cdots) \times n_k + i_k) \times w +$$
$$base - ((\cdots((low_1 \times n_2 + low_2) \times n_3 + low_3) \cdots) \times n_k + low_k) \times w \qquad (9.3)$$

假定对所有的 j,$n_j = high_j - low_j + 1$ 都是固定的,那么,式(9.3)的第 2 行就可以在编译时计算出来,并存放在数组 A 的内情向量里。A[i_1, i_2, $\cdots$, i_k]地址的动态部分只能在运行时计算,必须设计出计算该地址的代码。

下面考虑如何计算数组引用 A[i_1, i_2, $\cdots$, i_k]的动态部分

$$(\cdots((i_1 \times n_2 + i_2) \times n_3 + i_3) \cdots) \times n_k + i_k \tag{9.4}$$

它可以用下列递推公式

$$e_1 = i_1$$

$$e_m = e_{m-1} \times n_m + i_m \tag{9.5}$$

进行计算,直到 $m = k$ 为止;然后将 e_k 乘以数组元素的宽度 w,再加上式(9.3)的第 2 行就可得到数组元素 $A[i_1, i_2, \cdots, i_k]$ 的地址。

要生成数组引用的三地址代码,关键是把式(9.5)的计算与数组引用的文法联系起来。从式(9.5)的递推计算中可以看出,除了第一个下标 i_1 以外,其他每个 e_m 的计算都要访问数组的符号表,以便得到各维的大小。如果在表 9.9 的文法中出现 id 的地方也允许出现下面产生式中的 L,那就可以把数组元素的引用加入到赋值语句中。

L → id［Elist］| id

Elist → Elist,E | E

如果仅用综合属性,在处理 Elist → Elist,E 和 Elist → E 时就访问不到数组 L 的有关信息,因为这些信息是与数组名 id 关联的。为此,可以把产生式等价地改写成

L → Elist］| id

Elist → Elist,E | id［E

即数组名与最左下标表达式连在一起,这样在翻译 Elist 时就能掌握符号表中数组名 id 的信息。

对 Elist 设置如下的综合属性:array 表示指向符号表中相应数组名表项的指针,ndim 表示保存已经分析过的下标表达式的个数,place 表示保存根据下标表达式计算的值,即式(9.5)中 e_m 的值。

函数 esizeof(array)给出数组元素的宽度,limit(array,j)返回 array 所指数组的第 j 维的维数 n_j,base(array)给出符号表中 array 所指数组的基址,即式(9.3)中的 base,函数 adrconst(array)表示式(9.3)中第 2 行减号之后的值。

左值 L 有两个属性,place 和 offset。当 L 是简单名字时,L. offset 为 null,L. place 是指向符号表中对应此名字表项的指针;当 L 是数组元素时,L. place = base(array) - adrconst(array),表示式(9.3)中第 2 行的值,L. offset 表示某个数组元素的索引,等于 Elist. place × w,即式(9.3)中第一行括号内的一部分。

E. place 和 id. place 同前面的含义一样。

下面考虑在赋值语句中加入数组元素之后的一种翻译模式,把语义动作加入到下列文法中:

(1) S → L：= E

(2) E → E_1 + E_2

(3) E → (E_1)

(4) E → L

(5) L → Elist］

(6) L → id

(7) Elist → $Elist_1$,E

(8) Elist → id［E

若 L 是个简单名字,则产生正常的赋值;否则,产生对 L 所指示地址的索引赋值。

(1) S → L : = E

  {   if L. offset = null

   then emit (L. place, ′: =′, ′E. place′);

   else emit(L. place, ′[′, L. offset, ′]′, ′: =′, E. place);}

算术表达式的语义动作和表 9.9 中的一样。

(2) E → E_1 + E_2

  {   E. place : = newtemp;

   emit (E. place, ′: =′, E_1. place, ′+′, E_2. place);}

(3) E → (E_1)

  { E. place : = E_1. place }

如果一个数组引用 L 归约到 E,即分析的源程序串中出现了 a[10] 或 b[5,8] 这样的数组引用时,就需要 L 的右值,可用索引得到存储单元地址 L. place[L. offset] 的内容。

(4) E → L

  {   if L. offset = null

   then E. place : = L. place

   else begin

    E. place : = newtemp;

    emit (E. place, ′: =′, L. place, ′[′, L. offset, ′]′);

   end;}

下面开始计算在 L → Elist] 中所用到的 L 的属性值。

(5) L → Elist]

  {   L. place : = newtemp;

   L. offset : = newtemp;

   emit (L. place, ′: =′, base(Elist. array), ′−′, adrconst(Elist. array));

   emit (L. offset , ′: =′, Elist. place, ′ * ′, esizeof (Elist. array)) ;}

把 offset 置为空值 null,表示 L 是一个简单变量名。

(6) L → id

  { Loffset : = null; L. place : = id. place }

每当扫描到下标表达式时,就运用递推式(9.5)。在下面的语义动作中,$Elist_1$. place 和 Elist. place 分别对应式(9.5)中的 e_m 和 e_{m-1}。若 $Elist_1$ 有 $m-1$ 个元素,则 Elist 有 m 个元素。

(7) Elist → $Elist_1$, E

  {   t : = newtemp;

   m : = $Elist_1$. ndim + 1;

   emit (t, ′: =′, $Elist_1$. place, ′ * ′, limit($Elist_1$. array, m));

   emit (t, ′: =′, t, ′+′, E. place);

   Elist. array : = $Elist_1$. array;

   E. place : = t;

$\qquad$ E.ndim : = m;}

在最后一个产生式的语义动作中,E.place 同时表示 E 的值以及当 $m=1$ 时 e_m 的值。

(8) Elist → id [E

$\qquad${　Elist.place : = E.place;

$\qquad$Elist.ndim : = 1;

$\qquad$Elist.array : = id.place;}

例 9.5　按本节讨论的赋值语句的翻译模式,把下面 Java 的赋值语句翻译成三地址代码。

$\qquad$int x, i, j;

$\qquad$int matrix [10][20];

$\qquad$x = matrix[i, j];

图 9.5 示意了这个赋值语句的注释分析树,图中用变量名字代替 id.place。该二维数组的 $n_1=10$,$n_2=20$,每个元素的宽度是 4。下面给出三地址代码产生的主要步骤(参考图 9.5 中按深度优先顺序即带虚线框的结点)。

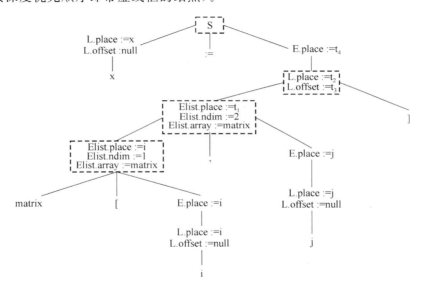

图 9.5　x = matrix[i, j]的注释分析树

扫描到 matrix[i 时,开始分析数组,得 Elist.place:=i,Elist.ndim:=1 和 Elist.array :=matrix 以及对应深度优先的第一个三叉树树根的结点,此时还没有产生任何三地址代码。

扫描到 i, j 时(对应产生式 Elist → Elist$_1$, E),开始产生代码:$t_1:=i*20$ 和 $t_1:=t_1+j$。

扫描到 j]时(对应产生式 L → Elist]),产生下列代码:$t_2:=$ matrix−84 和 $t_3:=4*t_1$。其中 adrconst(array)是 84(假设按照本节语法定义的方式,数组的第一个下标是 1 而不是 Java 语言的 0),数组的基址 base 用数组名字表示。

扫描完数组串 matrix[i, j]而归约到表达式 E 时(对应产生式 E → L),产生一条代码:$t_4:=t_2[t_3]$。

257

最后,扫描完源程序归约到句子 S 时(对应产生式 S → L := E),产生一条代码:x := t_4。

对应赋值语句 x = matrix[i, j] 的三地址代码是:

t_1 := i * 20

t_1 := t_1 + j

t_2 := matrix − 84

t_3 := 4 * t_1

t_4 := $t_2[t_3]$

x := t_4

对数组元素引用问题的讨论为下列几点。

(1) 有些语言允许数组的大小在过程调用时动态指定,这种数组在运行栈中分配地址,元素访问公式和静态数组的相同,只是由于数组的上下界在编译时不知道,只能在运行时完成地址的计算。

(2) $A[i_1, i_2, \cdots, i_k]$ 地址式(9.3)中的 $(\text{base} − ((\cdots((\text{low}_1 \times n_2 + \text{low}_2) \times n_3 + \text{low}_3) \cdots) \times n_k + \text{low}_k) \times w)$ 表示虚拟的 $A[0, 0, \cdots, 0]$,也称为零地址。对 C 系列的语言(还有 C++、C♯ 和 Java 等),各维下标表达式的下界都是 0,式(9.3)就可简化为:

$\text{base} + ((\cdots((i_1 \times n_2 + i_2) \times n_3 + i_3) \cdots) \times n_k + i_k) \times w$

可以让 L. place 同 C 语言一样,同时表示数组 a 在符号表的入口地址和数组的基址,即 a[0]。因而,无须计算 adrconst(array),而产生式 L→Elist]中第一条代码生成的语义动作就改成数组基址通过 Elist. 的属性传给 L,即 L. place := base (Elist. array)。

(3) 如果利用 9.1.4 节介绍的三地址指令中的索引赋值语句(8),那么,既不需要计算数组元素的地址,也不需要考虑数组元素的宽度,就能产生更抽象的中间代码。例如,可以把下面的赋值语句

a[i + 1] = a[j * 2] + 3

翻译成下列三地址代码:

t_1 := j * 2

t_2 := $a[t_1]$

t_3 := t_2 + 3

t_4 := i + 1

$a[t_4]$:= t_3

(4) 如果要产生考虑机器特性的代码,需要计算数组元素占用的内存字节数和相对地址,那么可以使用 9.1.4 节中三地址指令中的地址和指针赋值语句(9)。这样,上面的例子就可翻译成:

t_1 := j * 2

t_2 := t_1 * width(a)

t_3 := & a + t_2

t_4 := * t_3

t_5 := t_4 + 3

t_6 := i + 1

$$t_7 := t_6 * width(a)$$

$$t_8 := \& a + t_7$$

$$* t_8 := t_5$$

9.3.3　记录和指针的引用

如果赋值语句右部的表达式是访问记录类型变量的子域,那么,查找子域的信息可以通过编译器中为记录建立的符号表来实现。根据 9.2.3 节的翻译模式,每个记录都有一个独立的符号表来保存子域的信息,包括子域的变量名字、类型和相对地址。

在 9.3.1 节中,允许嵌套过程的符号搜索函数 lookup 的表达式 next $->$ previous 表明,next 是一个指向某个记录的指针,这个记录类型有一个子域名 previous。按照表 9.7 和表 9.8 的翻译模式,next 的类型表达式为 pointer(record(t)),即 next 指向的类型就是 record(t),而它又是把 record 类型构造器作用在一个指向记录符号表的指针 t 上得到的类型。这里的 record(t) 类型就是 SymbolTable,它有一个名为 previous 的子域,可以根据相对地址得到。

另外,可以扩充赋值语句,允许其左部为地址或者记录中的某个域。表 9.10 给出了部分翻译规则,其中函数 offset(r, f) 返回记录变量 r 中域 f 的相对地址,可从其符号表得到。

表 9.10　记录和指针的翻译规则

文法规则	语义动作
E → E₁ ↑	{ emit (E. place, ′:=′, & E₁) }
E → E₁ ↑ . field	{ t := newtemp; emit (t, ′:=′, & E₁, ′+′, offset(E₁, field)); emit (E. place, ′:=′, t) }

例 9.6　考虑下面定义的数据结构和变量声明:

```
typedef struct treenode {
    int val;
    struct treenode * ltree, * rtree;
} TreeNode;
TreeNode * p
```

以及三条赋值语句:

```
p->ltree = p;
p = p-> rtree;
p-> val = 100;
```

可以把它们翻译成下列三地址代码:

$$t_1 := p + offset(* p, ltree)$$

$$* t_1 := p$$

$$t_2 := p + offset(* p, rtree)$$

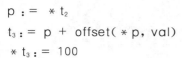

$$p := * t_2$$
$$t_3 := p + offset(* p, val)$$
$$* t_3 := 100$$

9.3.4 类型转换

表 9.9 显示的赋值语句翻译模式忽略了可能的类型转换,因为给定的赋值语句的文法只有整型和实型两个数据类型。按照一般的语言规则,在赋值和算术运算时要进行必要的类型转换。

下面给出了对赋值语句 S→id:=E 进行必要转换的翻译规则,其中使用了属性 type 和单目运算符 inttoreal 和 realtoint,inttoreal x 把整型数 x 转换成实型数,realtoint x 把实数 x 转换成整数。

```
p := lookup (id. name);
  if p = null then error;
  else if E. type = p. type then emit (p, ':=', E. place );
  else if E. type = real and p. type = integer then
    begin
      t := newtemp;
      emit (t, ':=', 'realtoint', E. place);
      emit (p, ':=', t );
    end;
  else if E. type = integer and p. type = real then
    begin
      t := newtemp;
      emit (t, ':=', 'inttoreal', E. place);
      emit (p, ':=', t );
    end;
  else E. type := type－error;
```

利用单目转换符 inttoreal 以及表示类型的运算符,如整数加"int＋"和实数加"real＋",就可以对表 9.9 文法中的表达式进行适当的转换。翻译规则留给读者练习。最后,给出一个类型转换的例子。

例 9.7 把下列的执行语句翻译成三地址码,并进行必要的类型转换。

```
int time, bonus;
float salary;
bonus = salary + time * 0.85;
```

按照上面的语义动作,赋值语句可以翻译成下列三地址代码:

$$t_1 := inttoreal\ time$$
$$t_2 := t_1\ real * 0.85$$
$$t_3 := salary\ float＋\ t_2$$
$$t_4 := realtoint\ t_3$$
$$bonus := t_4$$

9.4　基本控制结构的翻译

结构化理论证明,任何程序都可以只用三种基本的控制结构实现,它们是顺序结构、分支结构和循环结构。一般的程序设计语言都提供了这三种结构的不同实现,为了简化编程,有些程序语言还提供了开关、过程调用等转向语句。本节讨论与布尔表达式计算密切相关的基本控制结构的翻译。

9.4.1　布尔表达式的翻译

布尔表达式可以像算术表达式那样递归地进行定义。下面就是本章用到的布尔表达式的文法:

E → E or E | E and E | not E | (E) | id relop id | id | true | false

其中 E 是算术表达式,relop 是关系运算符(如<、=、≠、≤、≥和>),为简单起见,它的运算数都是布尔变量。按照惯例,假定 or 和 and 都是左结合,而且 or 的优先级最低,其次是 and,最后是 not。

在程序语言中,布尔表达式有两个基本作用:计算逻辑值,在控制流语句如 if-then-else 或 while-do 中充当条件表达式。因此一般有两种方式计算布尔表达式的值。

第一种方法是把布尔值用数值表示,如同计算算术表达式一样,逐步地求出布尔表达式中所有子表达式的值。习惯上用 1 代表真,0 代表假。下面是一个布尔式的计算过程:

1 or (not 0 and 1) and not 1

= 1 or (1 and 1) and not 1

= 1 or 1 and not 1

= 1 or 1 and 0

= 1 or 0

= 1

实现布尔表达式的第二种方法是用控制流,即用控制到达程序的位置来代表布尔表达式的值。这种方式可以简化布尔表达式的计算过程,允许采取某种优化,且特别适于控制流语句中的布尔表达式。例如,对于上面形式的布尔表达式 A or (not B and C) and not D,如果知道 A 的值为真,就可以确定整个表达式为真,而不用再进行后面的计算。这种计算方式因而称为"短路"方法。

每个程序语言的语义决定是否计算布尔表达式的每个部分。例如,C 和 C++采用短路计算方法,一旦能确定整个布尔表达式的值,就不再计算后面的部分;而 Pascal 和 Ada 则是无论何时都要对布尔表达式的所有部分求值。这两种计算方法比较,各有优劣。短路法可以加快编译和程序的运行速度,但是,如果允许布尔表达式含有改变非局部变量的函数,那么,程序的运行就变得捉摸不定了。

下面,分别讨论如何使用每种方式把布尔表达式翻译成三地址代码。

1. 用数值表示的布尔表达式的翻译

首先考虑用 1 表示真、用 0 表示假的布尔表达式的翻译。显然,这种布尔表达式的中间代码和算术表达式的中间代码没有多少区别,只需从左至右按类似算术表达式的方法计算。

例如,逻辑表达式

    a or (not b and c) and not d

的三地址代码是:

    $t_1 := $ not b

    $t_2 := t_1$ and c

    $t_3 := $ not d

    $t_4 := t_2$ and t_3

    $t_5 := $ a or t_4

形如 a > b 的关系表达式可以等价地写成 if a>b then 1 else 0,且可以翻译成如下的三地址代码(由于涉及转移指令,所以需要给语句编号,假定开始语句100是随意的):

    100:if a > b goto 103

    101:t := 0

    102:goto 104

    103:t := 1

    104:

表 9.11 给出了布尔表达式的数值实现方法的翻译模式。其中变量 nextstat 给出下一条三地址代码的序号,每产生一个三地址语句,函数 emit 就把 nextstat 加 1。属性 relop.op 给出具体的关系运算符。

表 9.11　布尔表达式数值表示方法的翻译模式

文法规则	语义动作
$E \rightarrow E_1$ or E_2	{ E. place := newtemp; emit (E. place, ':=', E_1. place, 'or', E_2. place);}
$E \rightarrow E_1$ and E_2	{ E. place := newtemp; emit (E. place, ':=', E_1. place, 'and', E_2. place);}
$E \rightarrow$ not E_1	{ E. place := newtemp; emit (E. place, ':=', 'not', E_1. place);}
$E \rightarrow (E_1)$	{ E. place := E_1. place;}
$E \rightarrow id_1$ relop id_2	{ E. place := newtemp; emit ('if' id_1. place, relop. op, id_2. place, 'goto', nextstat +3); emit (E. place, ':=', '0'); emit ('goto', nextstat +2); emit (E. place, ':=', '1');}
$E \rightarrow id$	{ emit (E. place , ':=', id. place);}
$E \rightarrow$ true	{ emit (E. place, ':=', '1');}
$E \rightarrow$ false	{ emit (E. place, ':=', '0');}

例 9.8　按表 9.11 的翻译模式把布尔表达式 a < b or c ≠ d and e > f 翻译成三地址码如下:

    100：if a < b goto 103　　　　107：$t_2 := 1$

    101：$t_1 := 0$　　　　　　　　　108：if e > f goto 111

    102：goto 104　　　　　　　　　109：$t_3 := 0$

    103：$t_1 := 1$　　　　　　　　　110：goto 112

104：if c ≠ d goto 107　　　111：t_3 := 1

105：t_2 := 0　　　　　　　112：t_4 := t_2 and t_3

106：goto 108　　　　　　　113：t_5 := t_1 or t_4

2. 作为条件控制的布尔表达式翻译

出现在条件语句 if E then S_1 else S_2 中布尔表达式 E 的作用仅仅在于控制如何选择语句 S_1 和 S_2，只要能完成这个任务，E 的值就无须保留在任何一个临时单元内。因此，可以为转移条件的布尔表达式 E 设置两个标号属性 true 和 false，分别表示条件为真时控制流转移到的标号，以及条件为假时控制流转向的标号。设计这个翻译的基本思想如下。

（1）假如 E 的形式为关系表达式 a>b，那么将生成如下形式的代码：

　　if a > b goto E. true

　　goto E. false

（2）假如 E 是 E_1 or E_2 形式的逻辑表达式，那么，E_1 为真时就无须再计算 E_2 以及 E_1 or E_2 的值，因为无论 E_2 得出什么值，E_1 or E_2 都为真；否则，若 E_1 为假，则必须计算 E_2，其值就代表了 E_1 or E_2 的值。同样可以考虑 E 是形如 E_1 and E_2 的翻译。对于形为 not E_1 的布尔表达式就无须代码，只要交换 E 的 true 和 false 就能得到 E_1 的 true 和 false。

表 9.12 是按照这个设计思想把布尔表达式翻译成三地址代码的语义规则。其中函数 newlabel 类似产生临时变量的函数 newtemp，每次调用就返回一个没有用过的标号 L_i。

表 9.12　布尔表达式短路计算方法的翻译模式

文法规则	语义规则
E → E_1 or E_2	E_1. true := E. true; E_1. false := newlabel; E_2. true := E. true; E_2. false := E. false; E. code := E_1. code ∥ gencode (E_1. false, ′:′) ∥ E_2. code
E → E_1 and E_2	E_1. true := newlabel; E_1. false := E. false; E_2. true := E. true; E_2. false := E. false; E. code := E_1. code ∥ gencode (E_1. true, ′:′,) ∥ E_2. code
E → not E_1	E_1. true := E. false; E_1. false := E. true; E. code := E_1. code
E → (E_1)	E_1. true := E. true; E_1. false := E. false; E. code := E_1. code
E → id_1 relop id_2	E. code := gencode (′if′, id_1. place, relop. op, id_2. place, ′goto′, E. true) ∥ gencode (′goto′, E. false)
E → id	E. code := id. place
E → true	E. code := gencode (′goto′, E. true)
E → false	E. code := gencode (′goto′, E. false)

注意,布尔表达式 E_1 relop E_2 的值主要用于控制语句的转移目标的地址,而这个地址在翻译布尔表达式时还不知道,只能在以后的某个时刻才能确定。因此,翻译短路式布尔表达式需要多遍扫描源程序(的分析树),在翻译模式中就只能把生成的翻译代码存入文法的属性中。

例 9.9 按表 9.12 的翻译模式把布尔表达式 a < b or c ≠ d and e > f 翻译成三地址码,假设整个表达式的两个出口标号已经分别设置为 L_{true} 和 L_{false}。

if a < b goto Ltrue	执行 $E \rightarrow id_1$ relopid_2 对应的动作,E. true 来源于 $E \rightarrow E_1$ or E_2 的规则
goto L_1	E. false 来自 $E \rightarrow E_1$ or E_2 的规则,是一个新产生的标号
L_1 : if c ≠ d goto L_2	E. true 来自 $E \rightarrow E_1$ and E_2 的规则,是一个新产生的标号
goto L_{false}	E. false 来自 $E \rightarrow E_1$ and E_2 的规则,即整个表达式的值为假的出口
L_2 : if e > f goto L_{true}	E_2. true 来自 $E \rightarrow E_1$ and E_2 的规则,即整个表达式的值为真的出口
goto L_{false}	E_2. false 来自 $E \rightarrow E_1$ and E_2 的规则,即整个表达式的值为假的出口

可以看出,自动生成的代码有冗余,不是最优的。代码优化的任务由专门的代码优化器完成。

9.4.2 控制流语句的多趟翻译模式

首先考虑条件分支、循环和顺序这三种主要控制结构的翻译。这些控制结构的文法如下:

$$S \rightarrow if\ E\ then\ S_1 \mid if\ E\ then\ S_1\ else\ S_2 \mid while\ E\ do\ S \mid S_1 ; S_2$$

其中的 E 是布尔表达式。根据对布尔表达式的两种翻译方式,对控制结构也有两种翻译方式。

首先看需要多趟扫描的翻译方式。如图 9.6 所示为这些控制语句三地址代码的结构。其中 code 表示三地址代码,它们在图中的顺序就表示了它们在整个代码中的顺序。E. true、E. false、S. next、S. begin 和 S. end 都是三地址语句的标号,是继承属性。E 的代码 E. code 是按照作为条件控制的布尔表达式的翻译规则生成的。

在图 9.6(a)的 if-then 结构中,由于 S_1. code 的代码中究竟有多少条三地址语句,在翻译 E 的时候是不知道的,所以,不能像用数值表示的布尔表达式的翻译那样,用 nextstat 加一个适当的常数来确定 S_1. code 的第一个代码的标号。因而用 E. true 来记录这个新的标号。

在图 9.6(b)的 if-then-else 结构中,在 E 为真、执行完 S_1 语句后,程序控制要转移到紧随 if-then-else 语句的下一条语句,我们用继承属性 S. next 表示这个标号。由于允许语句的互相嵌套,S. next 未必就是 S_2. code 之后的语句标号,例如,if E_1 then if E_2 then S_1 else S_2 else S_3 就说明了这种情况。

在图 9.6(c)的 while-do 结构中,由于要反复执行条件 E,就需要为整个语句设置一个开始标号 S.begin,它表示 E 的代码中第一条指令的标号。在 E 的代码中有两条转移指令:程序控制在 E 为真时转移到 E.true,开始执行循环体内的语句;在 E 为假时转移到整个语句之后的语句 S.next,即 E.false。类似地,S_1.next 就是 S.begin,表明控制不能从循环体内跳转出来,而只能出现在条件表达式的代码中。

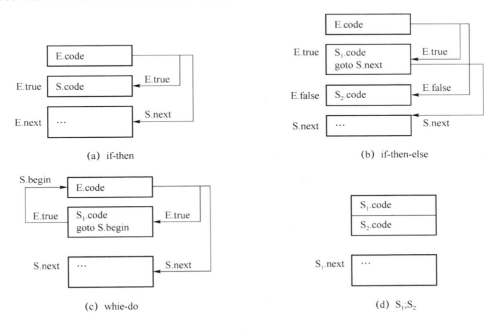

图 9.6　if-then、if-then-else、while-do 和顺序语句的代码结构

顺序语句的情形比较简单,标号 S_1.next 就是 S_2.begin,之所以需要这个标号是为了以便 S_1 跳转。

下面就是控制流语句的翻译规则。

例 9.10　根据表 9.13 的语义规则把下列 Java 语句翻译成三地址代码。

```
while (i<= n) {
    if ( j > m) { bonus := 5 * time; sum := sum + bonus; }
    else sum = sum - bonus;
}
```

设整个语句的出口标号是 W_{next},下面就是结合表 9.11 和表 9.13 得到的三地址代码:

L_1:　　if i<= n goto L_2　　　　　　t_2 := sum + bonus
　　　　goto W_{next}　　　　　　　　　sum := t_2
L_2:　　if j>m goto L_3　　　　　　　goto L_1
　　　　goto L_4　　　　　L_4:　　t_3 := sum - bonus
L_3:　　t_1 := 5 * time　　　　　　　sum := t_3
　　　　bonus := t_2　　　　　　　　goto L_1

所有标号的具体值都无法在产生代码时确定,需要再扫描一遍源程序的分析树或者语

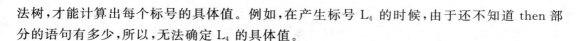

法树,才能计算出每个标号的具体值。例如,在产生标号 L_4 的时候,由于还不知道 then 部分的语句有多少,所以,无法确定 L_4 的具体值。

表 9.13 控制流语句的翻译模式

文法规则	语义规则
$S \rightarrow$ if E then S_1	E. true $:=$ newlabel; E. false $:=$ S. next; S_1. next $:=$ S. next; S. code $:=$ E. code $\parallel$ gencode (E. true, $':'$) $\parallel$ S. code
$S \rightarrow$ if E then S_1 else S_2	E. true $:=$ newlabel; E. false $:=$ newlabel; S_1. next $:=$ S. next; S_2. next $:=$ S. next; S. code $:=$ E. code $\parallel$ gencode (E. true, $':'$) $\parallel$ S_1. code $\parallel$ gencode ($'goto'$, S. next) $\parallel$ gencode (E. false, $':'$) $\parallel$ S_2. code
$S \rightarrow$ while E do S_1	S. begin $:=$ newlabel; E. true $:=$ newlabel; E. false $:=$ newlabel; S_1. next $:=$ S. begin; S. code $:=$ gencode (S. begin, $':'$) $\parallel$ E. code $\parallel$ gencode (E. true, $':'$) $\parallel$ S_1. code $\parallel$ gencode ($'goto'$, S. begin)
$S \rightarrow S_1 ; S_2$	S. code $:=$ S_1. code $\parallel$ gencode (S_1. next, $':'$) $\parallel$ S_2. code

9.4.3 回填技术基础

表 9.13 的语义规则把产生的三地址代码写在符号的属性中,不能直接输出到文件中,这种翻译方式不能在一趟扫描的编译中实现。

为了实现单趟扫描的翻译,可以在生成分支跳转指令时暂时不确定跳转的目标地址,而是建立一个链表,把转向这个目标的跳转指令的标号存入这个链表。一旦目标确定之后再把目标标号填入有关的跳转指令中。这就是所谓的回填技术。

按照这个思想,为非终结符 E 建立两个综合属性 E. truelist 和 E. falselist,分别记录布尔表达式 E 对应的三地址语句中,需要回填“真”值和“假”值的三地址指令的标号所构成的链表。本节采用三地址代码的四元式形式来说明具体的实现。把四元式存入一个数组,数组的下标就代表四元式的标号,用四元式的第四个域来构造这种回填链表。例如,假定 E 的四元式中需要回填“假”值出口的标号是 i、j 和 k 这三个四元式,它

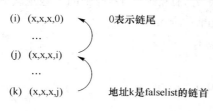

(i) (x,x,x,0)　　　0表示链尾
　…
(j) (x,x,x,i)
　…
(k) (x,x,x,j)　　　地址k是falselist的链首

图 9.7　回填链表示意图

们可以连接成一条链,链首(k)存入 E. falselist,如图 9.7 所示。

为构造单趟扫描的中间代码翻译模式,需要下列几个变量和函数:

- 变量 nextquad 指向下一个将要产生,但尚未形成的四元式的标号;每执行一次输出代码的函数 emit 时,nextquad 就加 1;
- 函数 makelist(i)创建一个仅含地址为 i 的四元式的新链表,返回指向这个链表的指针;
- 函数 merge(p_1,p_2)把链首为 p_1 和 p_2 的两条链合并,返回合并后的链首为 p_1;
- 过程 backpatch(p,t)把链首为 p 的链表中的所有四元式的第 4 域都填写上标号 t。

表 9.14 是应用回填技术,在单趟扫描时完成代码翻译的语义动作。其中使用了消除文法中嵌入动作的方法:增加一个非终结符 M 及其 ε-产生式,M 的属性 quad 记录要回填的四元式的地址(标号)。

表 9.14　布尔表达式短路计算方法的单趟扫描翻译模式

文法规则	语义动作
E → E_1 or M E_2	{ backpatch (E_1. falselist, M. quad); E. truelist := merge (E_1. truelist, E_2. truelist); E. falselist := E_2. falselist;}
E → E_1 and M E_2	{ backpatch (E_1. truelist, M. quad); E. truelist := E_2. truelist; E. falselist := merge (E_1. falselist, E_2. falselist);}
E → not E_1	{ E. truelist := E_1. falselist; E. falselist := E_1. truelist;}
E → (E_1)	{ E. truelist := E_1. truelist; E. falselist := E_1. falselist;}
E → id_1 relop id_2	{ E. truelist := makelist (nextquad); E. falselist := makelist(nextquad+1); emit ('j', relop. op, ',', id_1. place, ',', id_2. place, ',', '0'); emit ('jump,−,−,0');}
E → id	{ E. truelist := makelist (nextquad); E. falselist := makelist (nextquad+1); emit ('jnz', ',', id. place, ',', '−', ',', '0'); emit ('jump, −,−, 0');}
E → true	{ E. truelist := makelist (nextquad); emit ('jump,−,−,0');}
E → false	{ E. falselist := makelist (nextquad); emit ('jump,−,−,0');}

考虑产生式 E → E_1 or M E_2:E_1 若为真,则 E 也为真;若 E_1 为假,则 E 的值就和 E_2 的值一致。因此,E. falselist 就等于 E_2. falselist,而 E. falselist 就是 E_1. truelist 和 E_2. truelist

的合并。M. quad 记录了 E_2 的第一条语句的标号,也就是 E_1. falselist 的地址。

关系表达式产生两条转移语句:一条是根据条件运算结果的条件转移,另一条是无条件转移。它们转移目标的地址都不知道,分别存放在 E. truelist 和 E. falselist 中,等待回填。

例 9.11 重新考虑布尔表达式 a < b or c ≠ d and e > f,一边进行语法分析,一边用表 9.14 的规则进行代码翻译。如图 9.8 所示为用属性注释的分析树。

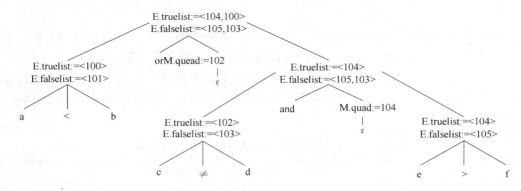

图 9.8 a < b or c ≠ d and e > f 的注释分析树

假定语句开始的标号是 100。把 a < b 归约成 E 时,产生如下的四元式:

    100:(j<, a, b, 0)

    101:(jump, −, −, 0)

为标号 100 构造第一个链表,链首存在 E. truelist;为标号 101 构造第二个链表,链首存在 E. falselist(此时的 E 实际上是 E_1 or M E_2 中的 E_1)。用标号表示四元式,上面的链表分别是<100>和<101>。

扫描到 or 时,在 M. quad 中记录下一条四元式的地址 nextquad,是 102。表达式 c≠d 的代码是:

    102:(j≠, c, d, 0)

    103:(jump, −, −, 0)

为标号 102 构造第三个链表<102>,链首存在 E. truelist;为标号 103 构造第四个链表<103>,链首存在 E. falselist(此时 E 既是 E_1 or M E_2 中的 E_2 又是 E_1 and M E_2 中的 E_1)。

扫描到 and 时,在 M. quad 中记录下一条四元式的地址 nextquad,是 104。表达式 e > f 的代码是:

    104:(j>, e, f, 0)

    105:(jump, −, −, 0)

为标号 104 构造第五个链表<104>,链首存在 E. truelist;为标号 105 构造第六个链表<105>,链首存在 E. falselist(此时的 E 实际上是 E_1 and M E_2 中的 E_2)。

这时,开始执行 E_1 and M E_2 的语义动作。首先是回填 backpatch(<102>, 104),链表<102>是 E_1 的真值链表,也就是 E_1 or M E_2 中 E_2 的真值链表。回填后得到

    102:(j≠, c, d, 104)

然后再执行链表合并 merge(<103>, <105>) = <103, 105>,即为 E_1 or M E_2 中 E_2 的 falselist,同时得 E_1 or M E_2 中 E_2 的 truelist 是<104>。

最后,执行 E_1 or M E_2 的语义动作。先是回填 backpatch($<101>$, 102),链表 $<101>$ 是 E_1 的假值链表。回填后得到

　　　101:(jump, $-$, $-$, 102)

然后再执行链表合并 merge($<100>$, $<104>$) = $<100, 104>$,即整个布尔表达式的真值出口链,同时得到整个布尔表达式的假值出口链,即 E_1 and M E_2 的 falselist $<103, 105>$。最终得到下列三地址代码:

　　　100:(j$<$, a, b, 0)
　　　101:(jump, $-$, $-$, 102)
　　　102:(j$\neq$, c, d, 104)
　　　103:(jump, $-$, $-$, 0)
　　　104:(j$>$, e, f, 0)
　　　105:(jump, $-$, $-$, 0)

整个表达式的真值出口有两条语句 $<104, 100>$,假值出口也有两条语句 $<105, 103>$。这四条语句的转移目标需要等到编译程序,在翻译控制语句知道了条件为真时做什么,条件为假时做什么的时候,才能填入。假如以后知道真值出口的标号是 200,假值出口的标号是 400,那么回填之后的代码就是:

　　　100:(j$<$, a, b, 200)
　　　101:(jump, $-$, $-$, 102)
　　　102:(j$\neq$, c, d, 104)
　　　103:(jump, $-$, $-$, 400)
　　　104:(j$>$, e, f, 200)
　　　105:(jump, $-$, $-$, 400)

9.4.4　控制流语句的单趟翻译模式

如何使用回填技术通过单趟扫描完成控制语句的翻译,考虑的文法如下:

　　　S → if E then S |
　　　　　if E then S else S |
　　　　　while E do S |
　　　　　begin L end |
　　　　　A
　　　L → L;S |
　　　　　S

其中 S 表示单个语句,L 表示语句串,A 表示赋值语句,E 代表布尔表达式。本节同样使用上节介绍过的属性和函数。下面是本节增加的一些属性和函数:语句 S 和语句串 L 像布尔表达式 E 一样,有一条指向转移目标、需要回填的链表的头,存放在属性 nextlist 中,这条链包含的四元式需要在翻译完 S 或 L 之后回填转移的目标。真正的回填工作是在处理 S 外层环境的某个时候完成的。

为了能在单趟扫描时进行翻译,需要把文法作些变换,以便消除嵌入在文法中的语义动作。

在图 9.6(a)的 if-then 代码结构中,程序控制在执行完布尔表达式 E 的计算之后要跳到 S 的起始地址,但是,在生成 E 的代码时还不知道确切的转移位置。增加一个符号 M 和 ε-产生式,便可以在翻译 S 的代码时给出这个转移地址,进行回填。

在图 9.6(b)的 if-then-else 代码结构中,程序控制在执行完 S_1 的代码之后要跳过 S_2 的代码。因此,在 S_1 的代码之后有一个无条件转移指令。增加一个符号 N 和 ε-产生式,属性 N.nextlist 记录了转移的回填地址。当然,文法也要像 if-then 结构一样,在语句 S_1 和 S_2 之前分别增加一个符号和 ε-产生式。

在图 9.6(c)的 while-do 代码结构中,标号 S.begin 和 E.true 分别指向了整个语句的第一条地址和循环体 S_1 的起始地址。因此,分别在 E 和 S_1 之前增加符号,以便回填。表 9.15 给出了基本控制流语句单趟扫描的一个翻译模式。

值得注意的是,在上面的翻译模式中,只有 while 语句和符号 N 的产生式所对应的语义动作产生了四元式,其他的语义动作均未生成四元式。所有其他的四元式都由赋值语句和表达式关连的语义动作产生。所谓控制流,即在适当的时候进行回填,以便赋值语句和布尔表达式的值得到适当的连接。

表 9.15　基本控制流语句的单趟扫描翻译模式

文法规则	语义动作
S → if E then M S_1	{ backpatch (E.truelist, M.quad); S.nextlist := merge (E.falselist, S_1.nextlist) ;}
M → ε	{ M.quad := nextquad ;}
S → if E then M_1 S_1 N else M_2 S_2	{ backpatch (E.truelist, M_1.quad); backpatch (E.falselist, M_2.quad); S.nextlist := merge (S_1.nextlist, N.nextlist, S_2.nextlist) ;}
N → ε	{ N.nextlist := makelist(nextquad); emit ('jump, −, −, 0');}
S → while M_1 E do M_2 S_1	{ backpatch (S_1.nextlist, M_1.quad); backpatch (E.truelist, M_2.quad); S.nextlist := E.falselist; emit ('jump, −, −,', M_1.quad);}
S → begin L end	{ S.nextlist := L.nextlist;}
S → A	{ S.nextlist := makelist();}
L → L_1 ; M S	{ backpatch (L_1.nextlist, M.quad); L.nextlist := S.nextlist ;}
L → S	{ L.nextlist := S.nextlist;}

例 9.12　根据表 9.15 的语义动作把下列 Java 语句翻译成四元式。

```
while (i<= n) {
    if ( j > m) { bonus := 5 * time; sum := bonus + sum; }
```

　　else sum ＝ sum － bonus；

　　　　}

　　设 while 语句的开始标号是 100，随后的语句标号目前未知。图 9.9 是这个语句的注释分析树，深度优先遍历分析树就产生四元式序列。下面详细说明代码产生的过程。

　　分析到 while 语句的布尔表达式 i＜＝n 时，产生了两条代码：

　　100：　　　　　　　（j＜＝，i，n，0）

　　101：　　　　　　　（jump，－，－，0）

　　此时，代码标号 nextquad 为 102，即是 S → while M_1 E do M_2 S_1 中 M_2.quad 的值。然后开始分析 if-then-else 的语句。分析条件 j ＞ m 时产生了两条语句：

　　102：　　　　　　　（j＞，j，m，0）

　　103：　　　　　　　（jump，－，－，0）

　　此时的代码标号 nextquad 为 104，即为 S → if E then M_1 S_1 N else M_2 S_2 中 M_1.quad 的值。

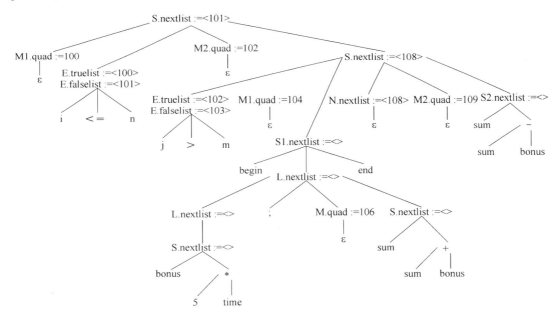

图 9.9　例 9.12 的注释分析树

　　接着分析 then 的语句序列。对其中的第一个赋值语句 bonus ：= 5 * time 产生了两条代码：

　　104：　　　　　　　（＊，5，time，t_1）

　　105：　　　　　　　（:=，t_1，－，bonus）

　　此时的代码标号 nextquad 为 106，即为 L → L_1；M S 中 M.quad 的值；为第二条赋值语句产生代码：

　　106：　　　　　　　（＋，sum，bonus，t_2）

　　107：　　　　　　　（:=，t_2，－，sum）

此时的代码标号 nextquad 为 108。注意,由于赋值语句归约为 S 时,生成一个空的回填链,所以,语句序列 S → begin L end 及其子树的回填链表都是空,即没有回填的代码。

下面开始分析 else 部分,先构造一个包含当前标号 nextquad(为 108)的链表,表头存入 N.nextlist,然后产生一条无条件转移代码:

   108:(jump, −, −, 0)

并将 nextquad 加 1,就是 S → if E then M_1 S_1 N else M_2 S_2 中 M_2.quad 的值。分析 else 时产生代码:

   109:(−, sum, bonus, t_3)

   110:(:=, t_3, −, sum)

然后开始分别回填 S → if E then M_1 S_1 N else M_2 S_2 中 E 的真值和假值链表,得到:

   102:(j>, j, m, 104)

   103:(jump, −, −, 109)

接着合并 S_1、N 以及 S_2 链表,得<108>,并存入 S.nextlist 中。

最后,执行 while 语句对应的翻译动作:回填 backpatch(S_1.nextlist, M1.quad),把标号 100 填入标号为 108 的四元式,得

   108:(jump, −, −, 100)

另外的回填结果是 100:(j<=, i, n, 102),再产生一个转移指令

   111:(jump, −, −, 100)

未来某个时候需要回填的四元式的链表的头存在 S.nextlist 中,它只有一个四元式 <101>。

下面就是得到的完整的四元式序列:

100:	(j<=, i, n, 102)	106:	(+, sum, bonus, t_2)
101:	(jump, −, −, 0)	107:	(:=, t_2, −, sum)
102:	(j>, j, m, 104)	108:	(jump, −, −, 100)
103:	(jump, −, −, 109)	109:	(−, sum, bonus, t_3)
104:	(*, 5, time, t_1)	110:	(:=, t_3, −, sum)
105:	(:=, t_1, −, bonus)	111:	(jump, −, −, 100)

9.5　转向语句的翻译

本节简单讨论转向语句,包括 goto 语句、出口语句、开关语句和过程调用语句的翻译问题。

9.5.1　标号语句与 goto 语句的翻译

尽管 goto 语句受到了计算机语言学家的猛烈批评,但是,由于它对程序的灵活控制,许多语言(C、C++、C#)仍然保留了 goto 语句。不过,倡导良好的编程风格,按照结构化的思想使用 goto 语句。

goto 语句的一般形式是 goto L,它通常和标号语句共同使用。标号语句的形式是 L：S,语法如下：

$$S \to L：S$$
$$L \to i$$

在处理标号语句 L：S 时,如果标号 L 是"已定义"的,即在符号表中,那么就把登记 L 的符号表项中的地址域加上代码语句 S 的地址。

如果源程序中 goto L 是一个向后转移的语句,那么,编译可以在符号表中查找定义 L 的地址 p,产生出相应的四元式：(jump, -, -, p)。

如果源程序中 goto L 是一个向前转移的语句,那么,L 尚未定义,编译需要先把 L 填入符号表,标记"未定义",产生一个没有目标地址的转移语句(jump, -, -, 0),等到目标地址清楚时再回填。这样,就必须类似控制流布尔表达式的翻译,把所有以 L 为转移目标的四元式都连接起来,等待回填。一种实现方式是利用符号表把有关的信息连接起来,如图 9.10 所示。

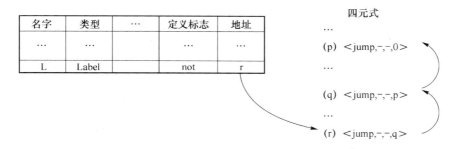

图 9.10　未定义标号的引用链

goto 语句的处理过程如下。若 goto L 中的标号 L 第一次出现,则把 L 填进符号表,主要是置 L 的定义标志为"not",把这个 goto L 的地址 nextquad 存入地址栏,作为新的链头,同时产生代码(jump, -, -, 0)。若 L 已在符号表中,但它的定义标志是"not",则把其中的地址 q 取出,把 nextquad 作为表头填写在符号表中的地址栏中,同时产生代码(jump, -, -, q)。

一旦标号 L 定义了,就根据这条链回填那些待转移目标的四元式。

9.5.2　出口语句的翻译

出口语句是一种结构化的跳转语句,它的作用是引起循环或程序块的终止。不同语言的出口语句名称以及实现方式有所差别。在 C、C++ 和 C# 语言中,出口语句 break 跳出本层的循环语句,还能终止开关语句;Ada 和 Java 语言中的 exit 或 break,若无标号就是退出当前循环体,若形式是 break L,则就跳转到标号 L 定义的循环语句的开始地址。程序语言中类似的语句还有继续语句 continue,它终止该语句之后的所有语句,回到当前循环语句的开始位置。

不论哪种出口语句,都要翻译成一个转移指令。根据不同的语义,转移目标的处理需要使用不同的技术,以 Java 的 break 语句为例,说明转向语句的翻译思想。用下列文法定义跳转语句：

      $S \rightarrow$ break | breal L

      $L \rightarrow i$

从形式上看，带标号的 break 语句和 goto L 一样。但是，我们规定 L 只能是循环语句头的标号，转移目标必须已经定义。即 break L 只能是向后转移，而且只能用在循环语句内。例如，在下面的 Java 程序段中

```
test：for (int i = index；i + max1 <= max2；i++){
    if charAt(i) = = c {
        for (int k；k < max1；k++) {
            if (charAt(i + k) ! = str. charAt(k)) {
                break test；
            }
            } /* 结束内循环 */
        }
    } /* 结束外循环 */
```

break test 语句跳出内循环 for 语句，继续执行外循环的语句。

为了处理循环嵌套，需要建立一个称为循环描述符的符号表（类似于嵌套过程的符号表），记录必要的信息，包括：指向包含该循环外层的循环描述符、每个循环的名字（标号）、本循环第一条语句的地址等。对于所有正被分析的循序，循环描述符可以使用栈结构存储，如图 9.11 所示。这样，可以像查找非局部变量一样，找到要转移的目标，然后产生转移代码。

循环语句的名字	循环语句的基础	外层的指针	……

图 9.11　循环描述符以及嵌套循环的栈式实现

9.5.3　开关语句的翻译

很多程序语言中都有开关语句（case 语句或 switch 语句），用来实现"多选一"。开关语句在不同语言的语法和语义上都有差异。本节考虑的开关语句具有下列形式：

```
switch E of
    case C₁:          S₁;
    case C₂:          S₂;
    …
    case Cₙ₋₁:          Sₙ₋₁;
    default:          Sₙ;
end;
```

其中 E 是一个称为选择因子或判断条件的表达式，类型是整型、字符型、布尔型或者枚举

型。开关语句的语义是：计算开关表达式 E 的值，测试分支，若 E 的值等于 C_i（i 从 1 到 $n-1$），则执行相应的语句 S_i，否则执行默认语句 S_n。

开关语句有种种不同的实现，最简单、直接的方式就是用一连串的条件转移语句表示，代码结构如下：

```
          t : = E. code;
    L₁： if t ≠ C₁ goto L₂
          S₁. code;
          goto next;
          …
    Lₙ₋₁： if t ≠ Cₙ₋₁ goto Lₙ
          S₁. code;
          goto next;
    Lₙ₋₁： if t ≠ Cₙ₋₁ goto Lₙ
          Sₙ₋₁. code;
          goto next;
    Lₙ： Sₙ. code;
    next：…
```

这个方法适用于分支数小于 10 个的时候，缺点是：很难对分支测试的代码进行优化处理。

另外一个策略是：建立一张包含 n 项的开关表，每项的第一个子域存放表达式 C_i 的值，第二个子域存放指向对应语句 S_i 的地址。但是，最后一项的第一个子域要特殊处理，表示其他项的条件都不满足时，可以执行该项的语句。通过一个循环程序将表达式的值与表中的第一个域相比，若存在匹配就执行相应的语句，否则自动执行最后一项的语句。

这张表的组织形式有很多，常见的一种是使用散列表，这有助于提高代码的运行效率。如果 E 值变化不大，比如说是从 0 到 120，而且在这个区间内只有少数几个值不被 C_i 选中，那么，可以建立一个比特数组，加快运行速度。具体实现方式是：建立一个含 128 个元素的数组 $B[0..127]$，每个元素 $B[C_i]$ 中存放着语句 S_i 的地址；对于不被选为 C_i 的每个整数 J，令 $B[J]$ 存放默认语句 S_n 的地址。

下面的翻译结果（三地址代码结构）把测试都集中在执行语句的后面，既便于语法制导的实现，也便于产生高质量的代码。例如，可以对同一个开关值 t 实现多次测试的转移指令序列。

```
          t : = E. code;
          goto test;
    L1： S₁. code;
          goto next;
          …
    Lₙ： Sₙ. code;
          goto next;
    test：if t = C₁ goto L₁
```

...

if t = C_{n-1} goto L_{n-1}

goto L_n;

next:...

产生上述代码的过程大致如下:扫描到关键字 switch 时就产生新的标号 test、next 和一个临时变量 t,然后,按照通常的办法产生计算表达式 E 的代码以及代码 t := E. code;在扫描到关键字 of 时就产生转移代码 goto test,并建立一个空队列 queue,以存放上述表的二元项< C_i, S_i 的地址>。

每遇到一个 C_i,就产生一个标号 L_i,把它填入符号表,地址是 P_i,再把< C_i, P_i>添加在队列 queue 上;接着,按照常规的办法产生 S_i 的代码以及 goto next。

扫描到 end 时,就可以产生形成测试分支的代码段。

9.5.4 过程调用的翻译

我们已详细地讨论了过程调用的实现,包括存储空间的组织、参数的传递、过程调用序列。过程调用的翻译与这些具体的实现密切关联,比如,不同的参数传递机制要求翻译的代码有不同的寻找实参地址的方式。为简单起见,这里只讨论最简单、最常用的传地址方式。过程调用的语法是:

S → call id(Elist)

Elist → Elist, E

Elist → E

过程调用 id(E_1, E_2, ..., E_m)的三地址代码结构如下:

E_1. place := E_1. code

...

E_m. place := E_m. code

param E_1. place

param E_2. place

...

param E_m. place

call id, place, m

为了在处理实参的过程中记住每个实参的地址,以便把它们放在转子指令之前,我们为 Elist 设置一个数据结构为队列的属性 queue,以便存放每个实参的地址,即 E_1. place, E_2. place, ..., E_m. place。下面是过程调用的翻译模式。

(1) S → call id(Elist)

{ for Elist. queue 中的每一项 p do emit ('param', p);
emit ('call', id. place, m); }

其中 p 的形式为 E_i. place。

(2) Elist → $Elist_1$, E

{ 把 E. place 加在 $Elist_1$. queue 队尾;
Elist. queue := $Elist_1$. queue;}

(3) Elist → E

    { 建立一个只包含 E. place 的队列 Elist. queue；}

练 习 9

9.1　把下列表达式变换成后缀式。

(1) 2＋3＋a＋b

(2) a＊b ＋ 2＊c＊d

(3) (x ：＝ x ＋3)＊4

(4) (x ：＝ y ：＝ 2)＋3＊(x ：＝ 4)

9.2　把下列表达式变换成后缀式。

(1) (not A and B) or (C or not D)

(2) (A or B) and (C or not D and E)

(3) if (x＋y) ＊z ＝ 0 then (a＋b)＊c else (a＊b)＋b

(4) a[a[i]] ＝ b [j＋2]

9.3　请把 do S while E 和 for (V ＝ E_1；E_2；E_3) S 形式的循环语句写成后缀式。

9.4　如果允许处理过程递归,还需要改变表 9.7 的翻译模式。在产生式 D → proc id；N D_1；S 的 S 之前,执行语义动作把 id 插入其直接外围过程的符号表。请通过引入非终结符 R 及其 ε-产生式,修改表 9.7 的语义动作,使它能够处理递归过程调用。

9.5　请根据表9.7的语义动作,补充图 9.4 中符号表的构造过程,画出符号表以及 tblptr 和 offset。

(1) 当编译扫描完 quicksort 的局部变量说明 var k, v：integer；时；

(2) 当编译扫描完 partition 的声明在局部变量说明 var i, j：integer；之前时；

(3) 当编译扫描完 partition 的整个过程时。

9.6　把下列表达式翻译成三地址代码。

(1) x ：＝ y＊(－ a ＋ b)

(2) i ：＝ (j＋k)＊(10＋m)

9.7　一般而言,程序设计语言都把算术表达式中不同类型的运算数进行转换,通常的规则是把整数转换成实数,然后进行运算。为了区别不同类型的运算,可以在运算符前加上类型,如实数加法的符号是 real＋,整数乘法的符号是 int＊。

(1) 请利用单目转换符 inttoreal 以及表示类型的运算符,修改表 9.9 文法中加法表达式翻译规则,并插入必要的类型转换。(提示：参考 9.3.4 节所给翻译规则,使用 E 的属性 type 和 place。)

(2) 把下列程序段的执行语句翻译成三地址代码。

    float x, y；

    int a, b；

    x ：＝ y ＋ a＊b

9.8　用 9.3 节所给的翻译模式,把下列赋值语句翻译成三地址代码。

(1) a[i+j] := a[i]+a[j] * 10

(2) A[i, j] := B[i, j] + C[A[k, 1]] + D[i+1]

9.9　按照表 9.11 翻译模式把下列布尔表达式翻译成三地址码(假设语句起始标号是 10)。

(1) a<b or c<d and e<f

(2) a≠b and not c or d>c

9.10　按照表 9.12 的翻译模式把 9.9 题目中的布尔表达式翻译成三地址码。

9.11　利用回填技术把 9.9 题目中的布尔表达式翻译成四元式,假设语句起始标号是 10,真值出口是 100,假值出口是 200。

9.12　根据 9.4.2 节的翻译规则,把下列语句翻译成抽象的三地址代码。

(1) while a < b do

　　if c < d then x := y + z;

　　　　else x := y − z;

(2)while a < b and c > d do

　　if a = 1 then c := c + 1 else

　　while a <= d do begin d := d * 2; c := c − d end;

9.13　利用回填技术,分别把题目 9.12 中的语句翻译成四元式的形式。

9.14　C 语言中的 for 语句的一般形式是

　　for (E₁; E₂; E₃) S

含义如下:

　　E₁;

　　while (E₂) do begin

　　　　S;

　　　　E₃;

　　end;

试构造一个把 C 语言的 for 语句翻译成三地址码的翻译模式。

9.15　给出描述下面语句的翻译模式。

　　repeat S until E;

第10章　目标代码生成

编译的最后一个阶段是代码生成。把经过语法分析和语义分析的源程序的结果作为输入，将其转换成等价的、特定机器的目标程序作为输出，这样的转换程序称为代码生成器。代码生成的过程一般还需要访问符号表。目标代码的生成可以采用语法制导翻译技术直接从分析结果的语法树/分析树直接完成，也可以先产生其他形式的中间语言代码，然后再从中间代码产生最终的目标代码，之前通常还要对中间代码进行优化。图10.1表示了代码生成在整个编译过程中的位置。

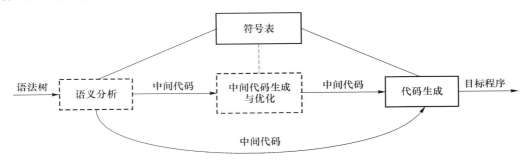

图 10.1　代码生成器在编译过程的位置

由于在目标代码生成之后还要进行代码的优化工作，我们将在第11章集中讨论代码的优化技术。无论目标代码生成之前是否有代码优化阶段，本章提出的代码生成技术都可以适用。

代码生成器的构造主要受两种因素影响：源程序的目标代码以及目标机器的结构和指令系统。本章讨论在目标机器的条件制约下，如何生成目标代码的技术和基本算法。

10.1　代码生成器设计的基本问题

高级语言及其程序执行效率的优劣最终取决于生成的目标代码的质量。代码生成器首先要保证输出正确的目标代码，完成且只完成源程序的全部功能；其次是保证目标代码的高效性，即目标代码应该能充分利用目标机器，争取合理地占用计算、存储和通信等资源；此外，目标代码的设计目标还应具有易于实现、测试和维护等特点。

代码生成器的设计细节依赖于目标机器和操作系统，需要考虑许多问题，如内存管理、指令选择、寄存器分配和计算次序等。本节讨论代码生成器设计的一些通用的基本问题。

10.1.1 目标程序

代码生成器的输出是目标程序,它像中间代码一样,有若干种形式:绝对机器代码、可重定位机器代码或汇编程序等。

在绝对机器代码中,程序所有的内存地址,特别是程序的起始地址,在编译时都已经固定。这种代码的优点是装入机器后可以立即执行,对于小程序可以快速编译和运行。

可重定位机器代码是指代码装入内存的起始地址可以任意改变,它是一组可重定位的若干目标模块,经过连接和装配后才可以运行。尽管连接和装配工作增加了程序运行的代价,但是,可重定位机器代码的优点是灵活性强。这种技术允许程序分模块编写,同时独立地编译成目标模块,并且从目标模块库中调用其他已经编译好的模块,便于程序开发。通常,可重定位机器代码中包含可重定位信息和连接信息。

如果目标代码是汇编语言程序,还需要汇编后才能运行。只要地址可以由偏移量及符号表中的其他信息计算得到,代码生成器就可以产生程序中名字的绝对地址或可重定位地址。这样生成代码的好处是不用生成二进制的机器代码,而是产生符号指令并用宏机制来帮助产生机器代码,使得代码生成过程变得容易。

为了可读性,本章采用汇编语言作为目标语言。

10.1.2 指令选择

一个编译程序可以看成是一个转换系统,它把源程序转换成等价的目标代码,也就是说,对源语言中的各种语言结构,依据语义确定相应的目标代码结构,即确定源语言与目标语言之间的对应关系,确保正确实现语义。显然,能否建立这种对应关系直接影响到编译程序的质量。

目标机器指令系统的性质决定了指令选择的难易程度,指令系统的一致性和完备性直接影响到源程序和目标代码的对应关系的建立。如果目标机器能一致地支持各种数据类型和寻址方式,需特别处理例外,这种对应关系的建立就容易得多。

另外,指令执行速度和机器特点对产生目标代码的质量也十分重要。显然,若指令集合丰富的目标机器对于某种操作可提供几种处理的时候,应该选择效率高、执行速度快的一种。例如,若目标机器有"加1"的指令 INC,那么代码 i := i + 1 就可以用 INC i 来有效地实现,而不是用下面的指令序列:

```
MOV     i,    R0
ADD     #1,  R0
MOV     R0,   i
```

10.1.3 寄存器分配

计算机的寄存器可以保存计算的中间结果,也可以存储运算数以参加运算,而且运算对象在寄存器的指令一般都比运算对象在内存的指令要短且运算得快。因此,充分合理地利用寄存器对生成高质量的代码十分重要。对于寄存器的使用,应该考虑程序中的哪些变量驻留在寄存器中,驻留多长时间;进一步考虑,哪个变量驻留在哪个寄存器。这些问题可以划分成以下两个子问题:

（1）在寄存器分配期间,为程序的某一点选择驻留在寄存器中的一组变量;

（2）在随后的寄存器指派阶段,选择变量要驻留的具体寄存器。

选择最优的寄存器指派方案极其困难,从数学意义上讲,这是一个 NP 完全问题。如果考虑到目标机器的硬件、操作系统对寄存器使用的一些要求时,这个问题就变得更加复杂。

为了简化讨论,本书不涉及太多的细节。希望牢记以下两点:

（1）如果一个运算结果要存入某个寄存器时,那就应该首先确定它是否被占用;若被占用,又无其他寄存器可用时,必须把该寄存器的内容先存入一个临时变量,以便腾出该寄存器来保存计算结果;

（2）应该考虑可用的寄存器的个数。

本章介绍的简单代码生成算法中把寄存器分配和寄存器指派合在一起,统称为寄存器分配。

10.1.4　计算顺序的选择

计算执行的顺序会影响目标代码的质量。改变运算的执行顺序可以减少用来保存中间结果的寄存器的个数,从而提高代码的效率。计算顺序最优选择也是一个非常困难的问题,又是一个 NP 完全问题。

本书不讨论计算顺序的问题,简单地按照源程序或中间代码生成的顺序生成目标代码。

10.2　虚拟计算机模型

要设计一个好的目标代码生成器,必须熟悉目标机器的体系结构和它的指令系统。本书选择一个模型机作为虚拟目标机器,它可以作为几类微型计算机的代表。本节提出的代码生成技术也可以适用于其他类型的计算机。

这个目标计算机模型具有 n 个通用寄存器 $R_0, R_1, \cdots, R_{n-1}$,它们既可以作为累加器,也可以作为变址器。假设目标机器按字节编址,4 个字节组成一个字。我们用 op 表示运算符,用字母 M 表示内存单元,用字母 C 表示常量,用星号"＊"表示间接寻址方式存取。这台机器指令的一般形式为

操作码 op　　源数据域,目的数据域

这条二地址指令表示源数据域和目的数据域经过 op 运算以后的结果存放到目的数据域。这台机器的指令按照地址模式分为 5 类,见表 10.1。

表 10.1　目标机器的寻址模式

类　　型	指令形式	含义(假设 op 是二元运算符)
直接地址型	op M,Ri	(M) op (Ri) $\Rightarrow$ Ri
寄存器型	op Ri,Rj	(Ri) op (Rj) $\Rightarrow$ Rj
变址型	op C(Ri),Rj	((Ri)+C) op (Ri) $\Rightarrow$ Rj
间接型	op ＊ M, Ri	(M) op (Ri) $\Rightarrow$ Ri
	op ＊ Ri,Rj,	(Ri) op (Rj) $\Rightarrow$ Rj
	op ＊ C(Ri),Rj,	(Ri)+C op (Rj) $\Rightarrow$ Rj
立即数	♯C	常数 C

如果 op 是一元运算符,则指令"op M,Ri"的含义为：op（M）⇒Ri,其余类型可以以此类推。

上述指令中的运算符(操作码 op)包括一般计算机上常见的一些运算符,如加法 ADD、减法 SUB、负号 NEG、乘法 MUL、除法 DIV、加 1 INC、减 1 DEC 以及逻辑运算 AND、NOT、OR 等。其他一些指令的意义见表 10.2。

表 10.2 目标机器的指令系统(不包含运算)

指　令	意　义	指　令	意　义
MOV M,Ri	把 M 单元的内容存到寄存器 Ri,即(M)⇒Ri	CJ≤X	如 CT=0 或 CT=1 转到 X 单元
J X	无条件转移到内存单元 X	CJ＞X	如 CT=2 转到 X 单元
CMP M, N	比较内存单元 M 和 N 的值,根据结果在机器内部特征寄存器 CT 中设置相应的状态值：M＜N 时 CT=0,M=N 时 CT=1,M＞N 时 CT=2	CJ≥X	如 CT=2 或 CT=1 转到 X 单元
		CJ＝X	如 CT=1 转到 X 单元
		CJ≠X	如 CT≠1 转到 X 单元
CJ＜X	如 CT=0,转到 X 单元		

下面以传输指令为例说明寻址方式的含义。

当用作源或目的时,内存单元 M 和寄存器 R 都代表自身,例如,指令

    MOV R1, M

采用直接地址寻址方式,将寄存器 R1 的内容存入内存单元 M。

    MOV 4(R1),M

采用变址寻址方式,把寄存器 R1 的偏移 4 的单元的内容存入内存单元 M,即表中(4+(R1))⇒M。

表中的间接变址寻址方式用前缀 ＊ 表示。例如,指令

    MOV ＊4(R1),R2

把地址(4+(R1))中所指单元的内容装入寄存器 R2 中。

常数用前缀 ♯ 表示,下面的指令采用立即数寻址方式,把常数 10 装入寄存器 R1：

    MOV ♯10,R1

10.3 语法制导的目标代码生成

我们可以在完成语义分析之后,利用属性文法和语法制导技术,直接生成目标代码。基本原理和技术同第 9 章介绍的语法制导的中间代码翻译类似,只是产生的目标语言是机器指令。本节只讨论如何用翻译模式把源程序语言的简单赋值语句和表达式翻译成目标代码,讨论的文法如下：

$$S \rightarrow id ：= E$$
$$E \rightarrow E_1 + E_2 \mid E_1 * E_2 \mid -E_1 \mid (-E_1) \mid id$$

$B \rightarrow B_1 \text{ and } B_2 \mid B_1 \text{ or } B_2 \mid \text{not } B_1 \mid (\,-\,B_1\,) \mid id_1 \text{ relop } id_2 \mid \text{true} \mid \text{false}$

为了简单起见,这个算术表达式 E 只有加法、乘法与取负运算,不包含数组、记录等复杂结构的访问,布尔表达式 B 只包括了三个逻辑运算符和关系运算符。表达式的文法是二义性的,解决文法二义性的原则采用通常意义的优先级和结合性。下面的翻译模式把目标代码写在了文法的属性 code 中,所使用的函数、变量和属性等与第 9 章的相同。

(1) $S \rightarrow id := E$

  p := lookup(id. name);
  if p = null then error else
    S. code := E. code ‖ gencode('MOV', E. place, p)

(2) $E \rightarrow E_1 + E_2$

  E. place := newtemp;
  E. code := E_1. code ‖ E_2. code ‖
    gencode ('MOV', E_1. place, E. place) ‖
    gencode ('ADD', E_2. place, E. place);

(3) $E \rightarrow E_1 * E_2$

  E. place := newtemp;
  E. code := E_1. code ‖ E_2. code ‖
    gencode ('MOV', E_1. place, E. place) ‖
    gencode ('MUL', E_2. place, E. place);

(4) $E \rightarrow - E_1$

  E. place := newtemp;
  E. code := E_1. code ‖
    gencode ('MOV', E_1. place, E. place);
    gencode ('NEG', E. place);

(5) $E \rightarrow (E_1)$

  E. place := E_1. place;
  E. code := E_1. code ;

(6) $E \rightarrow id$

  p := lookup (id. name);
  if p = null then error
  else
    E. place := p;
    E. code := ″;

在下面布尔表达式的翻译中,我们对布尔表达式的求值翻译采用了短路法。(11)中的 'CJ' ‖ relop. op 表示各种条件的转移指令(见表 10.2)。

(7) $B \rightarrow B_1 \text{ and } B_2$

  B_1. true := newlabel;
  B_1. false := B. false;
  B_2. true := B. true;
  B_2. false := B. false;

B. code : = B₁. code ‖ gencode (B₁. true, ´:´) ‖ B₂. code

(8) B → B₁ or B₂

    B₁. true : = B. true;

    B₁. false : = newlabel;

    B₂. true : = B. true;

    B₂. false : = B. false;

    B. code : = B₁. code ‖ gencode (B₁. false, ´:´) ‖ B₂. code

(9) B → — B₁

    B₁. true : = B. false;

    B₂. false : = B. true;

    B. code : = B₁. code;

(10) B → (B₁)

    B₁. true : = B. true;

    B₂. false : = B. false;

    B. code : = B₁. code ;

(11) B → id₁ relop id₂

    t : = newtemp;

    B. code : = gencode (´MOV´, id₁. place, t) ‖

            gencode (´CMP´, t, id₂. place) ‖

            gencode (´CJ´‖ relop. op, B. true) ‖

            gencode (´J´, B. false) ;

(12) B → true

    gencode (´J´, B. true);

(13) B → false

    gencode (´J´, B. false);

例 10.1 把布尔表达式 a<b and c>d 翻译成目标代码。按照上述翻译模式得到的机器指令如下：

```
        MOV      a,     t₁
        CMP      t₂,      b
        CJ<      L₁
        J       B. false
L1：    MOV      c,   t₂
        CMP      t₂,   d
        CJ>      B. true
        J     B. false
```

其中 B. true 和 B. false 需要应用这个布尔条件的语句确定。

有关其他语言结构的目标指令的翻译问题,无论是单趟扫描的翻译,还是多趟扫描的翻译,都与中间代码的语法制导翻译类似。

本节介绍的翻译技术可以应用在简单语言的编译器中,不适合大型的程序设计语言。主要原因是:(1)从语义分析直接生成目标代码有许多局限性,例如,由于目标代码与机器特性紧密相关,不利于代码的移植和优化。更好的策略是先产生某种中间代码,然后再翻译成目标指令序列。(2)在上面的翻译模式中,多处用到了产生临时变量的函数 newtemp,没有充分考虑目标机器体系结构中的寄存器以及变量值的使用情况,而且过多的临时变量名还会造成存储分配与寄存器分配的诸多问题。

因此,下面着重讨论如何利用目标机器的特性,把三地址代码作为翻译更加高效的目标指令的方式。

10.4　基本块和待用信息

为了讨论代码生成的基本原理和算法,我们首先介绍有关基础知识。

10.4.1　基本块及其构造

对于给定的程序,我们通常把它划分成一系列的基本块,根据程序的控制流把这些基本块连接起来,形成程序流图。在逐步完成各个基本块的代码生成之后,就自然生成了整个程序的目标代码。

基本块是指程序中一个顺序执行的语句序列,其中只有一个入口语句和一个出口语句。基本块运行时只能从其入口语句进入,从出口语句退出。例如,下面的三地址代码组成了一个基本块:

$$t_1 := a * a$$
$$t_2 := a * b$$
$$t_3 := a * t_2$$
$$t_4 := t_1 * t_3$$
$$t_5 := t_4 + t_2$$

三地址代码基本块的构造算法如下。

算法 10.1　　划分基本块

输入　　　　　三地址语句序列

输出　　　　　基本块列表,每个三地址语句仅在基本块中。

(1) 找出三地址代码中各个基本块的入口语句,它们是:

　　① 程序的第一个语句;

　　② 或者条件语句或无条件语句的转移目标语句;

　　③ 或者紧跟在条件语句之后的语句。

(2) 对每一个入口语句,它所在的基本块就是由它开始到下一个入口语句之前,或者到一转移语句之前,或到程序结束的其他所有语句。

　　凡是未被纳入某一基本块的语句,都是程序控制流无法到达的语句,因而也是不会被执行的语句,可以把它们删除。

例 10.2 考虑计算长度为 20 的两个向量点积的程序段,如下所示。在我们的虚拟机器上执行这个计算的三地址代码序列紧接其下。

```
begin
    prod := 0;
    index := 1;
    do  begin
      prod := prod + a[index] * b[index];
      index := index + 1;
      end;
      while index <= 10;
end;
```

```
(1)     prod := 0
(2)     index := 1
(3)     t₁ := 4 * index          /* 虚拟机器的字长是 4 个字节 */
(4)     t₂ := a [t₁]             /* 计算 a[index] */
(5)     t₃ := 4 * index
(6)     t₄ := b [t₁]             /* 计算 b[index] */
(7)     t₅ := t₃ * t₄
(8)     t₆ := prod + t₅
(9)     prod := t₆
(10)    t₇ := index + 1
(11)    index := t₇
(12)    if index <= 20 goto (3)
```

下面运用算法 10.1 来确定以上三地址代码的基本块。按照算法的规则①可知语句(1)是入口语句;按照规则②可知语句(3)是条件转移的目标语句,也是入口语句;按照规则③可知跟随语句(12)的语句是入口语句。所以,语句(1)和(2)组成了第一个基本块,以语句(3)开始的程序的其他语句组成了第二个基本块。

例 10.3 考虑下面求最大公因子的三地址代码,求出所有基本块。

```
(1) read X
(2) read Y
(3) R := X mod Y
(4) if R = 0 goto (8)
(5) X := Y
(6) Y := R
(7) goto (3)
(8) write Y
```

首先,按照定义,可以找到四条入口语句(1)、(3)、(5)和(8)。然后,构造四个基本块如

表 10.3 所示。

表 10.3　四个基本块

基本块 B_1	基本块 B_2	基本块 B_3	基本块 B_4
(1) read X (2) read Y	(3) R := X mod Y (4) if R = 0 goto (8)	(5) X := Y (6) Y := R (7) goto (3)	(8) write Y

10.4.2　流图

可以把程序控制流的信息加到基本块的集合上,形成一个有向图来表示程序,这样的有向图叫作程序流图(简称流图)。流图对于理解代码生成算法十分有用,即便代码生成算法没有明显地构造这个流图。流图中的结点代表了计算,有向边代表了程序控制。流图以基本块为结点,其中包含了程序第一条语句的基本块称为起始结点。若在程序的某个执行序列中,基本块 B_j 紧跟在基本块 B_i 之后执行,则从 B_i 到 B_j 有一条有向边。也就是,如果:

- 有一个条件转移语句或无条件转移语句作为 B_i 的最后一条语句转移到 B_j 的第一条语句;
- 或者按照程序的正文序列,B_j 紧跟在 B_i 之后,而且 B_i 的最后一条语句不是一个无条件转移语句;

那么,块 B_i 到 B_j 有一条有向边。我们称 B_i 是 B_j 的前驱,B_j 是 B_i 的后继。

例 10.4　对例 10.2 中的程序所构造的流图如图 10.2 所示。B_1 是初始结点,在 B_2 中的最后一个跳转语句改成了跳转到 B_1 中的语句。

例 10.5　对例 10.3 中的程序所构造的流图如图 10.3 所示。

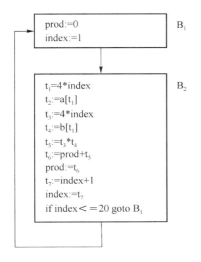

图 10.2　求两个向量点积程序的流图

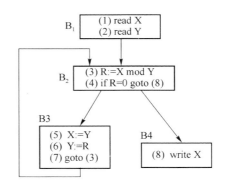

图 10.3　求最大公因子程序的流图

需要注意的是,流图中任何一条连接 B_1 和 B_2 的边并没有说明控制从 B_1 转移到 B_2 的条件。也就是说,一条边从 B_2 末尾的指令(如果有一个转移指令的话)转向 B_1 的入口语句,没有说明条件是否满足。那么,这个信息就需要从 B_2 的跳转指令中发现。

在大多数情况下,可以比较容易地在流图中找出所有的循环。例如,图 10.3 中的 B_2 和 B_3 构成了一个循环。但是,对于更一般的情况就没有这么简单了,本书不再详细讨论如何确定一般情况下的循环。

基本块可以用许多数据结构表示。例如,可以把基本块表示成一个记录类型的数据结构,其中有一个记录基本块中四元式个数的变量,一个指向入口语句的地址指针,一个指向前驱的指针队列,以及一个指向后继的指针队列。

基本块和流图不仅是代码生成的基础,同时也是代码优化、程序测试、程序分析等方面广泛应用的基本工具。在第 11 章的代码优化中还要用到基本块和流图。

10.4.3 待用信息

已经在 10.3 中提到过,掌握了寄存器、存储器和变量的使用情况,就可以产生更加优化的目标代码。例如,若知道存于寄存器中的某个变量的值以后不再需要了,就可以把该寄存器的值存入内存单元或者删掉,以便其他变量使用该寄存器。这就需要搜集基本块中名字的待用信息。

如果三地址代码 i 对变量 A 通过赋值语句定值(即存在一个赋值语句(i) A := E),中间代码 j 要用 A 作为运算对象(引用 A 的值),存在一个可以控制从语句 i 到 j 的路径,并且这条路径中没有对 A 的其他赋值语句,那么就称中间代码 j 引用了 A 在中间代码 i 的定值,称中间代码 j 是中间代码 i 中对变量 A 的待用信息或下次引用信息,同时称 A 在语句 i 是活跃变量。

需要为一个基本块内的每个三地址语句 x := a op b 中的所有变量确定待用信息。本书不考虑它们在基本块之外的引用情况,这些信息需要复杂的控制流分析和数据流分析才能得到。

为了得到一个基本块内每个变量的待用信息和活跃信息,可以从基本块的出口由后向前逐句扫描每条语句对每个变量建立相应的待用信息链和活跃变量信息链。

为了简化处理,对于基本块内的变量分为下列两种情况处理:

(1) 如果对没有经过数据流分析(见 11.5 节的介绍)且三地址代码生成的临时变量不允许在基本块外使用,那么就认为这些临时变量在基本块出口处都是不活跃的(这意味着,必须在该基本块的出口处释放这些临时变量所占用的寄存器);

(2) 如果某些临时变量可以在该基本块之外引用,则把它们看作基本块之后的活跃变量,同时也把基本块的非临时变量均看作是基本块之后的活跃变量。

算法 10.2 描述了计算待用信息的步骤。假定符号表的变量登记项中包含待用信息和活跃信息的栏目。

> **算法 10.2**　　计算待用信息
>
> **输入**　　　　基本块的三地址语句序列
>
> **输出**　　　　基本块中所有变量的待用信息和活跃信息
>
> 初始化：
>
> ① 把基本块中每个变量在符号表登记项中的待用信息填为"非待用"；
>
> ② 根据每个变量在出口之后是否活跃，在活跃信息栏填上"活跃"或"非活跃"。
>
> 从基本块出口语句到入口语句由后向前依次处理每个中间代码。对每个形式为 i：A ：= B op C 的代码，依次执行下列步骤：
>
> ① 把符号表中变量 A 的待用信息和活跃信息附加到中间代码 i 上；
>
> ② 把符号表中变量 A 的待用信息栏和活跃信息栏分别设置为"非待用"和"非活跃"（因为在 i 中对 A 的定值只能在 i 之后才可引用，对 i 之前的语句，A 既不是活跃的，也不可待用）；
>
> ③ 把符号表中变量 B 和 C 的待用信息和活跃信息附加到中间代码 i 上；
>
> ④ 把符号表中变量 B 和 C 的待用信息设置为 i，活跃信息均设置为"活跃"。

注意：此算法中的执行次序不可颠倒，因为变量 B 和 C 也可能是 A。

按照这个算法，若一个变量在基本块中被引用，则各个引用所在的位置，将由该变量在符号表中的待用信息以及附加在各个中间代码上的待用信息，从前到后依次指示出来。

对于形式为 A：=B 或 A：=op C 的中间代码，算法不变，只是其中少涉及一个变量。

例 10.6　对于下列基本块，假设变量 D 在基本块之后活跃，计算所有变量的待用信息。

(1) T ：= A − B

(2) U ：= A − C

(3) V ：= T＋U

(4) D ：= V＋U

用 F 表示"非待用"和"非活跃"，用 L 表示"活跃"，用序号表示待用信息（即下一个引用点），用二元对＜X，X＞表示变量的待用信息和活跃信息，其中 X 取值为 F 或 L。表 10.4 表示了符号表中的待用信息和活跃信息，从块中的后面语句倒序向前。表 10.5 表示了中间代码上的待用信息和活跃信息。

对表 10.4 中的每一个变量，把其待用信息和活跃信息的二元对从左到右连接起来，就得到了变量的待用信息链和活跃信息链，从中可以看出它们的变化过程。

表 10.4　例 10.6 的符号表中待用和活跃信息

变量名	待用信息和活跃信息				
	初值	处理(4)	处理(3)	处理(2)	处理(1)
A	＜F,F＞			＜2,L＞	＜1,L＞
B	＜F,F＞				＜1,L＞
C	＜F,F＞			＜2,L＞	

变量名	待用信息和活跃信息				
	初值	处理(4)	处理(3)	处理(2)	处理(1)
D	<F,L>	<F,F>			
T	<F,F>		<3,L>		<F,F>
U	<F,F>	<4,L>	<3,L>	<F,F>	
V	<F,F>	<4,L>	<F,F>		

表 10.5 例 10.6 的中间代码的待用和活跃信息

序号	中间代码	左值	左操作数	右操作数
(1)	T := A − B	<3,L>	<2,L>	<F,F>
(2)	U := A − C	<3,L>	<F,F>	<F,F>
(3)	V := T+U	<4,L>	<F,F>	<4,L>
(4)	D := V+U	<F,L>	<F,F>	<F,F>

10.5　一个简单代码生成器

本节介绍一个简单的代码生成器,它依次考查基本块中的每条语句,考虑如何在一个基本块范围内充分利用寄存器,生成目标代码,并根据产生的代码修改寄存器的使用情况。

为了简单起见,假定三地址代码的每个运算符都有其对应的目标机器运算符,并且计算结果尽量长时间地留在寄存器中,只有在下面两种情况下才把计算结果存入内存:

(1) 如果需要此寄存器用于其他计算;

(2) 正好在转移或标号语句之前。

条件(2)暗示在基本块的结尾必须把所有的计算结果都保存起来。必须保留计算结果的原因是:程序的控制流在离开一个基本块后,可能进入几个不同基本块中的一个,或者进入一个还可以从其他基本块进入的基本块。在这两种情况下,认为基本块引用的某个数据在入口点一定处在某一个寄存器中是不妥的。因此,为了避免可能出现的错误,本节介绍的简单代码生成算法在离开基本块时,存储所有的东西。

下面通过一简例来说明简单代码生成算法的一些问题。对三地址语句 a := b ＋ c,我们可以生成一条简单的指令

　　　　ADD　Rj，Ri　　　　　　　(1)

把结果留在 Ri。但是,可以生成这条简单指令的前提是:Rj 包含了 c,Ri 包含了 b,而且变量 b 的值以后不再被引用。

在另外一种情况下,如果 Ri 包含了 b,而 c 在内存中(假设就用 c 表示内存单元),可以产生:

　　　　ADD　　c，Ri　　　　　　(2)

或者

```
MOV   c,  Rj              (3)
ADD   Rj,  Ri
```

同样要求 b 不再被引用。

从机器指令执行的时间上讲,使用寄存器比使用内存单元要快。但是,任何机器的寄存器数量都有限,而且某些寄存器还有特殊用途,不能作为通用寄存器使用。而且,还要考虑到存入寄存器的值今后是否还要引用。所以,判定翻译模板代码优劣的因素很多、很复杂。就本例而言,代码(1)的执行速度最快,但是,要求的条件也最多。代码(2)的执行速度由于要访问内存(c 的值),比代码(1)慢,但是比代码(3)要快,而且,代码(1)和(2)都是一条指令,占用的内存较少。然而,如果以后肯定要使用 c 的值,翻译(3)比(2)更有吸引力,因为 c 的值已经在一个寄存器 Rj 中,可以直接引用。

所以,掌握寄存器和内存的使用情况,对于代码的生成十分重要。

10.5.1　寄存器和地址的描述

为了在代码生成的过程中合理地分配寄存器,我们需要随时掌握每个寄存器的使用情况,了解它是空闲,还是已经分配给某个或某几个变量。为此,我们需使用一个数组 RVALUE 来动态地记录寄存器的这些信息,这个数组称作寄存器描述数组。用寄存器 Ri 的编号值作为寄存器描述数组 RVALUE 的下标,数组元素值是一个或多个变量名。

另外,一个变量的值可以存储在寄存器中,也可以存放于内存,还可以同时存放在寄存器和内存中。在代码生成过程中,每当生成的指令要涉及引用某个变量的值时,若该变量的值已经在某个寄存器中,可以直接引用该变量在寄存器中的值,以便提高代码的执行速度。为此,我们使用一个称作变量地址描述数的数组 AVALUE 来动态地记录每个变量当前值的存放位置,这个数组的下标就用变量名。下面,看几个例子。

RVALUE[R1] = {A, B}	表示 R1 存储的是变量 A 和 B 的值
AVALUE[A] = {A}	表示变量 A 的值只存放在内存中
AVALUE[A] = {R1, A}	表示变量 A 的值同时存放在寄存器 R1 和内存中
AVALUE[B] = {R1}	表示变量 B 的值只存放在寄存器 R1 内

10.5.2　寄存器的分配原则与选择算法

寄存器的分配原则可以加快代码的运行速度。具体有下列三条:

(1) 当生成某变量的目标代码时,尽可能让变量的值或计算结果驻留在寄存器中,除非该寄存器必须用来存放其他变量的值,而不得不放弃其中的内容;

(2) 到达基本块出口时,将变量的值存放到内存中,以便后续基本块的代码可以继续引用其值;

(3) 一个基本块后不再引用的变量所占用的寄存器应该尽早释放出来,以提高寄存器的使用率。

在代码生成的过程中,需要不断地为程序中的变量选择寄存器。以下介绍一个寄存器选择函数,详细描述在算法 10.3 中。

算法 10.3　　　寄存器选择函数 GETREG

输入　　　　　　中间代码 i：A ：= B op C

输出　　　　　　一个用来存放变量 A 值的寄存器 R

　　for（每个 AVALUE[B]中的 Ri）｛

　　if（（RVALUE[Ri]== ｛B｝）＆＆（B==A‖B 在该语句之后不会再被引用））return Ri；

　　// 即语句 i 的附加信息中，B 的待用和活跃信息为"非待用"和"非活跃"

　　if（存在 Ri ＆＆ RVALUE[Ri] == ｛｝）return Ri；

　　按照下列原则，从已经分配的寄存器中选择一个寄存器 Ri：占用寄存器 Ri 的变量，其值同时也存储在内存，或者它在基本块的最远处引用或不会引用。

　　for（每个 RVALUE[B]中的 M）｛

　　　if（M！= A ‖（M==A ＆＆ M==C ＆＆（M！= B ＆＆ B 不属于 RVALUE[Ri]）））｛

　　　　if（M 不属于 AVALUE[M]）｛

　　　　　生成目标代码 MOV Ri，M；　// 把不是 A 的变量值由 Ri 的值存入内存 M

　　　　　AVALUE[M] = AVALUE[M] U ｛Ri｝｝；

　　　　｝

　　　　if（M==B‖（M==C＆＆B 属于 RVALUE[Ri]））｛AVALUE[M]={M，Ri}；｝

　　　　else ｛ AVALUE[M] = ｛M｝；｝

　　　｝

　　　RVALUE[Ri] = RVALUE[Ri]－｛M｝

　　｝

　　return Ri；

10.5.3　代码生成算法

　　本节介绍一个简单代码生成算法。不失一般性，假设中间代码的形式为 A ：= B op C，对于其他形式的中间代码，可以仿照算法 10.4 完成。这个算法调用了算法 10.2 和 10.3，需要待用信息的目的就是确定是否释放这些变量所占用的寄存器。

算法 10.4　　　简单代码生成算法

输入　　　　　　基本块 BB[n]，每条中间代码形式为 i：A ：= B op C

输出　　　　　　目标代码

　　for（j=1；j≤n；j++）｛

　　// 调用寄存器选择函数 GETREG（i：A ：= B op C）得到一个存放 A 值的寄存器 R；

　　　R = getreg（BB[j]）；

　　　B′ = AVALUE[B]；C′ = AVALUE[C]；// 到 B 和 C 的存放位置 B′和 C′

　　　if（B′==R）｛生成目标代码 op R，C′｝

　　　else｛ 生成目标代码

```
        MOV B′, R;
        op R, C };
 /* 修改寄存器描述数组和地址描述数组, 释放 B 和 C 所占用的寄存器, 使 A 只
    在寄存器 R 且独占寄存器 R */
    if (B′ == R) AVALUE[B] = AVALUE[B] − {R};
    if (C′ == R) AVALUE[C] = AVALUE[C] − {R};
    AVALUE[A] = {R}; RVALUE[R] = {A};
 /* 若 B′或 C′不再被引用, 就释放 B 或 C 占用的每一个寄存器 */
    If (B′不再被引用) {
        RVALUE[Ri] = RVALUE[Ri] − {B}; AVALUE[B] = AVALUE[B] −
{Ri};
    }
    If C′(不再被引用) {
        RVALUE[Ri] = RVALUE[Ri] − {C}; AVALUE[C] = AVALUE[C] −
{Ri};
    }
}
```

例 10.7　对于例 10.6 的三地址代码:

　　(1) T := A − B

　　(2) U := A − C

　　(3) V := T+U

　　(4) D := V+U

假设只有 R0 和 R1 两个可用的寄存器, 用算法 10.3 和算法 10.4 生成的目标代码以及相应的寄存器描述和地址描述如表 10.6 所示。

表 10.6　目标代码序列与寄存器和地址描述

中间代码	目标代码	RVALUE	AVALUE
T := A − B	MOV　A, R0 SUB　B, R0	R0 含 T	T 在 R0
U := A − C	MOV　A, R1 SUB　C, R1	R0 含 T R1 含 U	T 在 R0 U 在 R1
V := T + U	ADD　R1, R0	R0 含 V　R1 含 U	T 在 R0 U 在 R1
D := V + U	ADD　R1, R0 MOV R0, D	R0 含 D	D 在 R0 D 在内存

函数 getreg 的第一次调用返回寄存器 R0 来存放计算结果 T。因为 A 不在 R0 中, 所以产生数据移动代码"MOV　A, R0"和运算代码"SUB　B, R0", 然后修改寄存器和内存地址描述以表示 R0 包含临时变量 T。代码生成以这种方式进行, 直到最后一个语句处理完毕。这时, R1 已被释放为空闲, 活跃变量 D 的值通过指令"MOV　R0, D"保留在内存当中。

10.5.4　其他三地址语句的目标代码

其他三地址语句可以仿照以上算法生成目标代码,见表10.7。

表 10.7　各种三地址语句所对应的机器指令

中间代码	目标代码	备注
A := B op C	MOV　B, Ri op　C, Ri	见 10.5.3 节的算法
A := op1 C	MOV　C, Ri op1　Ri, Ri	见 10.5.3 节的算法,其中 op1 是单目运算符
A := B	MOV　B, Ri	见 10.5.3 节的算法,但是如果 B 的当前值已经在某个寄存器 Ri 中,则不生成任何代码
A := B[i]	MOV　i, Rj MOV　B(Rj), Ri	(1) Ri 是分配给 A 的寄存器 (2) 若 i 在某个寄存器中,则第一条代码可以省去
A[i] := B	MOV　i, Rj MOV　B, Ri MOV　Ri, A(Rj)	(1) Ri 是分配给 A 的寄存器 (2) 若 i 在某个寄存器中,则第一条代码可以省去 (3) 若 B 在某个寄存器中,则第二条代码可以省去
goto X	J　X′	X′ 是标号为 X 的中间代码的目标代码的首地址
if A rop B goto C	MOV　A, Ri, CMP　B, Ri CJrop　X′	(1) X′ 是标号为 X 的中间代码的目标代码的首地址 (2) 若 A 的值在寄存器 Ri 中,则可以省去第一条代码 (3) 若 B 在某个寄存器 Rj 中,则目标代码中的 B 就是 Rj (4) rop 指的是 $<, \leqslant, >, \geqslant, =, \neq$
A := *P	MOV　*P, Ri	Ri 是分配给 A 的寄存器
*P := A	MOV　A, Ri MOV　Ri, *P	若 A 在某个寄存器中,则第一条代码可以省去

机器实现条件转移的方式有两种。一种方式是根据寄存器的值是否为下面 6 个条件之一而进行分支转移:负、零、正、非负、非零和非正。在这样的机器上,像 if x < y goto z 形式的三地址语句可以这样实现:把 x 减 y 的值存入寄存器 R,如果 R 为负就跳到地址 z。

另一种方式是采用条件码来表示最近计算的结果或载入寄存器的值是负、零还是正。这种方式适合多数计算机,包括本书的虚拟目标计算机。通常,比较指令(本书采用 CMP)具有这样的性质:设置条件码而不是真正地计算其值。例如,若 x>y,则 CMP x, y 把条件码设置为正;若 x<y,则 CMP x, y 把条件码设置为负。条件转移指令根据指定的条件 $<,\leqslant,>,\geqslant,=$ 或 $\neq$ 是否满足来决定是否转移。指令 CJ $<=$ z 的含义是如果条件为负或者零则转移到地址 z。

产生代码时,记住条件码的描述是有用的。这个描述告诉我们设置当前条件码的名字或所要比较的两个名字。

例 10.8　对于语句

　　　　x := y + z

if x < 0 goto z

可以翻译成下列目标代码

```
MOV   y，  R0
ADD   z，  R0
MOV   R0，  x
CJ <   z
```

因为根据内部特征寄存器 CT 可以知道在 ADD z，R0 指令之后,它是根据 x 的值设置的。

练 习 10

10.1 一个编译程序的代码生成工作需要考虑哪些因素?

10.2 利用语法制导的翻译技术把下列程序段翻译成目标代码。

(1) x := (a+b) * c - a

(2) a > b and c = d or e < f

10.3 请把以下程序划分为基本块并作出其程序流图。

```
        read C
        A := 0
        B := 1
L1：    A := A + B
        if B ≥ C goto L2
        B := B + 1
        goto L1
L2：    write A
```

10.4 请把以下程序划分为基本块并作出其程序流图。

```
        i := m
        j := n
        a := u1
L1：    i := i + 1
        j := j - 1
        if i > j goto L2
        a := u2
L2：    i := u3
        goto L1
```

10.5 对下列中间代码序列

(1) $t_1 := B - C$
　　 $t_2 := A * t_1$
　　 $t_3 := D + 1$

(2) $t_1 := A + B$
　　 $t_2 := t_1 - C$
　　 $t_3 := t_2 * t_1$

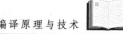

$t_4 := E - F$ $t_4 := t_1 + t_3$

$t_5 := t_3 * t_4$ $t_5 := t_3 - E$

$W := t_2 / t_5$ $E := t_4 * t_5$

  W 是基本块出口的活跃变量   E 是基本块出口的活跃变量

假设可用寄存器为 R0 和 R1,用简单代码生成算法生成目标代码,同时列出代码生成过程中的寄存器描述和地址描述。对于(2)小题,如果只有一个寄存器 R0 可用,结果如何?

  10.6   对于下列基本块,假设只有寄存器 R1 和 R2 可用,开始的时候没有值在寄存器中,A 和 B 的值在内存中,L 是基本块出口的活跃变量,而且假设目标代码的算术运算不满足交换律。请用简单代码生成算法生成其目标代码,同时列出代码生成过程中的寄存器描述和地址描述。

$t_1 := A - B$

$t_2 := A / t_1$

$t_3 := 3 * t_1$

$L := t_3 + t_2$

  10.7   分别把下列 C 语句首先转换成三地址代码,然后产生目标代码,假定三个可用的寄存器为 R0,R1 和 R2。

(1) X = A[i] + 1

(2) A[i] = B[C[i]]

(3) A[i] = A[i] + A[j]

(4) if (i > j) A = j + 1; else A = i + 1

第11章　代码优化

编译程序通常在中间代码以及目标代码生成之后对生成的代码进行优化。所谓优化就是对代码进行等价变换,使得变换后的代码运行速度加快,占用存储空间减少。优化可以在编译的各个阶段进行,在不同的阶段,优化的程序范围和方式也有所不同;在同一范围内,也可以进行多种优化。

一般情况下,编译的优化工作是在中间代码生成以及目标代码生成之后进行,如图11.1所示。

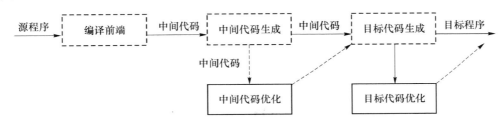

图 11.1　编译的优化工作阶段

有些优化工作比较简单,容易实现,比如基本块内的局部优化。有些优化需要对整个程序的控制流和数据流进行分析,使用的技术比较复杂,实现的代价也就比较高。本章主要介绍编译优化的基本概念,重点描述基于中间代码的局部优化技术,讨论针对目标代码的窥孔优化技术,简单介绍全局数据流分析在代码优化中的应用。

11.1　代码优化的概念

代码优化的目的是为了改进代码的质量,提高代码的时间效率和空间效率。通常,程序占用的存储空间与程序运行的时间是一对相互冲突和制约的指标,对此往往是采取折中方案或者依据实际情况二者侧重其中之一,很难保证得到的优化代码是最优的。在设计和实现编译程序代码优化时应该遵循下列原则。

(1)等价原则:经过优化后的代码应该保持程序的输入输出,不应改变程序运行的结果。

(2)有效原则:优化后的代码应该在占用空间、运行速度这两个方面,或者其中的一个方面得到改善。

(3)经济原则:代码优化需要占用计算机和编译程序的资源,代码优化取得的效果应该超出优化工作所付出的代价;否则,代码优化就失去了意义。

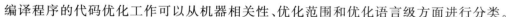

编译程序的代码优化工作可以从机器相关性、优化范围和优化语言级方面进行分类。

1. 与机器相关性

按照与机器相关的程度,代码优化可以分为与机器相关的代码优化和与机器无关的代码优化。

与机器相关的优化一般有寄存器的优化、多处理器的优化、特殊指令的优化以及无用指令的消除等技术。显然,这几类优化与具体机器的特性密切相关,例如,寄存器的总数,寄存器的具体使用规定等。这类优化通常在目标代码生成之后进行。

与机器无关的优化是在目标代码生成以前进行,主要是根据程序的控制信息和数据信息,对程序进行优化,与机器无关。

本章重点讨论与机器无关的优化,包括基本块的优化和循环的优化;与机器相关的优化仅讨论窥孔优化技术。

2. 优化范围

根据优化的范围,代码优化可以划分为局部优化和全局优化两类。

考察一个基本块的三地址中间代码序列就可以完成的优化,称为局部优化。而全局优化则必须在考察基本块之间的相互联系与作用的基础上才能完成。当然,有些优化既可以在局部范围内完成,也可以在全局范围内完成。无论是局部优化还是全局优化,本书讨论的重点是与机器无关的优化。

3. 优化语言级

通过对算法的改进和采用适当的语句来改善程序的效率,这些优化超出了编译原理课程的讨论范围。代码优化总是在内部的中间代码和目标代码上进行的。在通常的编译程序中,代码优化往往是在中间代码这一级执行,例如对源程序的三地址代码或抽象语法树上采取优化措施。相对于在目标代码级别的优化,在中间代码优化的好处是:

(1) 容易从中间代码中识别出进行优化的情况,对目标语言代码的信息识别要困难,成本较高;

(2) 中间代码与机器无关,因此,一个代码优化的程序可以适用于多种型号的机器。

然而,有时也在目标代码语言级上进行代码优化,如寄存器优化等。在目标代码级别上进行全局优化的代价昂贵,本书仅仅讨论局部范围的目标代码优化技术,即所谓的窥孔优化。

总之而言,要想获得程序的最佳运行效率,程序员和编译器都可以在不同的程序开发阶段对程序进行改进,如图 11.2 所示。

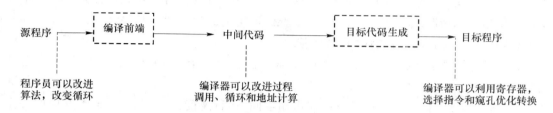

图 11.2 程序员和编译器可能改进程序的位置

11.2 代码优化的基本技术

与机器无关的、在中间代码语言级的代码优化主要包括:删除公共子表达式、复写传播、删除无用代码、代码外提、强度消弱和删除归纳变量。其中最后三种是针对循环语句的优化。

下面我们通过一个例子介绍这些代码优化技术。这个例子是一个用 C 语言编写的快速排序子程序 quicksort,利用语法制导翻译为这个程序在两个注释之间的程序段产生的中间代码如下所示。

```
void quicksort(m, n)          (1) i := m − 1          (16) t7 := 4 * i
int m, n;                     (2) j := n              (17) t8 := 4 * j
{                             (3) t1 := 4 * n         (18) t9 := a[t8]
int i, j, v, x;               (4) v := a[t1]          (19) a[t7] := t9
if ( n <= m ) return;         (5) i := i + 1         (20) t10 := 4 * j
/* 程序段开始 */              (6) t2 := 4 * i        (21) a[t10] := x
i = m − 1; j = n; v = a[n];   (7) t3 := a[t2]        (22) goto (5)
while (1) {                    (8) if t3 > v goto (5) (23) t11 := 4 * i
  do i = i+1; while (a[i]<v);  (9) j := j − 1        (24) x := a[t11]
  do j = j−1; while (a[i]>v);  (10) t4 := 4 * j      (25) t12 := 4 * i
  if ( i >= j ) break;         (11) t5 := a[t4]      (26) t13 := 4 * n
  x = a[i]; a[i] = a[j]; a[j] = x; (12) if t5 > v goto (9)  (27) t14 := a[t12]
}                             (13) if i >= j goto (23)(28) a[t12] := t14
x = a[i]; a[i] = a[n]; a[n] = x;(14) t6 := 4 * i     (29) t15 := 4 * n
/* 程序段结束 */              (15) x := a[t6]        (30) a[t15] := x
quicksort(m, j); quicksort(i+1, n);
}
```

根据 10.3 节介绍的基本块和流图的概念,以及算法 10.1 为三地址代码的程序画出的流程图见图 11.3。程序中所有的条件和无条件转移在三地址代码中都被改成了转移到的相应的基本块。

11.2.1 删除公共子表达式

如果表达式 E 已经计算过,并且在这之后 E 中变量的值没有改变,那么,E 的再次出现称为公共子表达式。如果可以利用先前的计算结果,无须重新计算,就可以避免表达式的重复计算,这种优化称为删除公共子表达式。例如,在图 11.3 的 B_5 中分别把公共子表达式 $4*i$ 和 $4*j$ 的值赋给 t_7 和 t_{10},这些重复计算的公共子表达式可以删除,用 t_6 代替 t_7,用 t_8 代替 t_{10},这样就把 B_5 变换为如下的代码。

```
B5:
t6 := 4 * i
x := a[t6]
t7 := t6
t8 := 4 * j
```

$t_9 := a[t_8]$

$a[t_7] := t_9$

$t_{10} := t_8$

$a[t_{10}] := x$

goto B_2

这是仅限于基本块的局部优化,B_5 仍然需要计算 $4*i$ 和 $4*j$。若从以上排序的程序来看,它们依然是公共子表达式,$4*i$ 在 B_2 中计算并且赋给了 t_2,$4*j$ 在 B_2 中计算并且赋给了 t_4。继续删除这些公共子表达式,在 B_5 中就可以把 $t_6 := 4*i$ 替换为 $t_6 := t_2$,把 $t_8 := 4*j$ 替换为 $t_8 := t_4$。

这是因为在 B_2 中计算的 $4*i$ 传到 B_5 时,没有改变 i 的值。同样,在 B_3 中计算的 $4*j$ 传到 B_5 时,也没有改变 j 的值。

对于 B_6 也可以作同样的处理。删除公共子表达式后的情况如图 11.4 所示。

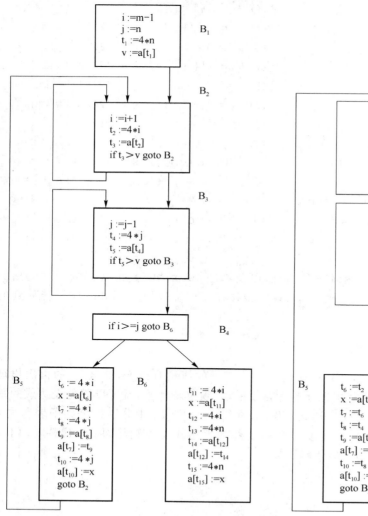

图 11.3 quicksort 程序的流程图

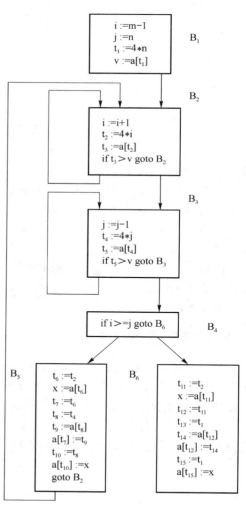

图 11.4 删除 B_5 和 B_6 公共子表达式后的流程图

11.2.2　复写传播

观察图 11.4 中，B_5 的语句：$t_6 := t_2$ 和 $x := a[t_6]$。t_6 在赋值完成之后就被引用，t_6 的值在这两个代码之间没有改变。因此，可以把 $x := a[t_6]$ 变换为 $x := a[t_2]$。这种变换叫作复写传播，它是对形式为 $f := g$ 的赋值语句的变换（复写）。

完成上述的复写传播之后，进一步考察可以发现，在 B_2 中计算了 $t_3 := a[t_2]$，因此，在 B_5 中可以删除公共子表达式，把 $x := a[t_2]$ 替换为 $x := t_3$。进而，通过复写传播把 B_5 中的 $a[t_4] := x$ 替换为 $a[t_4] := t_3$。

同样，B_5 中的 $t_9 := a[t_4]$ 和 $a[t_2] := t_9$ 可以分别被替换为 $t_9 := t_5$ 和 $a[t_2] := t_5$。这样，B_5 就变为

```
B₅:
    t₆ := t₂
    x  := t₃
    t₇ := t₂
    t₈ := t₄
    t₉ := t₅
    a[t₂] := t₅
    t₁₀ := t₄
    a[t₄] := t₃
    goto B₂
```

复写传播的目的就是使代码段中某些赋值语句变得无用，以便被删除掉，即为下面的优化方式。

11.2.3　删除无用代码

观察经过复写变换之后的 B_5 可以发现，变量 x、t_7、t_8、t_9、t_{10} 的值在整个程序中不再使用，因此，这些变量的赋值对程序的运算结果没有任何作用，可以把它们删除掉。我们称之为删除无用代码。

删除无用赋值语句之后的 B_5 变为：

```
B₅:
    a[t₂] := t₅
    a[t₄] := t₃
    goto B₂
```

对 B_6 可以进行同样的处理，结果如图 11.5 所示。

11.2.4　代码外提

循环是多次重复执行的代码段，在编译程序的优化工作中，循环优化占有十分重要的地位。这是因为，对于循环次数为 n 的一个循环，每节省循环体内一条目标指令，运行时就可以少执行 n 条指令；特别地，对于 m 重循环的最内循环，每节省一条指令就可以减少执行 $n_1 * n_2 * \cdots * n_m$ 条指令。此外，现代的高级编程语言中都支持数组、集合、树、图等数据结构，

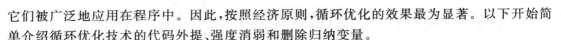

它们被广泛地应用在程序中。因此,按照经济原则,循环优化的效果最为显著。以下开始简单介绍循环优化技术的代码外提、强度消弱和删除归纳变量。

如果它产生的结果在循环中保持不变,就可以把它提到循环的外边,以避免每次循环都执行这条代码。例如,对于下面的 while 语句

    while (i <= limit - 2) {…}

如果在循环体内 limit 的值不变,就可以把它变换为

    t : = limit - 2;

    while (i <= t) {…}

这种变换称为代码外提。在给出的快速排序程序中,没有可以代码外提之处。

11.2.5 强度消弱和删除归纳变量

考察图 11.5 的循环 B_3。j 和 t_4 的值保持着线性关系 $t_4 := j * 4$,每循环一次,j 的值每减 1,t_4 的值就减去 4。这种变量称为归纳变量。可以把循环中计算 t_4 值的乘法的运算变换为在循环前面只进行一次乘法的运算(在 B_1 的末尾增加一条语句 $t_4 := 4 * j$),而在循环体中进行减法运算(把 B_3 的语句 $t_4 := 4 * j$ 改为 $t_4 := t_4 - 4$)。因为加减法运算一般比乘除法快,并且节省资源,所以这种变换称为强度消弱。同样,可以对归纳变量 i 和 t_2 进行强度消弱。

对 $t_4 := j * 4$ 和 $t_2 := i * 4$ 完成强度消弱以后,变量 i 和 j 除了在 B_4 中语句 if i >= j go to B_6 之外,不再被引用。因此,可以删除这些归纳变量 i 和 j,把这个语句变换为 if $t_2 >= t_4$ goto B_6。

经过强度消弱和删除归纳变量,图 11.5 以及图 11.3 最后就变换为图 11.6。

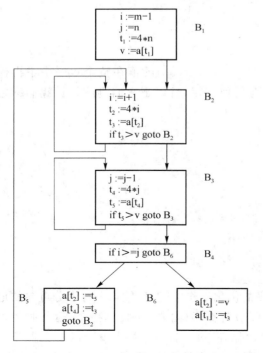

图 11.5　复写传播和删除无用代码

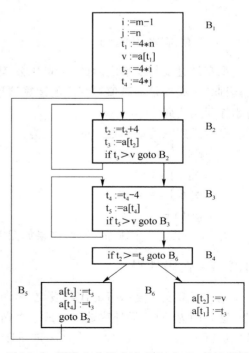

图 11.6　删除公共子表达式 B_5 和 B_6 的流程图

比较图 11.3 和图 11.6 可以发现，这些优化的效果是明显的。B_2 和 B_3 的代码数从 4 条减到 3 条，其中一条从乘法变为加法；B_5 从 9 条变为 3 条，B_6 从 8 条变为 2 条。尽管 B_1 从 4 条增加到 6 条，但是，B_1 这段代码在程序中仅仅执行一次，所以程序总的运行时间几乎不受 B_1 代码数量的影响。

11.3　局部优化

本节讨论基本块范围内的局部优化技术以及如何用 DAG 来实现局部优化。

11.3.1　基本块的变换

除了上节介绍的删除公共子表达式和删除无用代码这两种优化以外，在基本块内还可以进行多种等价变换，以改进代码的质量。

1. 合并已知量

假设在一个基本块内有两条语句：

$$t_1 := 2$$

…

$$t_2 := 3 * t_1$$

如果对 t_1 赋值后，t_1 的值没有改变过，那么，赋值语句 $t_2 := 3 * t_1$ 右边的两个运算数在编译时刻都是已知量，就可以在编译时先计算出这条赋值语句的右边，而不必等到程序运行时再计算，即可以把这条语句改为 $t_2 := 6$。这种变换称为合并已知量。

2. 临时变量更名

在一个基本块内有两条语句 $u := a+b$ 和 $v := a+b$，其中 u 和 v 都是基本块内的临时变量，如果用 u 替换基本块内的所有 v 的引用，那么，不改变基本块内的值。事实上，总可以通过改变基本块内临时变量的名字而得到一个与之等价的基本块。

3. 调整语句的次序

一个基本块内的两条邻近的语句：

$$u := a+b$$

$$z := x+y$$

当且仅当 x 和 y 都不是 u，并且 a 和 b 都不是 z 时，可以改变这两条语句的位置而不影响基本块。在代码生成的算法中可以发现，有时通过调整语句的执行次序，可以产生更高效的目标代码。

4. 代数变换

许多代数变换可以简化表达式的运算，加快计算速度，同时保持表达式的值不变。例如：

$$x := x+0, x := x-0 \text{ 或 } x := x * 1$$

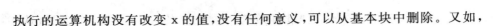

执行的运算机构没有改变 x 的值,没有任何意义,可以从基本块中删除。又如,

     x := y ** 2

的指数运算通常要调用一个函数来实现。可以使用等价的代数变换,用简单的乘法运算

     x := y * y

代替幂运算。

结合性也可以用于生成公共子表达式。例如,如果源程序

     a := b + c

     e := c + d + b

被翻译成三地址代码:

     a := b + c

     t := c + d

     e := t + b

并且 t 的值在基本块之后不再需要,则可以利用加法的结合性和交换性,产生更简洁的代码:

     a := b + c

     e := a + d

11.3.2　基本块的 DAG 实现

如果有向图中不存在环路,则称该有向图为无环有向图,简称 **DAG**。本节使用的 DAG 的结点,带有下属标记或附加信息:

(1) 图的叶结点(无后继结点)用一个标识符——变量或常量名作标记,表示该结点代表该变量或常数的值。如果叶结点代表某变量 X 的地址,则用 addr(X) 作为该结点的标记。通常对叶结点上作为标记的标识符使用下标 0 以表示它是该变量的初始值。

(2) 图的内部结点(有后继结点)用一个运算符作标记,该结点表示该运算符对其后继结点所代表的值进行运算的结果。

(3) 图上的各个结点还可以附加一个或若干个标识符,表示这些变量具有该结点所代表的值。

一个基本块可以用一个 DAG 表示,图 11.7 列出了中间表达式所对应的 DAG 的结点形式。其中:ni 为结点的编号,结点下面的符号(运算符、标识符或常数)是各个结点的标记,结点右边的标识符是结点的附加标识符。

下面仅对(0)型、(1)型、(2)型(包含(3))的中间代码给出基本块的 DAG 构造算法。

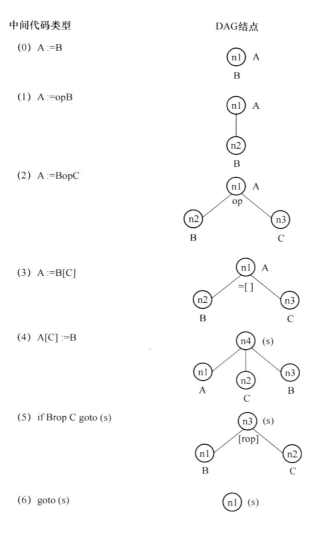

中间代码类型　　　　　　　　　　　DAG结点

(0) A :=B

(1) A :=opB

(2) A :=BopC

(3) A :=B[C]

(4) A[C] :=B

(5) if Brop C goto (s)

(6) goto (s)

图 11.7　部分中间表达式所对应的 DAG 的结点形式

算法 11.1　　基本块的 DAG 构造算法

输入　　　　　基本块 BB[k]包含 k 条语句

输出　　　　　基本块 BB[k]的 DAG 图

说明

(1) 假设 DAG 结点用一个类或结构 NODE 表示,它包含下列数据成员:

　　label　　　//结点的标记,类型为标识符或常量

　　left,right　//类型为结点 NODE,分别指向该结点的左后继结点和右后继

　　　　　　　　结点

　　labelList　　//标识符或常量链表,记录结点的附加标识符或常量

　　函数 createNode(A)创建并返回一个标记为 A 的结点,把 left,right 和 la-

　　belList 初始化为空。

305

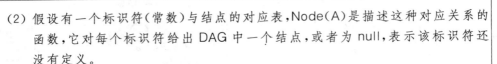

(2) 假设有一个标识符(常数)与结点的对应表,Node(A)是描述这种对应关系的函数,它对每个标识符给出 DAG 中一个结点,或者为 null,表示该标识符还没有定义。

NODE n＝null , b＝null , c＝null ; // 初始化,b 和 c 用以记录是否为当前语句 B 和 C 产生了新结点

for（BB 中的每个变量或常量 S）Node(S) = null ; // 初始化基本块中的每个变量或常量

　　DAG = null ; 　　// 可以用链表结构

　　for（ i =1 ; i ≤ k ; i ++）{
　　　　if（Node(B) == null）{ b = createNode(B); 把 b 加入到 DAG 中 }
　　　　switch BB[i] 的代码类型 {
　　　　case 0 型 : Node(B) = n ;
　　　　case 1 型 : **if**（Node(B) 的类型是叶子常量）{
　　　　　　p= op B ; 　　// ①合并已知量
　　　　　　if（ b != null）删除结点 Node(B);
　　　　　　if（ (n＝Node(p)) == null）{ n = createNode(p); Node(p) = n; }

　　　　　　}**else** { // ②查找公共子表达式
　　　　　　Boolean found = false;
　　　　　　while（!found && DAG 还没有检查的结点 n）{
　　　　　　if（(n. left == Node(B) ‖ n. right == Node(B)) && n. label == op）
　　　　　　　　found = true;
　　　　　　else { 标记该结点为检查过 }
　　　　　　}
　　　　　　if（not found）{
　　　　　　　　n = createNode(op);
　　　　　　　　n. left = Node(B); n. right = Node(C);
　　　　　　}
　　　　} // 结束 case 1 的分支语句
　　　　case 　2 型 : **if**(Node(C) == null){c=createNode(C);把 b 加入到 DAG 中 ;}
　　　　if（Node(B) 的类型是常量 && Node(C) 的类型是常量）{
　　　　　　p= B op C ; 　　　// ①合并已知量
　　　　　　if（ b != null）删除结点 Node(B);
　　　　　　if（ c != null）删除结点 Node(C);
　　　　　　if（ (n＝Node(p)) == null）{ n = createNode(p); Node(p) = n; }

```
            }else {  // ②查找公共子表达式
                      Boolean found = false;
             while (!found && DAG 还有没有检查的结点 n) {
               if (n. left == Node(B) && n. right == Node(C) && n. label == op)
               found = true;
          else {标记该结点为检查过}
                      }
                    if (!found) {
                          n = createNode(op);
                          n. left = Node(B); n. right = Node(C);
                        }
                    }   // 结束 case 2 的分支语句
             }   // 结束分支语句
      // ③删除无用赋值语句
      if((n = Node(A))! = null && n 不是叶结点){把 A 从 n. labelList 中去掉;}
      把 A 加入 n. labelList;   // 把 A 加入结点 n 的附加信息中
      Node(A) = n;
      b = null;c = null;//清除 b 和 c 以便记录是否为当前语句的 B 和 C 产生了新结点
  }
```

例 11.1　构造下面基本块 B 的 DAG。

(1) $t_0 := 3.14$

(2) $t_1 := 2 * T_0$

(3) $t_2 := R + r$

(4) $A := t_1 * t_2$

(5) $B := A$

(6) $t_3 := 2 * T_0$

(7) $t_4 := R + r$

(8) $t_5 := t_3 * t_4$

(9) $t_6 := R - r$

(10) $B := t_5 * t_6$

处理每一条语句后构造的 DAG,如图 11.8 中各个子图所示,每个子图对应每条语句。

11.3.3　基于 DAG 的局部优化

将中间代码表示成相应的 DAG 后,就可以对基本块利用 DAG 进行代码优化。观察 DAG 的构造过程就可以发现:

(1) 算法 11.1 注释①的步骤起到了合并已知量的作用。若参与运算的对象都是编译

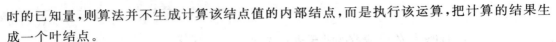
时的已知量,则算法并不生成计算该结点值的内部结点,而是执行该运算,把计算的结果生成一个叶结点。

（2）算法 11.1 注释②的步骤的作用是检查公共子表达式。算法对所有具有公共子表达式的语句,只生成一个计算该表达式值的内部结点,而把那些被赋值的变量标识符附加到该结点。这样就可以删除冗余运算。

（3）算法 11.1 注释③的步骤具有删除无用赋值语句的作用。若某变量被赋值以后,在它被引用前又被重新赋值,则算法把该变量从具有前一个值的结点上删除。

这样,从一个基本块构造成 DAG 的过程也就已经进行了一些局部优化工作。进而,从 DAG 就可以重新生成优化过的基本块。

例如,将图 11.8(j)按照构造结点的顺序重新写成四元式的中间代码,得到下列序列 B':

（1）$t_0 := 3.14$

（2）$t_1 := 6.28$

（3）$t_3 := 6.28$

（4）$t_2 := R + r$

（5）$t_4 := t_2$

（6）$A := 6.28 * T_2$

（7）$t_5 := A$

（8）$T_6 := R - r$

（9）$B := A * t_6$

与原来的代码相比,可以看出:①B 中代码（2）和（6）的已知量都被合并了;②B 中（5）的无用赋值也被删除;③B 中（3）和（7）的公共子表达式 R+r 只计算了一次,删除了多余运算。

除了 DAG 可以进行上述优化以外,还能从基本块的 DAG 中得到一些可用以优化的信息,包括:

- 在基本块外被定值并在基本块内被引用的所有标识符,就是作为叶子结点上标记的那些标识符;
- 在基本块内被定值且该值在基本块后被引用的所有标识符,就是 DAG 各结点上的那些附加标识符;
- 利用上述信息以及有关变量在基本块之后的引用情况（可通过全局数据流分析得到,参见 10.5 节）,可以进一步删除基本块中其他情况的无用赋值语句。

在上面的例子中,若加入的临时变量 $T_0, T_1, \cdots, T_6$ 在基本块之后都没有被引用,则可以把图 10.8(j)中的 DAG 重新写成下列代码:

（1）$t_2 := R + r$

（2）$A := 6.28 * t_2$

（3）$t_6 := R - r$

（4）$B := A * t_6$

结果删除了其中的四个临时变量 t_1、t_3、t_4 和 t_5。

算法 11.1 没有考虑包含数组元素引用、指针和过程调用的语句,这些语句比较复杂,不能简单地应用上述的优化方式。

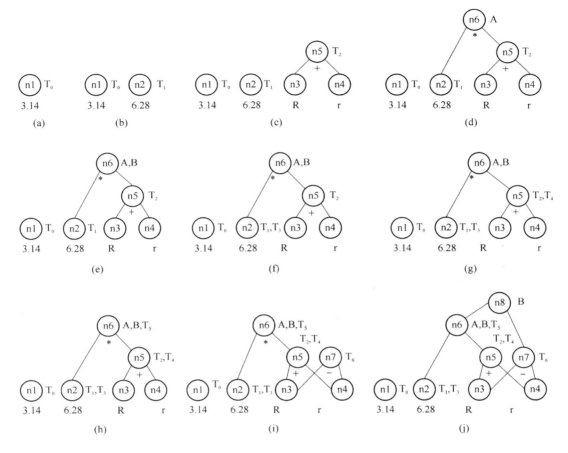

图 11.8　为例 11.1 基本块构造的 DAG

11.4　机器代码优化——窥孔技术

即使完成了对中间代码的优化,用简单代码生成算法依次逐条地把中间代码翻译成目标代码,目标代码中仍有可能包含冗余指令或者程序结构欠佳。因此,当有必要时,应该在符合经济的原则下对目标代码进行优化。许多简单的优化变换就可以大大地改进目标代码程序的执行时间和空间的效率。

窥孔优化就是在目标代码级上进行局部改进的简单而有效的代码优化技术,它只考察一小段目标指令——窥孔,只要可能,就把它用更快、更短的指令替换,以提高目标指令的质量。

这里,窥孔是在目标程序中的一个可以移动的窗口。而且,窥孔中的代码不一定是邻接的。窥孔优化的一个特点是:优化后所产生的结果可能会给后面的优化提供进一步的机会。因此,为了得到最大的优化效果,应该对目标代码进行若干遍的优化处理。本节介绍典型的窥孔优化技术。

11.4.1 冗余存取的删除

假设在源程序中有下列两条赋值语句:

a = a + c; c = a − d;

编译程序为它们生成的目标代码可能是下列指令序列:

(1) MOV　a, R0
(2) ADD　c, R0
(3) MOV　R0, a
(4) MOV　a, R0
(5) SUB　d, R0
(6) MOV　R0, c

前三条指令对应第一条语句,后三条指令对应第二条语句,它们都是正确的。然而,不难看出指令(4)是多余的,因为指令(3)表明 a 的值已经在寄存器 R0 中,可以把指令(4)这条多余的存储删除。但是要注意:如果指令(4)有标号,则有可能存在其他指令,通过转移控制来执行这条指令,如此,优化就不能删除指令(4),以保证 a 的值在 R0 中。

需要说明的是,按照第 8 章的简单代码删除算法不会产生上述指令序列。

11.4.2 不可达代码的删除

如果在一条无条件转移指令之后的代码没有标号,就表示没有控制会转移到这条代码,这条代码就是不可能执行的不可达代码或死代码,可以删除。不可达代码的删除可以重复执行,从而能删除一系列指令。

产生不可达代码的典型情况是:为了调试程序,在一个大程序中插入调试状态变量 debug。在程序的调试状态下(debug=1),可以打印调试信息;在程序正常运行的状态下(debug=0),不打印调试信息。例如,在 C 语言程序中,可以有如下的代码片断:

```
#define debug 0
...
if (debug == 1) {
打印调试信息
}
```

翻译的中间代码可能是

```
if debug = 1 goto L1
goto L2
L1: 打印调试信息
L2: ...
```

在非调试状态下,调试状态变量 debug 为常量 0,所以,条件 debug = 1 永远不会被满足,所以在无条件代码 goto L2 之后标号为 L1 的代码不可能被执行,应该把它删除。

11.4.3 控制流优化

由于源程序书写的随意性,生成的目标代码中经常会出现各种转移指令,由此造成连续的跳转情况。控制流的窥孔优化可以在目标代码中删除不必要的转移。下面给出几种典型的控制流优化，为易懂起见，我们没有采用目标代码，而是用了中间代码。

1．转移到转移

例如转移序列

  goto L1

  ...

L1：goto L2

可以转换为

  goto L2

  ...

L1：goto L2

如果没有别的指令跳到 L1，并且 L1 的前面是无条件转移指令，那么，指令 L1：goto L2 也可以删除。

2．转移到条件转移

假设有转移序列

L0：goto L1

  ...

L1：if（b）goto L2

L3：

如果只有一个转移到 L1，并且 L1 的前面是无条件转移指令，那么，上述这些指令可以替换为：

L0：if（b）goto L2

  goto L3

  ...

L1：if（b）goto L2

L3：

尽管改变前后的指令一样多，但是，改变后的转移更直接了，节省了一次无条件转移。

3．条件转移到转移

转移序列

  if（b）goto L1

  ...

L1：goto L2

可以替换为

  if（b）goto L2

  ...

L1：goto L2

改变之后，当 b 为 true 时可以节省一次控制转移。

11.4.4　代数化简与强度消弱

窥孔优化时，可以利用代数化简，即用代数恒等式进行等价变换，来减弱目标代码，以此达到优化代码的目的。考虑到优化的代价和效果，仅对经常出现的一些代码段进行代数化简。例如，用 x ＝ x ＋ 0 和 x ＝ x ∗ 1 删除相应的指令；利用 $x^2 ＝ x ∗ x$ 把耗时的指数运算用简单的乘法运算代替。

有些指令可以用更优的指令代替。例如，假设 shiftleft 为左操作指令，则指令 MUL R，♯2 可替换为 shiftleft R，♯1，指令 MUL R，♯4 可替换为 shiftleft R，♯2。

11.4.5 特殊指令的使用

若目标机器指令系统包含有实现某些操作的高效指令时，在可能的情况下，应该尽量使用目标机的特性而改进目标代码的执行效率。例如，如果目标机器指令系统有减 1 指令 DEC，对应于赋值语句 i ＝ i－1 的目标代码

```
MOV   i, R0
SUB   ♯1, R0
MOV   R0, i
```

就可以简单地用一条指令代替为：DEC i。

11.5   代码优化的高级技术简介

代码的局部优化只能对基本块中的语句进行优化，代码优化的效果有限。为了改进整个目标代码的质量，通常需要对代码中的循环以及整个程序进行优化。这就要求编译能够识别中间代码中的循环，进行全局的控制流分析和数据流分析。从控制流分析中得到程序的控制结构和运行路径，通常表示成全局程序流图。在此基础上，可以分析程序的数据流信息，即程序中变量的赋值和引用之间的关系。

经典的数据流分析是通过建立和求解各种数据流方程式完成的。一个典型的数据流方程式为

$$out[B] = gen[B] ∪ (in[B] - kill[B])$$

这个方程的意思是：当控制流通过基本块 B 时，在 B 结尾得到的信息是在 B 中产生的信息，或者是进入 B 并且没有在 B 内注销的信息。

建立和求解数据流方程依赖下列三个因素：

（1）产生 gen 和注销 kill 的概念取决于数据流方程所要解决的问题。

（2）因为数据沿着控制路经流动，所以，数据流分析受到程序控制结构的制约。

（3）过程调用、指针赋值与引用以及对数组、结构等变量的赋值都使数据流的分析复杂化。

面向对象技术的多态、继承、动态和大量的消息传递等特性，对传统程序的控制流和数据流分析技术提出了严重的挑战。面向对象程序的编译和代码优化更加复杂，因而得到更加广泛和深入的研究。

需要说明的是，编译采用的控制流和数据流分析，由于不需要执行程序就可以得到程序的相关信息，这种程序静态分析技术不仅是编译优化的基础，而且广泛应用于程序测试、程序理解、软件度量等软件开发与维护的活动当中，同时成为进一步开发辅佐这些工作的

基础。

练 习 11

11.1 何谓代码优化？代码优化需要什么样的基础？

11.2 编译过程中可以进行的优化是如何分类的？

11.3 常用的代码优化技术有哪些？

11.4 使用基本的代码优化技术对下面的代码进行优化。

```
x = 1;
…
y = 0;
…
if (y) x := 0;
…
if (x)y := 1;
…
```

11.5 对以下基本块 B_1 和 B_2：

B_1：(1) A := B * C　　　　　　B_2：(10) B := 3
　　　(2) D := B/C　　　　　　　　　(11) D := A+C
　　　(3) E := A+D　　　　　　　　　(12) E := A * C
　　　(4) F := 2 * E　　　　　　　　(13) F := D+E
　　　(5) G := B * C　　　　　　　　(14) G := B * F
　　　(6) H := G * G　　　　　　　　(15) H := A+C
　　　(7) F := H * G　　　　　　　　(16) I := A * C
　　　(8) L := F　　　　　　　　　　(17) J := H+I
　　　(9) M := L　　　　　　　　　　(18) K := B * 5
　　　　　　　　　　　　　　　　　　(19) L := K+J
　　　　　　　　　　　　　　　　　　(20) M := L

分别构造出 DAG，然后应用 DAG 就以下两种情况分别写出优化后的三地址中间代码。

(1) 假设变量 G、L 和 M 在基本块之后还要被引用；

(2) 假设只有变量 L 在基本块之后还要被引用。

11.6 下面的 C 语言程序

```
p = 0;
for ( i = 0; i<= 20; i ++ ) { p = p + a[i] * b[i] ;}
```

经过编译得到的中间代码如下：

(1) p := 0
(2) i := 1
(3) t_1 := 4 * i

$(4)\ t_2 := addr(a) - 4$

$(5)\ t_3 := t_2[t_1]$

$(6)\ t_4 := 4 * i$

$(7)\ t_5 := addr(b) - 4$

$(8)\ t_6 := t_5[t_4]$

$(9)\ t_7 := t_3 * t_6$

$(10)\ p := p + t_7$

$(11)\ i := i + 1$

$(12)\ if\ i \leqslant 20\ goto\ (3)$

(1) 把上述三地址程序划分为基本块并作出流图;

(2) 将每个基本块的公共子表达式删除;

(3) 找出流图中的循环,将循环不变量计算并移出循环;

(4) 找出每个循环中的归纳变量,并在可能之处删除它们。

11.7   请用窥孔优化技术对下列指令进行优化,其中 R1 和 R2 不一定是同一寄存器。

    MOV   R1,L
    MOV   L,R1

11.8   窥孔优化经常使用模式变量描述,用一条规则表示一类优化,例如

    MUL   #2,%R $\Rightarrow$ ADD   %R,%R

表示任何寄存器乘以 2 都可以用寄存器自身的加法代替(这里,用%R 匹配任意的寄存器)。请考虑如何在窥孔优化器中实现这种模式匹配。

11.9   请利用代码优化的思想(代码外提和强度消弱)优化下列 C 语言程序,写出优化后的 C 程序。

```c
main ()
{
    int i, j;
    int r[20][10];
    for ( i = 0; i < 20; i++ ) {
        for ( j = 0; j < 10; j++ ){
            r[i][j] = 10 * i * j;
        }
    }
}
```

参 考 文 献

[1]   Alfred V. Aho，Ravi Sethi，Jeffrey Ullman. Compilers：Principles，Techniques and Tools. Addison-Wesley Publishing Company，1986.

[2]   Kenneth C. Louden. Compiler Construction：Principle and Practice. PWS Publishing Company，1997（影印版，机械工业出版社，2002）.

[3]   Dick Grune，Henri E. Bal，Geriel J. H. Jacobs，Koen G. Lamgenden. Modern Compiler Design. John Wiley & Sons，Ltd. ，2000.

[4]   陈意云，张昱. 编译原理. 北京：高等教育出版社，2003.

[5]   陈火旺，刘春林，等. 程序设计语言编译原理. 3 版. 北京：国防工业出版社，2000.

[6]   张幸儿. 计算机编译原理. 北京：科学出版社，2003.

[7]   吕映芝. 计算机编译原理. 北京：清华大学出版社，2003.

[8]   何炎祥. 编译原理. 北京：高等教育出版社，2003.